汽柴油检验技术与实验室管理

主　编　郭飞鸿
副主编　王维民

中国石化出版社

内容提要

本书由中国石化销售有限公司组织编写，全书共分7章，第1章和第2章内容主要包括实验室管理体系，实验室认证认可，实验室安全环保健康(HSE)，实验室信息管理系统，实验室基础设施规划以及建设中对硬件和软件的要求；第3章主要介绍了液体石油产品取样方法的最新版本标准；第4章和第5章主要介绍了实验室常用试剂、溶液以及计量器具使用与检定(校准)的要求；第6章主要介绍了检测数据结果的准确性评价，第7章介绍了汽柴油检测方法，并对方法进行了解读。

本书内容丰富，实用性强，可供从事油品质量管理、实验室管理和质量检验的人员阅读。

图书在版编目(CIP)数据

汽柴油检验技术与实验室管理 / 郭飞鸿主编.
—北京：中国石化出版社，2017.5(2023.2 重印)
ISBN 978-7-5114-4467-7

Ⅰ.①汽… Ⅱ.①郭… Ⅲ.①汽油-质量检验 ②柴油-质量检验 ③汽油-实验室管理 ④柴油-实验室管理
Ⅳ.①TE626.2

中国版本图书馆 CIP 数据核字(2017)第116408号

中国石化出版社出版发行

地址:北京市东城区安定门外大街58号
邮编:100011 电话:(010)57512500
发行部电话:(010)57512575
http://www.sinopec-press.com
E-mail:press@sinopec.com
北京富泰印刷有限责任公司印刷
全国各地新华书店经销

*

787×1092毫米 16开本 16印张 341千字
2017年6月第1版 2023年2月第2次印刷
定价:60.00元

《汽柴油检验技术与实验室管理》
编　委　会

主　　编　郭飞鸿

副 主 编　王维民

编写人员　宋利军　董　芳　詹月辰　郑东前

朱　静　李　涛　杨　勇　丁泠然

马淑明　王璟昱　陈春会　杨迎春

张凤泉　凌瑞枫　刘海利　刘馨璐

赵晓洋

审稿人员　王维民　宋利军　崔永胜　詹月辰

郑　斌　徐　敏　王璟昱　陈春会

前　言

本书是从事实验室管理、石油产品质量管理以及实验室检测技术类工作人员的专业参考书籍，供读者在日常管理、试验、科研和教学中使用。本书较全面地编写了实验室管理体系、实验室认证认可、实验室安全环保健康、实验室信息管理系统、实验室规划建设等方面的各项基础要求内容，对实验室技术管理、实验室常用试剂和仪器设备以及耗材等都做了具体要求，为实验室提升管理水平提供理论参考，为实验室规划、新建、改造提供技术支撑，同时对石油产品的取样、汽柴油产品的检测方法进行全面总结编撰，为使用者提供了最新的取样方法和最新的检测方法。本书结合了油品检测实验室的工作实际，详细论述了方法原理、术语、概要、主要试验步骤以及试验操作过程中的注意事项等相关知识，有些方法还加入了试验准备工作、方法讨论、数据处理等内容，目的是培养实验室检测人员思维全面、操作认真细致的基本素质。对各种检测方法所做的深入解读，希望能给广大读者在实际工作中带来帮助。

本书由中国石化销售有限公司从事多年质量策划和质量管理工作的郭飞鸿同志任主编、王维民同志为副主编，由中国石化销售有限公司质量管理站长期从事质量管理、质量检验，具有丰富理论和实际操作经验的人员组成编写小组负责相关章节的编写。

本书在编写和审核过程中，由于编者水平和经验有限，不足之处在所难免，如有疏漏，恳请广大读者提出宝贵意见，以便修正和完善。

编　者

目　　录

第1章　实验室通用要求

1.1　实验室管理体系

1.1.1　概述

体系是相互关联或相互作用的一组要素，换言之，体系是若干要素相互联系相互制约而构成的有机整体。体系的性质是由要素决定的，有什么样的要素就有什么样的体系，所谓人、机、料、法、环、测等要素的有机结合就构成了实验室管理的一个体系。

与认证机构、检查机构一样，实验室属于合格评定机构，近二十多年来，我国与世界接轨，在合格评定领域也形成了诸多体系，如产品认证、管理体系认证、实验室认可、检查机构认可等。实验室认可这一体系就是国际实验室认可合作组织为规范协调各国实验室的管理和运作而建立的。此外，为了与世界接轨同时又要符合我国的法律法规，国家认证认可监督管理委员会又在计量认证/审查认可体系的基础上结合国际标准的要求建立了资质认定管理体系，制订了《检验检测机构资质认定管理办法》，增加了有关行政执法的内容。

1.1.2　实验室认可

认可，是正式表明合格评定机构具备实施特定合格评定工作能力的第三方证明。通俗地讲，认可是指认可机构按照相关国际标准或国家标准，对从事认证、检测和检查等活动的合格评定机构实施评审，证实其满足相关标准要求，进一步证明其具有从事认证、检测和检查等活动的技术能力和管理能力，并颁发认可证书。

实验室认可是由经过授权的认可机构对实验室的管理能力和技术能力按照约定的标准进行评价，并将评价结果向社会公告以正式承认其能力的活动。中国合格评定国家认可委员会（英文缩写 CNAS）是由国家认证认可监督委员会批准设立并授权的国家认可机构，统一负责对认证机构、实验室和检查机构等合格评定机构的认可工作。也就是说在中国所有实验室的认可工作均由唯一的机构——中国合格评定国家认可委员会（以下简称 CNAS，网址 http：//www. cnas. org. cn）来开展。

1.1.2.1　实验室认可的依据

作为国际实验室认可合作组织（International Laboratory Accreditation Conference-ILAC）的正式成员，CNAS 按照国际标准 ISO/IEC17011《合格评定认可机构通用要求》建立和保持认可工作质量管理体系，为规范认可工作 CNAS 颁布了一系列规范文件来支持认可体系的有效运转，文件主要包括：认可规则（分通用和专用）、准则、专门要求、应用说明、认可方案和指南，按照 CNAS 的文件体系，认可规则、准则、专门要求和应用说明文件是对建立和评审实验室的依据，其具有强制性；认可指南是为合格评定机构在实施认可规则、准则、要求和说明时提供指引，并不构成认可的强制性要求。认可准则是认可评审的基本依据，其中规定了对认证机构、实验室和检查机构等合格评定机构应满足的基本要求。

下面列出实验室认可在石油产品检验方面的认可文件和依据。

（1）规则

①CNAS－R01 认可标识和认可状态声明管理规则（通用）；

②CNAS－RL01 实验室认可规则；

③CNAS－RL02 能力验证规则。

（2）准则

①CNAS－CL01 检测和校准实验室能力认可准则（ISO/IEC 17025，idt）；

②CNAS－CL52 CNAS－CL01 检测和校准实验室能力认可准则应用要求。

（3）要求

①CNAS－CL06 测量结果的溯源性要求；

②CNAS－CL07 测量不确定度的要求。

（4）应用说明。CNAS－CL10 检测和校准实验室能力认可准则在化学检测领域的应用说明。

（5）指南

①CNAS－GL01 实验室认可指南；

②CNAS－GL02 能力验证结果的统计处理和能力评价指南；

③CNAS－GL06 化学分析中不确定度的评估指南；

④CNAS－GL12 实验室和检查机构内部审核指南。

其中《CNAS－CL01 检测和校准实验室能力认可准则》包含了检测和校准实验室为证明其按管理体系运行，具有技术能力并能提供正确的技术结果所必须满足的所有要求，是对检测和校准实验室能力进行认可的基础依据。同时，申请 CNAS 认可的实验室应同时满足本准则以及相应领域的应用说明，如石化行业的实验室认可还要符合《CNAS－CL10 检测和校准实验室能力认可准则在化学检测领域的应用说明》。《CNAS－CL01 检测和校准实验室能力认可准则》的内容分为实验室管理要求和技术要求，其中管理要求包括组织、质量体系、文件控制、要求投标书和合同评审、检测的分包、服务和供应品的采购、服务客户、投诉、不符合检测工作的控制、纠正措施、预防措施、记录的控制、内部审核、管理评审等要素，技术要求包括人员、设施和环境条件、检测方法及其确认、设备、测量溯源性、抽样、检测物品的处置、检测结果的质量保证、结果报告等要素。

1.1.2.2 实验室认可的流程

实验室认可流程包括以下几个方面：

①申请认可阶段。实验室与认可委（http：//www.cnas.org.cn）沟通，自查认可条

件，实验室做准备，适当时候正式提交申请资料；

②受理阶段。CNAS 收到上报资料后审查立项，并选定评审组长审查文件资料并反馈意见，提出可实施现场评审的建议（申请认可资料基本符合要求时）；

③评审阶段。CNAS 选派评审员/技术专家组建评审组，开展现场评审，确定是否推荐通过；

④资料上报阶段。实验室对现场评审组提出的不符合项进行整改，经组长确认后上报 CNAS 相关处室；

⑤批准发证阶段。上报资料经过评审处审查，提出授予/维持/扩项/注销/暂停/撤消认可资格的，经评定委员会评定、秘书长批准后发证并公布；

⑥认可批准后在一个认可周期内 CNAS 会安排一次或两次监督评审，下一个认可周期前实验室需再次提交申请书，CNAS 安排复评审；

⑦按照《能力验证规则》要求，正式申请前或每年都要参加合适的能力验证活动，以验证持续满足认可要求的能力，见实验室认可流程图 1－1。

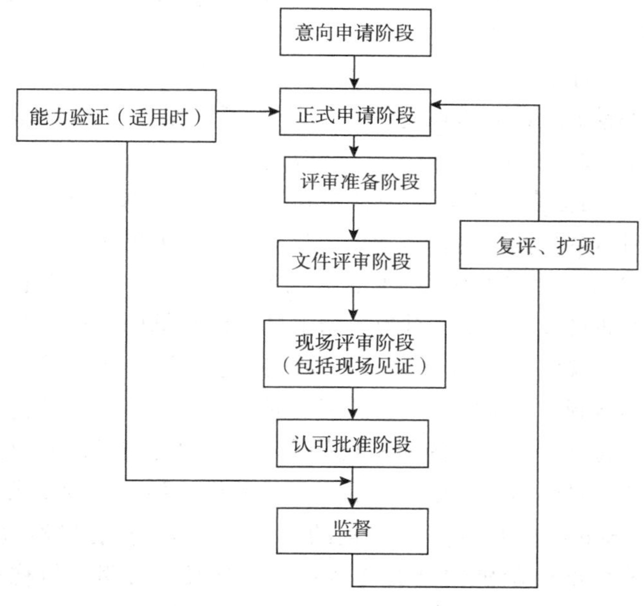

图 1－1　实验室认可流程

1.1.2.3　实验室认可与 ISO 9000 认证的关系

实验室认可是由主任评审员（主要负责质量管理体系的审核）和技术评审员（主要负责对技术能力的评审）对实验室内所有影响其出具检测/校准数据的准确性和可靠性的因素（包括质量管理体系方面的要素或过程以及技术能力方面的要素）进行全面的评审。评审准则是《检测和校准实验室能力的通用要求》即 ISO/IEC 17025，及其在特殊领域的应用说明。ISO 9000 认证只能证明实验室已具备完整的质量管理体系，即向顾客保证实验室处于有效的质量管理体系中，但并不能保证检测/校准结果的技术可信度，显然认证不适合于实验室和检查机构。

ISO/IEC 17025 1.6 中指出："如果实验室符合本标准的要求，当它从事新方法的设计（制定）和（或）结合标准的、非标准的检测和校准方法制定工作计划时，其检测和校准所运行的质量体系也符合 GB/T 19001 idt ISO 9001 的要求；在实验室仅使用标准方法时，则符合 GB/T 19002 idt ISO 9002 的要求。本标准包含了 GB/T 19001 idt ISO9001 和 GB/T 19002 idt ISO 9002 中未包含的一些技术能力要求。"因此，如果检测/校准实验室符合 ISO/IEC 17025 的要求，则其检测/校准所运行的质量管理体系也符合 ISO 9001 或 ISO 9002 即前者覆盖了后者所有要求，而如果检测/校准实验室获得了 ISO 9001 和 ISO 9002 的认证，并不能证明实验室就具备了出具技术上有效数据和结果的能力。

1.1.3 实验室资质认定

实验室资质，在此是指向社会出具具有证明作用的数据和结果的实验室应当具有的能力；认定是指国家认证认可监督管理委员会和各省、自治区、直辖市人民政府质量技术监督部门对实验室和检查机构的基本条件和能力是否符合法律、行政法规规定以及相关技术规范或者标准实施的评价和承认活动。

资质认定的形式是计量认证。2015 年质检总局发布并实施了最新版本的《检验检测机构资质认定管理办法》，对资质认定的形式进行了调整，对 CMA 的含义也重新定义。CMA：由"China Metrology Accreditation"修改为"China Inspection Body and Laboratory Mandatory Approval"，由原来仅代表中国计量认证的含义扩展为检验检测机构资质认定，证明产品质量或管理体系与标准的符合程度。这里需要说明的是，旧办法中资质认定的形式包括计量认证（CMA）和审查认可（CAL），而新的办法中资质认定只包括计量认证。

计量认证是中国通过计量立法，对为社会出具公证数据的检验机构进行强制考核的一种手段，是对第三方实验室的行政认可。对检测机构来说，CMA 就是检测机构进入检测服务市场的强制性核准制度，即具备计量认证资质、取得计量认证法定地位的机构才能为社会从事检测服务。通过计量认证的质检机构在其出具的检验报告上可加盖 CMA 中国计量认证标志，这是作为对外出具数据的产品质量检验机构最基本的要求。

CAL：China Accredited Laboratory，之前的定义是中国考核合格检验实验室的缩写，现在应该说是中国考核合格检验机构更加合适些。其含义：表明该机构获得了各省、自治区、直辖市质量技术监督部门的审查认可（验收）的授权证书。

在 2015 年质检总局发布的最新版本的《检验检测机构资质认定管理办法》中规定，国家认监委不再对各相关机构实施验收许可工作，而是交由省级资质认定部门负责管理，首次申请、复查换证、变更（含扩项）等事项均由省级资质认定部门负责实施。省级资质认定部门对相关检验检测机构的验收和授权工作与其资质认定（计量认证）合并实施，有效期调整为六年。

1.1.4 实验室认可与资质认定的区别

实验室认可（CNAS）与计量认证（CMA）目的相同：都是为了提高实验室管理水

平和技术能力。然而不同点非常多，具体的不同为：

（1）评审依据不同。实验室认可是以 CNAS－CL01 作为评审依据；计量认证是依据《计量法》、《资质认定评审准则》。

（2）性质不同。实验室认可是自愿的；计量认证是国家强制性的。

（3）对象不同。实验室认可包含了生产企业实验室在内的供方，也就是我们常说的第一方实验室；需方，第二方实验室；社会公共方第三方实验室；计量认证的对象主要针对的是第三方。

（4）实施考核部门不同。实验室认可由国家认可委直接对检测机构进行考核；计量认证由省级以上质量技术监督部门对检测机构进行考核。

（5）考核内容不同。实验室认可着重于考核检测机构的管理要求和技术能力要求；计量认证主要以公正性和技术能力作为考核重点。

（6）法律地位及国际地位不同。实验室认可是国际通行的做法，在重大法律纠纷中能够获得更好更多的信任支持；而且由于 CNAS 签订了互认协议，通过国家实验室认可的检测技术机构，其检测结果能得到美国、日本、法国、德国、英国等国家的承认；计量认证是由国家统一管理，经计量认证合格的检验机构所提供的数据，可用于贸易出证、产品质量评价、成果鉴定等，在国内具有法律效力，计量认证的 CMA 标志是国内社会公认的评价检测机构的重要标志。

（7）报告标识。取得实验室认可证书，可使用 CNAS 标志；取得资质认定证书，可使用计量认证（CMA）标志。

具体不同点见表 1－1。

表 1－1　实验室认可、资质认定（计量认证）的异同

项　目	实验室认可	计量认证
目的	提高实验室管理水平和技术能力	
评审依据	CNAS－CL01：2006 检测和校准实验室评审准则（ISO/IEC 17025：2005，idt）	《计量法》、《实验室资质认定评审准则》
性质	自愿性	强制性
评审对象	第一、第二、第三方的检测/校准实验室	第三方检验检测机构
实施考核部门	中国合格评定国家认可委员会（CNAS）	省级以上质量技术监督部门
考核内容	考核检测机构的管理要求和技术能力要求	公正性和技术能力
法律地位及国际地位	CNAS 已与 APLAC 和 ILAC 签订了互认协议，检测结果互认（譬如能得到美国、日本、法国、德国、英国等国家的承认）	技术要求与国际标准基本一致，特定要求限于国内使用，具有强制性
报告标识	可使用 CNAS 标志	可使用 CMA 标志

1.1.5　实验室管理要求

各实验室应积极开展资质认定（计量认证）和实验室认可（ISO 17025）工作，规范和提高各级实验室的管理水平，参照 CNAS - CL01：2006（ISO 17025）并结合实验室实际情况制定实验室工作规范，将传统的质量体系三层次文件合成一体，既有纲领性的要求，又有程序化规定以及通用的作业文件，紧密结合自身管理要求和实验室的特点。实验室资质认定和实验室认可活动能够使实验室人员不断关注自身的管理水平，提高自身技术能力，而且对外能够不断提升实验室的公信力，因此，各个实验室都应努力争取获得资质认定和实验室认可。

1.1.6 实验室管理要素

实验室的最终产品是报告，而产生和影响报告质量的因素很多，这些因素也就是前述统称的“人、机、料、法、环、测”，细分下来，应该包括文件、记录、环境、人员、设备、测量溯源性、方法、试剂、取样及样品管理、结果的质量保证、报告、HSE 等多个方面，这些要素在体系中的作用地位各不相同，但都是构成并影响实验室管理体系规范运作必不可少的内容。因此，如何合理管理这些要素，并使之有效运行，是体系建立和运行的重要工作。下面就实验室管理体系中应该重点关注的要素做详细说明。

1.1.6.1 记录的控制

记录是实验室工作的证据，也是溯源的重要依据，记录包括质量记录和技术记录。需要注意的是，为了保证检测尽可能在接近原条件的情况下能够复现，首先记录一定要有充分的信息，除了实验条件还要包括环境条件、操作和校核人员的识别，以便在需要时识别不确定度的影响因素；二是记录一定要在观察的当时予以记录和计算，避免誊写转移的失误；三是对所有记录应予以安全保护和保密，不经允许不得向外扩散。

在无纸化办公日益普遍、自动设备日益增多，尤其实验室信息管理系统（LIMS）推广应用的情况下，实验室的记录形式也经历着变化。首先，除了能自动上传的数据外，其他原始观察记录还是应该采用统一的纸质记录表手工记录，便于溯源并避免誊写错误；其次，为维护自身和企业利益，应建立电子文件数据保密规定和适当的措施对计算机使用、数据输入和访问权限进行控制，防止检测结果被篡改及信息外泄。

1.1.6.2 不符合、纠正和预防

无论实验室的人数多与少，无论是否进行合格评定，利用 ISO/IEC17025 的理念来管理实验室都是值得提倡的。在日常检测工作中，出现不符合可能在所难免，关键是如何纠正和开展纠正措施，纠正是必须的一种应急和补救措施，即消除已发现的不合格所采取的措施，但是否需要采取纠正措施就要看问题产生的原因，为了杜绝该不符合的再次发生，就需要查找发生问题的根本原因并采取相应的活动。

相对于纠正措施，预防措施则是提前预警，即识别潜在不符合及其原因并采取措施，提前预防不符合的发生。实践证明，每年定期或不定期采取预防措施，可以达到全面审视、提醒、预警的作用。

1.1.6.3 内审和管理评审

在实验室管理工作中，内审和管理评审非常重要，这两个管理要素是为质量管理体系

寻找改进机会的重要环节。需要注意人员素质的培养，自己开展内审，需要每一个操作人员具有内审员的素质；内审的方式多种多样，不一定集中审核，平时的检查、日常的监督，都可以是内审的组成部分，小型实验室即可以采取这种方式；无论方式如何，在一个周期内，检查或审核的内容应覆盖所有要素。

管理评审的重要性在于领导的参与，主管领导应主持实验室的管理评审，了解内外部审核（检查）发现的问题及整改措施、实验室间比对结果，资源需求、工作量、员工能力、培训等内容，同时考虑上级部门的要求，提出改进方向。

对于某些小型实验室来讲，内审似乎显得有些多余，因为所有工作都是一两个人在操作，自己审自己，并不符合内审的要求，没必要再走形式。

1.1.6.4　人员

在ISO/IEC 17025标准中，将人员归类在技术要素里，原因在于人力资源是决定技术能力的关键因素。所以检测和管理人员的管理应从以下几个方面引起重视：

（1）检测人员专业应对口，具有相应的学历，其他非相关学历应接受规定的上岗培训，具备所需的技术能力并取得上岗资格证；

（2）关键技术人员，如结果复核人员应具有本专业领域一定的检测经历（CNAS规定至少三年），报告签发人员应具有本专业中级职称或至少5年的专业工作经历；

（3）培训，包括入职培训和再培训及对培训效果的评价，可通过能力验证结果、内部质量控制、内外部审核（监察）、不符合的识别、利益相关方的投诉、日常的监督考核等方式对培训活动的有效性进行验证，仅通过培训证书和考试结果来评价是不充分的，对效果不理想的培训应采取相应措施强化培训效果。

1.1.6.5　设施和环境条件

用于检测的实验室设施和环境条件的设置都应以检测工作能够正确实施和安全为前提。每个方法标准和设备使用说明基本都对实验条件作了比较充分的说明，遵照执行即可。实验室管理的任务主要就是把设备使用要求和检测要求有机结合，维护并持续保证检测工作正确实施、人身健康和安全得以保障。实际工作中，当限于场地等原因有些操作有可能受到其他设施或操作的影响时，应制定相应的隔离或预防措施，确保检测质量不受影响。

1.1.6.6　产品和检测方法标准及其确认

产品和方法标准是检测的依据，检测能否正确实施、是否符合产品标准的规定，方法标准的证实和确认非常重要，实验室应该对采用的方法标准和产品标准进行管理和有效控制。

实验室应根据检测范围选用合适的产品标准和方法标准，并适时对新修订的标准、开展新项目采用的标准进行证实、确认，确保采标现行有效，确保实验室能够正确运用。确认内容包括人员能力、设备、环境、资源等条件是否满足标准要求。方法确认除包括检测需要采用的标准外，还应该包括实验室制定的与检测有关的程序、不确定度的评定方法以及分析检测数据的统计技术。

在使用实验室信息管理系统（LIMS）或其他信息系统的实验室，应把软件制定成详细的文件，包括操作指南、数据存储、转移、处理和数据的完整性、保密性，以及系统的运行维护等方面，使用这些成熟的软件系统，实验室只需要对本实验室配置和调整的技术内容进行适用性确认。

1.1.6.7　设备

各实验室应根据检测工作的实际需要，配备检测所需的取样、样品制备、检测分析、测量、数据处理等过程所需要的设备以及辅助设备，如：配件、空压机等，以保证检验工作正常开展。

实验室仪器设备的管理应包括但不限于以下方面：

(1) 设备验收。包括开箱验收和技术验收，所购仪器设备必须符合现行方法标准的要求，并达到相应的准确度；

(2) 对结果有重要影响的关键部件、量或值，应制定校准计划；

(3) 设备在投入使用前应进行检定和/或校准，只有检定和校准合格并经过核查的设备才能投入使用；

(4) 设备应由具有相应资质（如上岗证）或授权的人员操作；

(5) 设备包括辅助设施和任何对结果有影响的配件均应有唯一性标识，以便于管理；

(6) 应对设备建立档案，保存相应的资料和记录，包括使用说明书、验收记录、软件、检定和校准证书、维修记录、设备维护计划，建立的作业指导书、期间核查规程等文件；

(7) 对设备可采用标示化管理，以区别在用、停用设备，并采用标签或其他方式表明检定/校准状态，包括检定/校准日期，下次检定日期等信息；

(8) 若仪器设备适用，设备操作说明书、检定/校准证书、检测标准、期间核查记录、设备使用记录等文件应放置在设备附近以方便使用；

(9) 对需要期间核查的设备，除应建立期间核查规程外，还需按规定开展期间核查；

(10) 设备及其附属器具的修正值（因子）应能正确引用，如果使用实验室信息管理系统（LIMS）以及其他电子记录，应确保修正值得以及时更新。

1.1.6.8　测量溯源性

实验室应制定检定/校准计划，对所有设备及辅助设备（如环境条件测定设备、空压机等）的测量溯源性进行管理，所有相关设备在投入使用前和到达下次检定周期前均应进行检定或校准。设备检定/校准计划应包括实验室开展的相关自校信息。

(1) 检测设备。设备校准计划的制定和实施应确保实验室进行的检测和测量能够溯源到国际单位制（SI），因此应选择有资质的服务机构，例如通过当地的或国家级的取得授权的计量机构进行校准、检定，通过这些机构的校准，可间接溯源到国际计量基准。需要注意的是由这些校准机构出具的检定、校准证书应包括测量结果、依据的标准或规范以及不确定度。

当测量结果无法溯源至国际单位制（SI）单位或与SI单位不相关时，测量结果应溯

源至参考物质（RM）、公认的或约定的测量方法/标准，或通过实验室间比对（例如三家以上通过 CNAS 认可的实验室间比对）等途径，证明其测量结果与同类实验室的一致性。

（2）标准物质和参考标准。实验室还应制定所用参考标准和/或标准物质的校准计划，如仅用于期间核查的天平砝码，用于核验设备使用性能的标准油、标准溶液应是有证标物或能够溯源到 SI 单位或有证标准，在使用期间还应进行适当的核验。此外，标准物质、参考标准的存储、使用、处理都应区别于一般试剂，必须妥善管理以防止污染、失效、损坏。

（3）期间核查。应制定规程和频率对参考标准（物质）、标准物质等进行核查，以及对使用频率高、易损坏或者性能不稳定的仪器设备等进行核查，以确保校准状态的置信度。

1.1.6.9　抽样

抽样是取出物质、材料或产品的一部分作为其整体的代表性样品进行检测或校准的一种规定程序，抽样的原则是它的代表性和随机性。为了确保检测/校准结果的有效性，应有抽样计划和抽样程序。当抽样作为检测工作的一部分时，应有抽样记录程序。

1.1.6.10　样品处理

样品是检测的对象，样品的代表性、完整性是实验室管理的重要内容。

首先，任何实验室都要制定样品的运输、接收、传递、二次分样、保管、存储、保留、清理的规定；其次，按规定对以下方面进行管理：

（1）样品标识。应始终保留并具有唯一性，适当时应包括根据检测类型、样品特性的细分并利于样品在实验室内外部的传递；

（2）样品接收。应记录样品的状态，如外观及异常或对标准规定的偏离，应确定是否适于开展检测，若不符合应重新取样；

（3）样品存储，应根据样品的性质配置相应的样品室并制定相应的管理措施，如对作为危险品的石油产品应充分考虑照明电源、通风、隔离等安全措施。

1.1.6.11　检测质量保证

实验室应建立质量保证措施以确保并证明检测过程受控以及确保检测质量和检测结果的准确性和有效性。原则上应对每一个方法建立质量监控计划，应根据监测方法的特点、检测频次、设备的自动化程度等方面制定监控计划和措施以及监控结果评审方法。需要指出的是，因为有些方法中已规定了质量控制要求，实验室制定的措施应满足该要求，但是应不限于该方式。

（1）内部质量控制措施

①定期使用标准物质来监控结果的准确性。

②通过获得足够的标准物质（如不同批次、不同浓度的标准油），评估在不同浓度下检测结果的准确性。

③采用统计技术，通过质控图持续监控精密度。

④定期留样再测或重复测量，监控同一操作人员的精密度或不同操作人员间的精

密度。

⑤采用不同的检测方法或设备测试同一样品，监控方法之间的一致性。

⑥通过分析一个物品不同特性结果的相关性，以识别错误。

(2) 内部质量控制计划应考虑的因素

①检测业务量。

②检测结果的用途。

③检测方法本身的稳定性和复杂性。

④对技术（检测）人员经验的依赖程度。

⑤参加外部比对（包含能力验证）的频次和结果。

⑥人员的能力和经验、人员数量和变动情况。

⑦采用新的方法和变更的方法。

(3) 外部质量控制措施。参加能力验证计划或实验室间比对，与其他实验室检测结果进行比对，通过科学的方法比对结果进行判定。

(4) 外部质量控制计划应考虑的因素

①试验时间（包括能力验证）的可获得性。

②内部质量控制结果。

③对没有能力验证的领域，实验室应有其他措施来确保结果的准确性和可靠性。

④认可委（对认可的实验室）、客户和管理机构对实验室间比对（包括能力验证）的要求。

⑤外部质量控制计划不仅包括参加能力验证计划，还应包括实验室间比对。

(5) 结果判定与评价。无论采用何种方法进行内部质量控制，实验室均应对控制结果按照预定的判据进行评价。在发现质量控制数据超出预定的判据时，实验室应采取有计划的措施来纠正出现的问题，并防止报告错误的结果。

1.1.6.12 检测报告

实验室的最终检测结果通常以报告的形式出具，报告格式、内容是否能够承载实验室对检测任务的承诺，是否含有详实的信息确保检测结果的完整性、准确性、有效性、溯源性，都是实验室设计报告格式和报出结果时需要考虑的问题。

实验室应准确、清晰、明确和客观地报告每一项检测或一系列检测结果，并符合检测方法中规定的要求（如结果保留位数、检出限）。采用报告格式时，应该包括客户要求的（如项目）、说明检测结果所必需的（如单位、抽样）和所用方法要求的全部信息。

(1) 基础信息。按照国际通用的要求，报告内容至少应包括以下信息。

①标题（例如“××检测报告”）。

②检测报告的唯一性标识（如编号）和页码（如应注明共几页、第几页），以及表明检测报告结束的信息（如以下空白）。

③检测样品的描述、状态和明确的标识。

④所采用的方法。

⑤带有测量单位的检测结果。

⑥检测样品的接收日期和进行检测的日期。

⑦客户的名称和地址。

⑧当通过抽取样品来评价一批产品的特性，或与检测结果的有效性或应用相关时，所用的抽样方案和程序的说明。

⑨检测报告批准人的姓名、职务、签字或等效的标识。

⑩相关时，结果仅与被检测样品有关的声明。

⑪实验室的名称和地址，进行检测的地点（如果与实验室的地址不同）。

（2）对结果解释的信息。当需对检测结果做出解释时，除以上 11 条所列要求之外，检测报告还应包括下列内容：

①对检测方法的偏离、增添或删节，以及特定检测条件的信息，如环境条件。

②相关时，是否符合标准指标的判断。

③适用时，评定测量不确定度的声明。

④需要时，提出意见和解释（如对检测结果符合要求与否的声明意见、产品质量改进建议、原因分析、检测委托合同要求的履行），或按照客户要求报告质量控制结果。

⑤特定的方法、客户要求的附加信息。

（3）抽样信息。对含抽样结果在内的检测报告，除了上述要求外，还应包括下列内容：

①抽样日期。

②抽取样品的清晰标识（如炼厂）。

③抽样位置，油库、油站罐号、槽车号、管线位号等。

④抽样计划和程序，有关的抽样标准或规范，以及对这些规范的偏离。

⑤抽样过程中的环境条件（可能影响检测结果的解释时）。

（4）检出限。当检测结果低于检出限，应在检测报告中提供检出限的数值。

（5）报告结果的有效位数。如果用数字表示报告的结果，应按照标准方法的规定（如结果报告至 0.1mL）进行表述，当方法没有相关规定时，依照有效数字修约的规定（参考 GB/T 8170）表述。

（6）从分包方获得的检测结果。当检测报告包含了由分包方所出具的检测结果时，这些结果应予清晰标明。

在企业内部，有时会采取简化的检测报告，如有些人员少、检测种类单一以及内部委托的中间产品和成品的检测，这些报告的形式可以简化，简化的格式可以自定，但是上述所要求的信息在相关环节都应该有记录并方便查询。

1.2　实验室安全环保健康（HSE）要求

实验室应根据对内、对外检测的性质、活动特点等建立、实施与其规模及活动性质相适应的管理体系，确定满足安全、环保、健康要求并形成文件。管理体系应覆盖实验室人员、上级管理人员、维护人员、分包方、参观者和其他被授权进入的人员，包括使用和进入实验室的其他人员；应覆盖实验室在固定场所内进行的工作，同时还应涵盖实验室人员从事车、船、管线、油罐等室外作业场所的工作。

实验室制订的管理体系文件应包括安全工作的方针和目标、安全管理体系主要要素和其相互作用描述、及文件的查询途径；对涉及安全风险管理过程进行有效策划、运行和控制所需的文件和记录；安全管理的流程图及控制节点。

1.2.1　总体要求

（1）人员要求。实验室负责人需高度重视实验室的 HSE 管理工作，应为安全管理体系建立与有效运行提供人员、设备设施、技能与技术、医疗保障等方面的保障。

实验室应有专（兼）职的安全管理人员，他们应具备实施、保持和改进安全管理体系的能力，识别对安全管理体系的偏离，以及采取预防或减少这些偏离的措施；应有安全监督人员对实验室开展的各项工作进行安全监督。

实验室应建立实验室安全的全员参与机制。确保实验室人员理解他们活动的安全要求和安全风险，以及如何为实现安全目标作出贡献；确保人员在其能控制的领域承担安全方面的责任和义务，包括遵守适用的安全要求，避免因个人原因造成安全事件。

（2）按照 GB 50187《工业企业总平面设计规范》的要求，实验室应位于厂区全年最小频率风向的下风侧，实验室布局应合理。

实验室应根据实际情况，合理安排实验区与办公休息区。应做到办公休息室与实验室分开设置，且办公区应在上风向，室内有良好通风设施，办公休息区内更衣室便服、工作服应分类存放。

（3）实验室应健全 HSE 管理规定，实验室必须建立检验分析、计量作业安全防护操作规程，其中应包括职业病防护的具体要求。

（4）实验室须建立详细的安全操作要求，包括实验室日常维护规定、操作人员的一般要求、设备操作要点以及化学品使用注意事项等。

（5）实验室、天平室、样品室、试剂室需采取措施保证各种仪器、设备、装置、材料、配件及化学试剂、标准物质、药剂等免受阳光、温度、潮湿、粉尘、烟雾、振动、磁场的影响以及有害气体的侵蚀。实验室应有与检测范围相适应的安全防护装备及设施，如个人防护装备、应急喷淋装置、洗眼装置、烟雾报警器、灭火器等。

（6）实验室布置与油库其他设施的距离应符合防火防爆的要求，并远离震源（如公路、铁路等）和烟囱，减少灰尘的侵袭和振动的影响；实验室结构应满足防震、防火、防潮、隔热等要求。样品室和试剂室，应满足防爆要求，并保持荫凉、干燥、整洁、通风，样品室的门最好开在建筑体外。

（7）实验室地面应坚实耐磨、不起尘、不积尘并能够防水、防滑、防静电。一般实验室的地面应采用耐酸、耐火材料，并易进行局部更换、易清洗；有防潮要求的精密仪器应

采用木地板，墙面涂刷油漆或贴塑料壁纸，以减少灰尘影响。

（8）实验室应具备良好的水、电、照明、通风条件，保证良好的实验环境。实验室的地面或楼面应设置地漏，明敷给水管道应采取防冷凝水措施，不宜与其他无关的管道穿越。

实验室照明设计宜避免炫光，充分利用自然光，光源位置选择宜避免产生阴影，实验仪器应与照明配套，避免孤立的亮光光区，提高能见度及适宜光线方向。

（9）实验室应根据存在职业病危害类型、可能存在的安全隐患及易造成环境污染的位置设置各类警示标识、危害因素告知标识、指示标识及警示线等。

（10）实验室应制定严格的废水、废气、废渣等处理规定，避免造成环境污染。

（11）实验室应定期开展对实验室工作的安全检查，实验室应建立、实施和保持程序，对安全绩效进行例行监测和测量。

1.2.2　职业病危害防护

实验室操作人员在工作场所接触的化学有害因素包括化学物质、挥发性有机气体，其在工作场所空气中的浓度应不超规定的限值。

1.2.2.1　职业卫生管理

（1）实验室每年必须制定职业病防治计划及具体实施方案，建立总体应急救援程序，针对不同种类的职业病危害因素（尤其高毒物质、剧毒物质、腐蚀性物质等）制定相应的应急救援预案，并定期举行各项应急演练（定期检查空气呼吸器、防酸碱服、便携式报警器、洗眼器等应急救援设备，保证可用）。

（2）实验室应依据《职业病防治法》、《职业卫生技术规范》等相关内容，针对化验、计量等工作场所，每年至少一次委托具备职业卫生技术服务资质的机构进行职业病有害因素检测与评价，结果存入职业卫生档案，并及时向员工公布。工作场所职业病危害因素检测结果应符合职业接触限值要求；对不符合国家标准、行业标准的作业场所，应及时提出整改方案，积极进行治理，确保其符合职业健康环境和条件的要求。对超标严重且危害严重又不能及时整改的作业场所，必须采取补救措施，控制和减少职业危害的影响。

（3）实验室应按照 GBZ 188《职业健康监护技术规范》相关要求，参照职业卫生技术规范规定，定期委托具备职业健康查体资质的机构对作业人员进行上岗前、在岗期间、离岗时，需要进行离岗后医学随访和应急的职业健康检查。对职业健康检查中查出的职业禁忌人员和可疑职业病人员以及有与所从事职业相关的健康损害的人员，实验室应根据职业卫生技术服务机构的处理意见，安排其调离原有害作业岗位，并积极进行后续治疗、诊断、观察等。

（4）实验室应建立健全作业人员职业健康监护档案，并按照规定的期限妥善保存。档案内容包括职业史、既往史、职业危害接触史、职业健康检查结果和职业病诊疗等个人健康资料以及相应作业场所职业危害因素检测结果等。

（5）实验室应建立职业健康宣传教育培训制度。上岗前必须接受职业卫生和职业病防治法规教育、岗位劳动保护知识教育及防护用具使用方法的培训，培训合格方可上岗作业。定期开展职业卫生相关知识培训，促使各级作业人员都熟悉本岗位职业卫生与职业危害防治职责，掌握本岗位职业危害情况、治理情况、预防措施及应急救援措施（如空气呼吸器的使用、防毒面具的选择等）。

（6）实验室应参照 GBZ/T 11651《个体防护装备选用规范》、《劳动保护及个体劳动防护用品管理规定》等规定，针对化验岗位、计量岗位接触职业病危害因素类型制定“个体防护用品管理规定”。

①实验室安全监督员负责监督个体防护用品的完好有效，过滤式防毒用品必须按需要及时更换滤芯，面罩必须保证良好的气密性，防尘口罩需选择符合国家标准的型号，各类耐油、耐酸碱手套定期检查，防止老化损坏，定期更换耳塞等。

②试验人员在进行氢氧化钠、盐酸、硫酸等强碱、强酸溶液的配制过程中应穿着耐酸、碱工作服，同时应佩戴护目镜及相应质地的防护手套；试验人员在接触丙酮、戊烷、石油醚、汽油、正庚烷等挥发性有机物时，除了应佩戴护目镜及相应质地的防护手套外，还应佩戴防护口罩，同时这些操作应在规定的通风柜中完成。

（7）实验室应严格执行国家有关女工劳动保护的相关规定，安排工作时要充分考虑和照顾女性生理特点，不得安排孕期、哺乳期（婴儿一周岁内）女工从事对本人和胎儿、婴儿有危害的作业；不得安排生育期女工从事有可能引起不孕症或妇女生殖机能障碍的有毒作业。

1.2.2.2 职业病危害因素日常监测和定期检测

（1）实验室应参照《职业病危害因素分类目录》中所列职业病危害因素进行日常监测与定期检测，如溶剂汽油、苯系物（苯、甲苯、二甲苯）、硫酸、氯化氢及盐酸、甲醇、四氯化碳、氢氧化钾、氢氧化钠、正己烷等化学有害物质及噪声、工频电场、高温等物理因素。

（2）实验室应将职业病危害因素日常监测和定期检测纳入年度职业病防治计划和实施方案，明确责任部门或责任人、监测周期、监测地点、监测岗位、监测时段以及定期检测委托单位、检测时间等内容，并将其纳入职业卫生档案体系，及时将监测和检测结果在工作场所公告栏进行公告。

1.2.2.3 工作场所防护

（1）实验室的检验设施及环境条件必须符合检验标准要求和满足仪器设备的使用条件，如能源（水、电、气等）、照明、通风、温度、湿度、粉尘、震动、抗干扰等因素，以保证检验的正常运行。通风橱、轴流风机、万向罩等外部排风设施应与周围人员聚集地保持适宜的卫生防护距离。

（2）经常使用腐蚀性、毒性大的化学品的实验室应配置冲淋洗眼器。各类高毒剧毒试剂应专人管理，宜集中保存于配置吸附层（如活性炭）的试剂柜或配置通风系统的试剂柜内，试剂柜存放间应设置轴流风机加强通风换气。

（3）对于不能放在通风橱内的大型仪器，在分析有毒有害样品时，应加强室内通风，开启排风扇、排风机或轴流风机（轴流风机的通风次数不小于 8 次/h，即分析室体积 ×8 的通风量要求）。

（4）样品容器必须采取封盖措施，禁止敞口存放样品；留样产品应集中存放于配置通风系统的密闭柜内，其所在房间应设置轴流风机以减少有害物质的聚集。废弃的样品应置于密闭容器内，定期进行集中回收利用。样品间保持清洁，散漏样品应及时清理干净。

（5）检测人员要严格按照现行有效的产品标准和试验方法标准进行检测，严格遵守操作规程和安全管理的有关规定，试验过程中不得擅自离开岗位。试验完毕应切断水、电、气源，并将设备清理干净。

（6）在检测工作中，如设备发生故障或出现意外情况（如停电、停水等），应停止检测，待修复正常或恢复正常后再进行检测，如影响检测结果应重新进行检测。

（7）实验室应在主要实验区域周围配备急救箱，箱内应配置必要的急救药品，对作业过程中遭受或者可能遭受急性职业危害（如灼伤、冻伤等）的作业人员应及时组织救治，并记入个人职业健康监护档案。

（8）高温天气期间，实验室应合理安排工作时间、轮换作业、适当增加高温工作环境下劳动者的休息时间和减轻劳动强度、减少高温时段室外作业等；普及高温防护、中暑急救等职业卫生知识，并应为高温作业、高温天气作业的劳动者供给足够的、符合卫生标准的防暑降温饮料及必需的药品；休息场所应当保持通风良好或者配置空调等。

1.2.3 安全防护

1.2.3.1 安全管理

（1）实验室应建立安全生产责任制，采取有效措施落实安全生产责任制。实验室应制定完善符合《安全生产法》、《危险化学品生产企业安全生产基本条件》规定的安全生产规章制度、操作规程和安全事故应急救援预案。

（2）实验室应针对工作场所潜在的安全隐患（如机械伤害、火灾、爆炸、触电等）制定应急管理程序。实验室对重大危险源应当登记建档，定期进行检测、评估、监控，并制定专项应急预案，告知从业人员和相关人员在紧急情况下应当采取的应急措施。

（3）实验室应根据实际情况制定《有毒有害、腐蚀性化学试剂废液回收管理》相关规定，防止“三废”对人和环境的影响。

（4）实验室应依据 GB 13690《常用危险化学品的分类及标志》、GB 15603《常用化学危险品贮存通则》等，制定本单位“化学试剂和药品的使用与管理”实施细则。

（5）实验室主要负责人、分管安全负责人和安全生产管理人员必须具备与本单位所从事的生产经营活动相应的安全生产知识和管理能力，应按有关规定参加安全生产培训，要求必须考核合格并取得安全资格证书。

（6）实验室应当按照国家有关规定将本单位重大危险源及有关安全措施、应急措施报有关地方人民政府安全生产监督管理部门和有关部门备案。

(7) 实验室应当建立健全生产安全事故隐患排查治理制度，采取技术、管理措施，及时发现并消除事故隐患，不能处理的应当及时报告本单位有关负责人，有关负责人应当及时处理。事故隐患排查治理情况应当如实记录，并向从业人员通报。

(8) 实验室必须建立安全设备经常性维护、保养制度，并定期检测，保证正常运转。维护、保养、检测应当作好记录，并由有关人员签字。

(9) 实验室应建立从业人员安全生产教育和培训制度，保证从业人员具备必要的安全生产知识，熟悉有关的安全生产规章制度和安全操作规程，掌握本岗位的安全操作技能，了解事故应急处理措施，知悉自身在安全生产方面的权利和义务。未经安全生产教育和培训合格的从业人员，不得上岗作业。

(10) 实验室发生安全事故时，实验室主要负责人应当立即上报并组织抢救，应及时启动应急预案协助抢救，负责人员不得在事故调查处理期间擅离职守。

1.2.3.2 火灾、爆炸预防

(1) 实验过程中涉及的氢气、氧气、煤气、氩气、氮气、乙炔等气瓶应布置于单独的气瓶间，并应控制在最小需求量（可燃气瓶与助燃气瓶应分开放置）；气瓶间应通风效果良好，避免阳光暴晒和受热，并应与办公室、实验室保持一定安全距离。气瓶间建筑物须安装避雷设备。

(2) 可能散发可燃气体、有毒气体的气瓶间应设置可燃气体报警器，并定期校验，确保处于正常使用状态。

(3) 气瓶必须定期校验，应设置直立稳固的铁架或防倒链等防倾倒设施。

(4) 实验室专人负责控制易燃易爆物品的使用和储存；储存时避免易燃易爆物与助燃物接触，避免电气装置及线路周围存放易燃易爆物品及腐蚀品；严格控制实验室点火源。

(5) 实验室建筑、室内布置及消防设施符合防火规范。

(6) 实验室电气系统符合安全防火规范要求，定期检查电气系统的安全性能，防止出现漏电事故。

(7) 实验室附近应配置至少两台手提式灭火器或推车式灭火器，如存在石油类物质、有机溶剂等区域宜配置干粉灭火器或泡沫灭火器；精密仪器设备、带电设备、贵重物品及书籍等区域可配置二氧化碳灭火器；存在甲烷、乙烷、丙烷、煤气、天然气等可燃气体和液态烃类、醇、醛、酮、醚、苯等可燃液体、金属及变压器、发电机、电动机、变配电设备等带电设备区域可配置洁净气体灭火器（二氧化碳）。

(8) 如果实验室有可预见的火灾或爆炸风险，应安装消防设备和自动火灾报警设备。

(9) 由于实验室运行的特殊性质，可能存在除火灾外的其他紧急情况下人员撤离的需求，因此，宜考虑安装独立的对讲系统。实验室应选择配备下列应急设施：

①紧急撤离警报系统，应使建筑物内所有地方都能听见警报，在无法辨别声音警报的特殊环境（如背景噪声水平高）辅以视觉警报；

②远程信号系统，其将应急报警和任何自动监测或保护设备连接到监测场所。在远程信号系统不能实现的地方，应提供直接通信的替代方式；

③自动监测、火灾和人工报警系统的指示板应安装在显眼的地方，用以指示已经运行的监测、火灾或人工报警器的位置，指示板应清晰、明显；

④任何自动、人工火灾或气体监测、保护或报警装置启动时，机械通风系统应抽排空气使得不形成循环。实验室排风系统和通风柜宜持续运行直到实验室管理人员手动将其关闭。

1.2.3.3 应急准备和响应

实验室应建立并保持程序，用于识别和预防紧急情况的潜在后果和对紧急情况作出响应。为了预防伤害和限制危险源扩散，基本应急程序应包括，潜在的事件和紧急情况的识别；外部的应急服务机构和人员。如果可行且不会对员工有危害，限制火势或其他危险源，以便为疏散赢取时间和限制毁坏扩大；寻求必需的其他帮助；如有必要，撤离建筑物，对伤员提供救治。

应急程序应确保实验室所有参观者和员工安全疏散。在疏散过程中，人员宜疏散到远离建筑物并不阻挡救援路线的指定集合区域。如发生突发暴力冲突、供电设备故障、有毒化学品大量溢出、火灾和氢气、氧气的气瓶泄漏又无法关闭气瓶阀门等紧急情况，需要将人员从建筑物内快速疏散。

所有员工应能方便获得安全信息和应急程序。应急程序宜粘贴在每个实验室并提供以下电话号码：消防队、急救车、安全官员（管理人员）、医院、公安局等，而且宜提供一份清单，包括当地医院和其他应急服务机构名称、地址和电话号码。实验室应定期评审应急程序，当发生紧急情况后，应重新评价应急程序，必要时进行修订。

1.2.3.4 应急演练

实验室应配备充足的应急设备，例如：报警系统，应急照明，逃生工具，消防设备，急救设备，通讯设备等。实验室应定期组织演练并使用应急设备，应与应急服务机构保持定期联络，并告知实验室内危险源的性质以及应急要求，如果可行应积极邀请外部应急服务机构及相关方参与应急演练。

实验室内发生火灾、爆炸、化学品泄漏、触电等紧急情况时应立即作出响应。实验室在策划应急响应时，应考虑相关方的需求，撤离时安全监督人员应注意其区域内员工和参观者的位置及移动方向。

1.2.3.5 供应商管理

（1）企业供应部门应建立供应商资格认证和评价制度，制定资格审核、选用和续用标准，定期对供应商所供仪器设备、配件、试剂和标准物质等的质量和售后服务情况进行资格审查，调整和淘汰不符合要求的供应商。

（2）企业供应部门应建立采购供应责任追究制度，保证采购设备、材料的质量符合相关要求。

（3）企业供应商部门应建立供应商的公开竞标制度，竞标前供应商应按要求提供材料、设备的技术文件，包括设备的制造许可证、产品合格证、使用说明书、防爆设备生产许可证、计量器具生产许可证及化学危险品安全标签、化学危险品安全技术说明书等。

（4）企业供应部门及相关部门和使用单位应建立仪器设备、配件、试剂和标准物质等的检验制度，对采购的设备材料按国家、公司和企业的技术标准进行检验，不符合要求的按合同规定处理。

（5）供应商提供的设备、材料、器材应符合国家和公司有关 HSE 的技术标准。

（6）供应商应建立完善的售后服务和质量保证体系，对出现问题的设备和技术落后的设备给予及时有效的技术服务和技术升级，并提供必要的备品备件。

1.2.3.6　化学品管理

（1）试剂室、样品室应设专人管理，管理人员必须配备可靠的个人安全防护用品。对失效或过期的标准物质以及经核查不符合要求的标准物质应贴上失效标识，及时按规定处理。

（2）实验室化学品仓库建筑应根据化学品的特性采取有效的防火、防爆、防潮、防高温、防日光直射等措施，并保持荫凉、干燥、整洁、通风环境，门窗设置应满足防火、防静电、防腐、不产生电火花等要求，门窗应朝外开。

（3）实验室化学品仓库应按照危险品的性能进行分区、分类、分库储存，不得与禁忌物混合存储；实验室化学品仓库储存两种或两种以上的不同级别的危险品时，应按最高等级危险物品的性能标志进行设置。强酸及腐蚀性试剂放在塑料、搪瓷盘或桶中，料架不宜过高以保证存放、搬动安全；见光易分解的试剂应放在棕色瓶中并在暗处保存；受热易分解的试剂放在低温阴凉处；对于相互混合或接触会引起燃烧、爆炸或放出有毒气体的化学试剂不能混放。

（4）实验室使用或存储剧毒品区域应设置视频监控装置并符合国家和地方法规要求；剧毒物品的储存应设置双人双锁，领用剧毒品时须按一次实验的用量领取并放入具有明显标识的容器内，剩余数量应及时退还。

（5）化学试剂、易耗品等物品领用应建立领用制度，强酸及腐蚀性试剂领用时还需实验室负责人员（例如实验室主任）签字批准。

（6）实验室贮存化学品建筑物、区域内禁止吸烟和使用明火。

（7）储存场所的电气安装，化学危险品储存建筑物、场所消防用电设备应能充分满足消防用电的需要。

（8）化学危险品储存区域或建筑物内输配电线、灯具、火灾事故照明和疏散指示标志应符合安全要求。

（9）储存易燃易爆化学危险品的建筑必须安装避雷设备，建筑通排风系统应设有导除静电的接地装置。

（10）储存化学危险品的建筑物必须安装通风设备并注意设备的防护措施。

1.2.3.7　电气安全

（1）严格遵守《电气设备及运行管理规定》、《临时用电安全管理规定》相关要求。执行实验室电气设备使用规程，不得超负荷用电；所有电器不得私自拆动、改装或修理；定期检查漏电保护开关确保其灵活可靠。

（2）实验室电器设备的用电设计首先考虑供电电压，既要有 220V 也应有 380V，实验室应设置总电源控制开关，当实验室无人时能切断室内电源；对于 24h 运转的设备如烘箱、恒温箱、冰箱、纯水发生系统等应设有专用电源，不会因切断实验室的总电源而影响其工作。

（3）每个实验房间宜设有独立的电控柜，电控柜以 220V 为主同时设有或预留 380V 接电位置，多个空气开关分别控制不同电路以保证使用中如有漏电现象立刻自动切断电源。

（4）实验室设备必须使用专线，严禁与照明线共用以防止因超负荷用电而着火。实验室应有电源总阀，停止工作时关闭总阀门；各种电器必须接地或用双层绝缘并应定期检查绝缘情况，电线接头应不外露，外壳有地线；应杜绝实验设备运行以外的用电项目。

（5）易燃易爆的化学试剂间、油样间和气瓶间内的日常照明、事故照明设施、电气设备（符合防爆要求）和输配电线路应采用防爆型开关。

（6）实验室固定电源插座应完整无损，避免多台设备使用共同的电源插座；用电线路设备和开关的熔断装置所用的熔丝必须与线路系统允许的容量相匹配，严禁用其他导体代替；有可靠的接地系统，并在关键节点安装漏电保护装置或监测报警装置。

（7）实验室使用电炉必须确定位置，定点使用，周围严禁存放易燃易爆物品；易燃易爆物品的加热设备宜选用密闭电炉；严禁实验室内违规使用电炉进行实验过程以外的任何操作。

1.2.4　环境保护

1.2.4.1　废气

实验室样品分析过程中产生低浓度有毒有害物质不应直排，应采取有组织排放措施进行无害化处理后达标排放，并应满足国家和地方大气污染物排放标准。事故排风口应不低于周围 20m 范围内最高建筑物楼顶 3m 高度。

1.2.4.2　废液

（1）废油

①化验分析中测试闪点、蒸馏、黏度、腐蚀试验等用过的废油若无外来污染物的侵入，可分类回收集中处理。

②化验分析中测试酸度、酸值、游离有机酸、水分定量等用过的废油成分复杂，不宜直接使用，应集中收集定期由具备环保处理资质的公司进行回收。

③化验过程中其他无法直接回用的废油须集中收集，委托专业具备环保处理资质的公司定期回收或经具备处理能力的油库污油处理设施处理。

（2）酸碱

①化验分析过程中受到污染或没有必要再回收的酸、碱溶液（强腐蚀性物质包括溴及溴水、硝酸、硫酸、王水、氢氟酸、铬酸溶液、氢氰酸、五氯化二磷、磷酸、氢氧化钾、氢氧化钠、氢氧化铵、冰醋酸、磷、硝酸银、盐酸等）应集中储存于耐腐蚀的容器中，中和其他需要处理的废物或由具备环保处理资质的公司定期清理。

②浓度较稀废酸、碱溶液可中和后用大量清水稀释后排放。

（3）废水。化验分析过程中产生的含油废水及清洗容器、设备的废水等严禁直接排入下水道系统，应设置沉淀池，集中沉降除油后排放。

1.2.4.3　*废渣*

废弃的有害固体药品或在实验过程中得到的沉淀废渣以及废油纸、油棉纱等含油废弃物严禁直接混入生活垃圾，应及时联系当地安全、环保部门定期进行妥善处理。

1.3　实验室信息管理系统

1.3.1　实验室信息管理系统简介

实验室信息管理体系（LIMS）是实验室现代综合管理的一种理念与技术，是整合了方法、产品的整体解决方案；是分析检测技术、仪器仪表技术、网络通信技术、计算机技术、信息技术以及现代管理技术的集成与应用。它是专门为实验室设计的信息管理系统，以实验室样品分析数据采集、录入、处理、检查、判定、存储、传输、共享、报告发布以及业务工作流程管理为核心，同时实现实验室的人员、材料、设备、技术、方法、资料档案等资源的综合管理，并与企业的综合信息系统进行集成；是实验室管理科学化、规范化、流程化、精细化、电子化、网络化、动态实时化和现代化的重要手段。

LIMS的产品有着完整的技术结构和方便应用的的功能组织体系，是依据于cGxP、ISO/IEC17025、FDA、EPA和JIS等标准规范设计的，它专业性地涵盖了从样品任务的起源到样品数据的发布再到数据应用的一切业务特点与功能，贯穿于实验室管理的各个方面。如表1-2和图1-2所示。

表1-2　典型的实验室信息管理系统（LIMS）软件配置

序　号	项　目	描　述
1	LIMS	LIMS系统的客户/服务器端，并发用户数
2	IM软件	仪器管理与数据采集模块（针对文件、并串口）
3	Atlas软件	CDS色谱数据采集处理系统
4	SQC模块	质量分析管理模块
5	WEB模块	WEB查询及管理
6	ISO17025对应管理模块	包括仪器、计量器具、试剂、材料管理等辅助管理
7	数据库软件	Oracle或SQL Server数据库

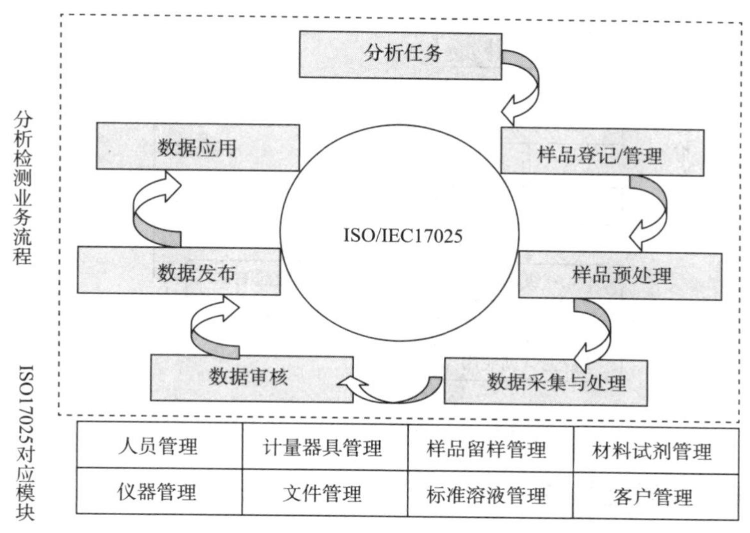

图 1－2　LIMS 组织架构

1.3.2　实验室信息管理系统的功能

（1）规范业务流程（分析方法、规格指标、计算公式、修约规则等）。

（2）实现信息按岗位权限共享，信息传递无纸化，管理考核可量化。

（3）规范编码，如：产品、单位、油库、加油站，方便与其他系统的集成。

（4）具有众多辅助管理模块，如人员、质量文件、仪器、计量器具、交接班日志等。

（5）实现仪器数据的自动采集与传递，提高实验室自动化水平。

（6）为各级管理人员提供丰富而方便的分析数据查询和统计功能。

1.3.3　分析业务流程

以石化销售企业 LIMS 系统为例，分析业务流程可分为非实验室下达任务流程和实验室下达任务流程，如图 1－3 和图 1－4 所示。

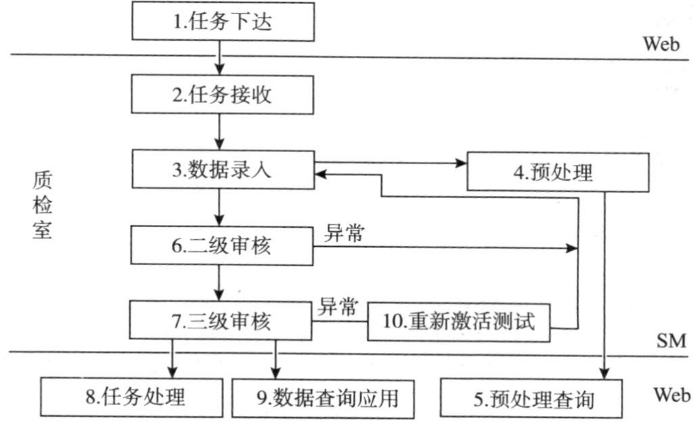

图 1－3　非实验室下达任务流程

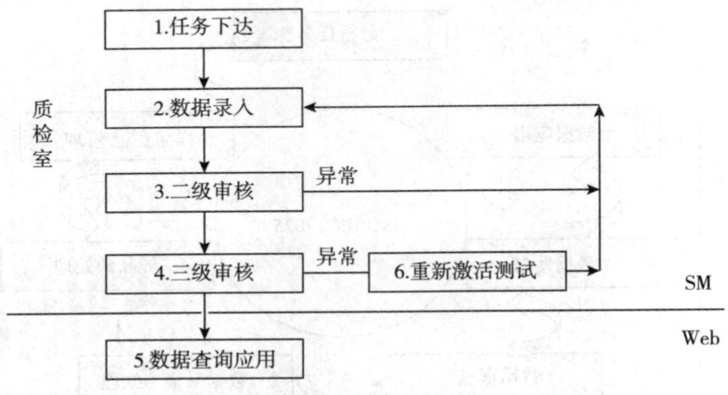

图1-4　实验室下达任务流程

1.3.4　实验室管理模块

ISO 17025 管理模块是实验室管理的重要部分，石化销售企业 LIMS 系统符合 ISO 17025 中的规定，他将传统 LIMS 25 个功能模块同石化销售企业质量管理特点相结合，对人、机、料、法、环等进行管理，服务于实验室的检验分析业务。

1.3.4.1　人员管理

人员管理（见图1-5）包含人员基本信息（如姓名、工号、职称、岗位、班组等）、培训记录、岗位记录、个人简介、职称情况、奖惩情况和学习经历。满足 ISO/IEC 17025 对人员管理的信息记录要求。通过人员的管理，能使实验室对人员技能、人员分析资质做出综合判断。

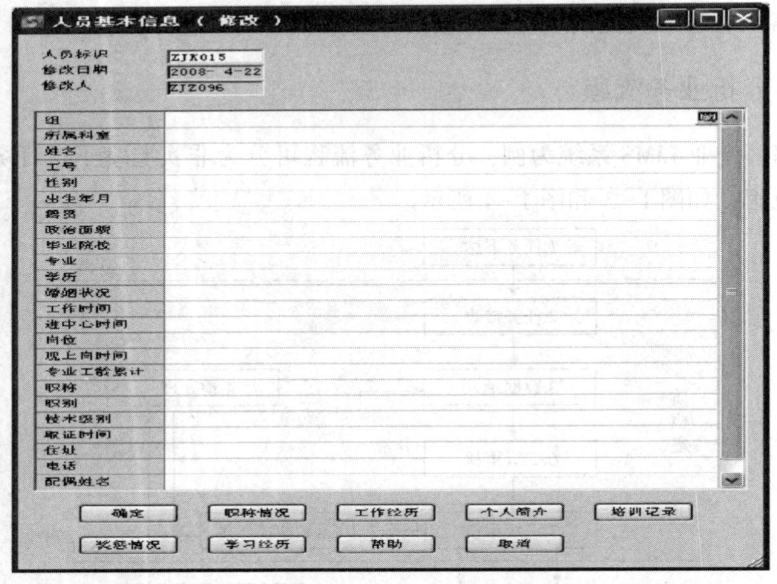

图1-5　人员基本信息

1.3.4.2　仪器管理

仪器管理（见图1-6）包含仪器基本台账（如仪器编号、所在班组、仪器类型、检定日期、检定周期、验收日期、投用日期等）、验收报告、主要零配件、配件更换纪录、维修纪录、检定记录、运行工时等功能，能够自动提醒需要校正的仪器列表，同时还包含仪器零购、检修计划及维修工单等管理。通过仪器的使用能够综合对仪器的做样量和稳定性做出评价，易于实验室对仪器的控制，符合 ISO/IEC 17025 中 5.5 的规定要求。

图 1-6　仪器数据项目窗口

1.3.4.3　计量器具管理

计量器具（见图 1-7）种类繁多量大，是实验室最为头疼的地方之一，经常在发放与回收环节产生问题，计量器具管理模块能够有效管理历次检定情况和发放情况，避免分析者使用过期的计量器具，或使用过期的参数表，以至于产生无效的分析结果，符合 ISO/IEC 17025 中 5.5 的规定要求。

1.3.4.4　材料试剂管理

材料试剂管理（见图 1-8）包括库存管理、申购计划、入库、出库和耗费统计，能够实现库存报警，材料计划填报、审批、估价，出库填报、审批，未到物质查询、费用统计等，帮助实验室监控实验室物资的校验、领用消耗等，使之符合 ISO/IEC17025 中 4.6 的规定要求。

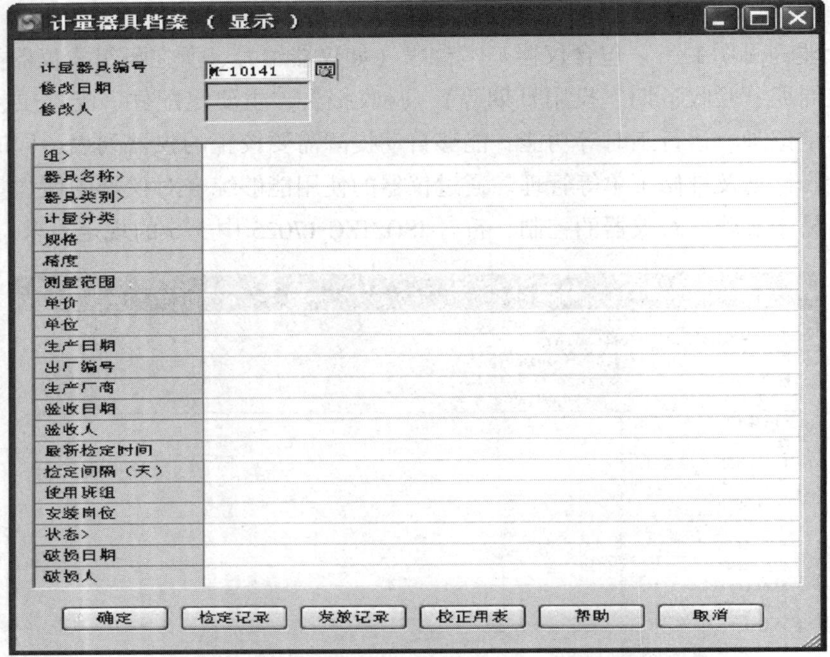

图 1-7　计量器具档案管理

基本信息	基本信息
材料申购计划	材料申购计划
入库	入库
标准化入库	标准化入库
出库	出库
入库统计	入库统计
出库统计	出库统计
申购计划明细账	申购计划明细账
未到物质查询	未到物质查询
库存超额报警	库存超额报警
库存量统计	库存量统计
班组领料费用统计	班组领料费用统计
申购计划查询	申购计划查询
已入库查询	已入库查询
出库查询	出库查询

图 1-8　材料试剂管理

1.3.4.5　标准溶液管理

标准溶液管理（见图 1-9）是实验室分析的重要组成部分，标准溶液一般有特殊的岗位来进行配制，直接关系到分析数据的准确与否、有效与否。标准溶液管理模块能够记录历次的标定记录，当数据溯源时，能够有效查到当时的标准浓度、实际浓度以及有效时间，另外对标准溶液进行管理能够记录历次的发放记录，包括领用人、领用时间、领用量、剩余量等信息，实时监控，便于管理。

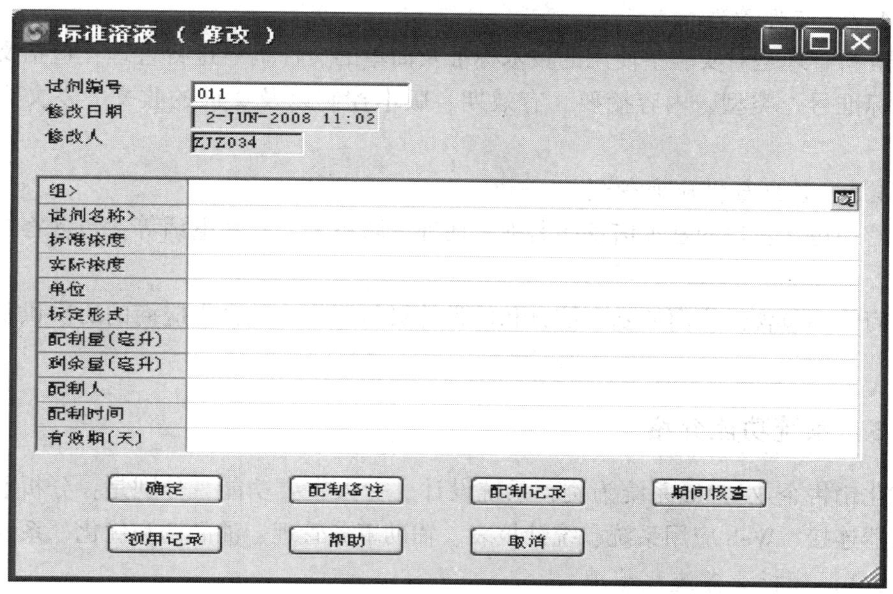

图 1-9　标准溶液管理

1.3.4.6　样品留样管理

样品留样管理（见图 1-10）能够帮助实验室对留样进行控制，ISO/IEC 17025 中 5.8 对检测和校准物品的处置有原则性规定。LIMS 系统能够有效记录人员、时间、留样信息等内容，以及记录这个留样的任务下达者、分析项目、留样交接人、留样位置和留样期限等，LIMS 能够帮助留样管理者自动提醒到期的留样样品，并可以批量处理这些到期留样。

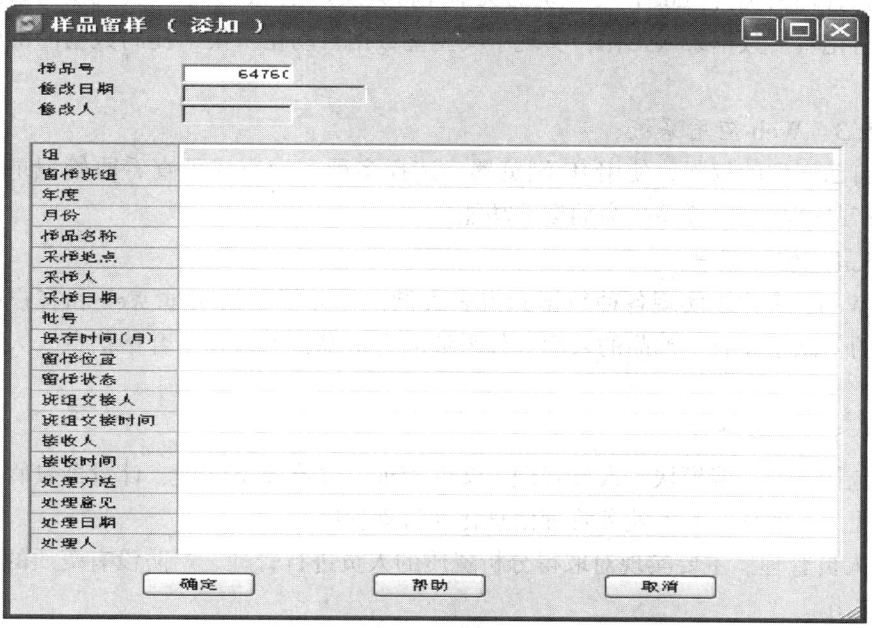

图 1-10　样品留样管理

1.3.4.7　文件管理

文件资料管理是对实验室使用的技术标准及简单的文件资料进行管理，包括文件的标准名称、标准号、类型、内容摘要、有效期、版本控制以及文件的收文、发文、销毁记录等。

1.3.4.8　客户与供应商管理

客户管理包含客户的基本信息如名称、地址、联系人、联系电话等；包含客户抱怨与仲裁。

供应商管理包含供应商的基本信息和信誉等级与评价；包含供应商的历次供货记录与评价。

1.3.5　系统功能介绍

以石化销售企业 LIMS 系统为例，系统设计了七大主要功能，分别是：分析业务流程管理、仪器连接、Web 应用系统、统计报表、辅助事务管理、油品调和优化、系统集成。

1.3.5.1　分析业务流程管理

主要实现分析任务下达与接收；自动及手动样品的产生；分析数据的录入、修改；三级审核；分析结果的自动计算、保存、检查和 Web 外报功能；质量统计管理；分析数据的查询。满足油品的出库、入库、周检、抽检、委托检验等管理业务。

1.3.5.2　分析仪器连接

通过 C#技术、Oracle 数据库技术、WebService 技术、仪器连接技术、通讯和广域网络技术综合集成而构成的仪器连接技术体系。将各式各样的数据分析结果文档，统一转换成实验室信息管理系统（LIMS）可识别的文本并将其发送至 LIMS 中。实现仪器数据的自动上传，省略化验员数据录入工作，实现了实验室数据自动化采集，提高数据的准确性和合规性。

1.3.5.3　Web 应用系统

根据自己岗位的权限，使用 IE 浏览器，选择多种查询方式可查看原始记录单，分析报告单、产品合格证、样品生命周期等功能。

1.3.5.4　统计报表

可在 Web、客户端实现各种数据和报表查询，将分析数据通过 Web 和客户端实现共享。统计的信息主要有：油品的入库，外采油的合格率，卡边和不合格信息，人员的工作量等。

1.3.5.5　事务管理

系统包括五大功能模块，人员管理、文件管理、仪器设备管理、计量器具管理、交接班日志等业务，实现实验室业务管理信息化和管理程序化。

（1）人员管理。主要实现对取得分析资质的人员进行管理，严防没有资质的人员进行样品分析工作。

（2）文件管理。实现规定范围的文件信息网络发布。

（3）仪器设备管理。记录仪器设备基本信息，设置多种查询功能，到期核查给予提前警示。

（4）计量器具管理。对计量器具的送检、验收、发放、回收等过程进行管理，自动生成到期送检计量器具列表，提供计量器具台账的查询功能。

（5）交接班记录。当班班长在 Web 上填写当班的仪器状况、质量状况，安全状况，遗留工作交待等，实现网络信息交接班，实现无纸化办公。

1.3.5.6　油品调合优化

可以建立调合混掺模型，进行技术推广。

1.3.5.7　系统集成

系统提供了一些统计分析方法和多种综合分析数据，满足不同岗位的管理需求。

1.3.6　应用效果

（1）企业 LIMS 系统的应用，规范了质检分析的检验业务流程，规范了各级相关分析业务管理模式，加强了油品出入库管理，实现了质量信息实时查询；实现了对各实验室、各油库油品质量信息的在线监管；实现了对油品质量不合格及异常情况的有效管理；实现了质量信息的整合与共享，可实时对实验室、油库、加油站的质量情况进行监控，获取并监管各油品实时质量分析数据，为掌握各公司重要的质量运行动态、提前预防质量事故提供了直接有效的技术和数据支撑。

（2）通过 LIMS 实现了对油品质量的实时监控和对供应商的考评，把住了油品质量关。通过该系统建立了对供应商的考核评价体系，自动统计各供应商提供的油品的种类、批次、数量、质量变化趋势，产品合格率，并对各供应商的供油质量进行排名，强化了对供应商的管理，有效降低了质量风险。通过不合格数据分析，可提前采取防范措施，避免了质量事故的发生。

（3）应用 LIMS 系统使得各公司质量管理模式实现了信息化，提高了各公司对产品质量的管控力度。它使管理层能定量地评估实验室各个环节的工作状态，并对实验室各类资源包括人员、仪器设备、计量器具、标准溶液、检验标准、文件等的管理进行优化。

（4）LIMS 提供的仪器分析数据自动采集功能；分析结果自动计算、纠错功能；分析报告自动生成、统计、汇总等功能，大幅提升了质检人员的工作效率。

（5）LIMS 的应用使得各分公司油品质量管理模式发生根本转变。

①实现了质量管理由长距离、分散式管理向近距离、集中式管理的转变。企业下属各分公司、油库、加油站等点多、线长、面广，传统质量管理模式手段少，难度大；LIMS 的应用大幅提升了样品分析效率，使数据发布快捷，实现数据共享，提高了质量管理的信息化水平和企业核心竞争力。

②实现了人工管控向系统管控转变。LIMS 系统未投用前，公司的质量管控手段主要靠人力收集统计汇总相关分析化验数据和信息，靠人力传递质量信息；应用 LIMS 系统后转变为以 LIMS 系统为核心的管控方式，分析仪器数据自动传递到 LIMS 系统中，自动收集

统计汇总质量信息，自动共享到相关领导和管理部门，从而实现了人工管控向系统管控的转变。

③实现了被动管控向主动管控转变。应用 LIMS 系统可及时警示异常数据，将过去被动的应急响应转变为主动的应对处理，提前采取措施使风险变得可控并降低到最小。通过对大量质量信息的深度挖掘提炼能够形成对产品质量的预估和判断，真正实现对产品质量的实时管控。

④实现了纸质管控向数字管控转变。传统模式的实验室管理，均采用纸质方式进行各项信息的收集、记录、汇总、分析和管理，因此无法实现与实验过程管理线条的无缝融合及量化管理。LIMS 系统的成功应用彻底解决了这一问题，使得实验室人员、仪器设备、备品试剂等资源能够在质量管控过程中全程量化，从而实现了质量管理向数字化管控的转变。

第2章　实验室建设

实验室建设时无论是新建、扩建、或是改建项目，它不单纯是选购合理的仪器设备，还要综合考虑实验室的总体规划、合理布局和平面设计，以及供电、供水、供气、通风、空气净化、安全措施、环境保护等基础设施和基本条件，因此实验室的建设是一项复杂的系统工程。以人为本、保护环境已成为人们高度关注的课题，实验室应本着“健康、安全、环保、高效、智能、美观、经济、卓越、舒适”的理念规划设计。

实验室设计流程分为三个阶段：概念设计、大纲设计、细节设计。

概念设计涵盖实验室建筑总体目标，建筑外观要体现的风格与文化，建筑物的结构与面积，办公区与实验室的位置，建筑涉及的系统工程，工程预算。

大纲设计涵盖实验室工作流程，工作人员数量，功能与数量，模块尺寸，空间标准，环境要求，楼层的平面布局，与实验室模块相协调的建筑布局。

细节设计涵盖建筑的所有细节，家具与配件，仪器设备，系统工程，全套设计施工图，实验室造价报告。

2.1　实验室建筑模块与空间标准

实验室建筑与普通建筑不同，采用合理的实验室模块可有效提高实验室建筑的面积使用率，降低建造成本与运行成本。

2.1.1　实验室单元模块

2.1.1.1　实验室单元模块平面尺寸

实验室单元模块是实验室设计的基础，实验室单元模块的宽度一般为3.5~4.0m，深度为7.0~8.0m，深度以实验室所必须的尺寸和结构系统的成本为基础，模块太宽，建筑的使用面积比率将不能达到它应有的效率，建筑成本将会增加；反之其结果导致过道太窄，形成不安全实验环境，同时也降低实验室工作台的空间，降低使用率。

2.1.1.2　实验室单元模块尺寸

实验室需要预留供给系统管道而导致楼层高度比普通建筑物高。不同的实验室对高度的要求不同，如表2-1所示。

表 2-1 实验室单元高度尺寸

实验室类型	净高/m	技术夹层/m	层高/m
普通实验室	2.8	0.8~1.0	3.5~3.7
微生物实验室	2.7	0.8~1.0	3.5~3.7
洁净实验室	2.4~2.6	1.2	3.7
生物安全实验室	2.4~2.8	1.2~1.4	3.7~4.0

2.1.2 实验楼层布局

常见的实验室楼层布局有以下几种：

(1) 主实验室与辅助实验室分别设置在通道两边，这样的设计避免因为辅助实验室的设置而影响整体设计的灵活性。

(2) 通道两旁分别设置主要实验室，一边只有主要实验室，另一边设置了主要实验室和辅助实验室。主要实验室设置在通道的外侧，辅助实验室设置在通道的内侧，辅助实验室的深度比主要实验室的深度浅。

(3) 通道两边分别设置了主要实验室和辅助实验室，主要实验室和辅助实验室连在一起，主要实验室在外部，辅助实验室在内部，辅助实验室的深度比主要实验室的深度浅。

(4) 在主要实验室与辅助实验室之间设置了两条通道，辅助实验室设置在两条通道之间，主要实验室设置在两条通道外侧，辅助实验室的深度比主要实验室的深度浅。

2.1.3 实验室建筑布局

实验室建筑由实验用房、辅助用房及行政用房组成。实验用房是指用于实验、检测、研究的各种功能试验区域；辅助用房是指机房、危险品仓库、中心供应室等为实验提供支持保障的区域；行政用房是指工作人员办公与对外业务来往的区域。各种区域对建筑环境的要求各不相同，对实验室建筑建筑的规划必须做到布局合理、分区明确、流程畅通、互不干扰、安全健康，可分为集中布局与分散布局。

(1) 集中布局是指实验用房、辅助用房及行政用房集中设置在一个建筑物内，以方便团队管理沟通。

(2) 分散布局是指实验用房与辅助用房及行政用房分别设置在不同的建筑物内，便于满足不同实验对水电、通风、洁净等环境要求及对人流、物流合理安排的工艺要求。

2.1.4 实验室建筑面积分配

实验建筑工程建设用地必须坚持科学合理和节约用地的原则。在总体布局上，建筑物应尽量相对集中，形成建筑群，实验建筑应以建多层为主，实验建筑工程规划包括建筑物、构筑物、道路和绿化用地等。

(1) 实验建筑工程建在大城市中心地段、近郊及规模较大的宜选择高层为主，建筑覆

盖率控制在 21% ~25%；建在大城市远郊、中小城市及规模较小的实验建筑宜选择建筑覆盖率在 23% ~27%。

（2）实验用面积。对实验建筑应合理安排实验用房、辅助用房和行政用房的建筑面积，做到功能分区明确、联系方便、互不干扰。具体比例见表 2-2。

表 2-2　实验室建筑工程用房比例　%

名　称	总计	实验用房	辅助用房	公共设施	行政及服务
化学实验	100	52 ~58	18 ~22	7 ~9	15 ~19
物理实验	100	55 ~61	17 ~21	5 ~7	15 ~19

2.1.5　实验区域空间标准

2.1.5.1　室内净高

常规实验室和研究工作室的室内净高应符合 JGJ 91《科学实验建筑设计规范》的规定，当不设置空气调节时不宜低于 2.8m；设置空气调节时不应低于 2.4m，走道净高不应低于 2.2m，专用实验室的室内净高应该按实验仪器设备尺寸、安装及检修要求确定。

2.1.5.2　开间（通常指宽度）

常规实验室标准开间应由实验台宽度、布置方式及间距决定，具体应符合 JGJ 91《科学实验建筑设计规范》的规定，实验台平行布置的标准单元其开间不宜小于 6.6m。

2.1.5.3　进深（通常指前后墙壁之间距离）

常规实验室标准单元进深应由实验台长度、通风柜及仪器设备布置决定，且不宜小于 6.6m，无通风柜时不宜小于 5.7m。

2.1.5.4　窗

设置采暖季空气调节的实验室建筑，在满足采光要求的前提下，应减少外窗面积。设置空气调节的实验室外窗应具有良好的密闭性及隔热性且宜设不少于窗面积 1/3 的可开启窗扇，底层、半地下室及地下室的外窗应采取防虫及防啮齿动物的措施。

2.1.5.5　门

由 1/2 个标准单元组成的实验室的门洞宽度不应小于 1m，高度不应小于 2.1m，由一个以上标准单元组成的实验室的门洞宽度不应小于 1.2m，高度不应小于 2.1m。实验室的门扇应设观察窗，一般实验室门主要向里开，但如设置有爆炸危险的房间，房门应朝外开，房门材质最好选择高压玻璃，在有隔声、保温、屏蔽需求的实验室可选用具备相应功能的门。实验室设计效果见图 2-1。

2.1.6　辅助区域空间标准

2.1.6.1　走廊

单面布房最小净宽不应小于 1.5m，单走道双面布房最小净宽不应小于 1.8m，走廊地面有高差时，当高差不足二级踏步时，不设置台阶，应设置坡道，其坡度不宜大于 1∶8。

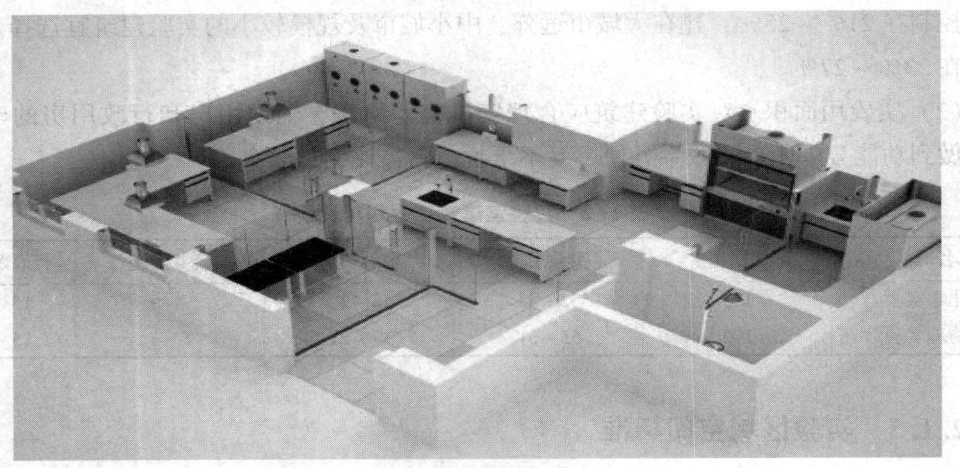

图 2-1　实验室设计效果图

2.1.6.2　楼梯

楼梯设计必须符合国家现行的建筑设计防火规范规定。经常通行的楼梯，其踏步宽度不因小于 0.28m，高度不应大于 0.17m，四层级以上的实验室应设置电梯。

2.1.6.3　采光

常规实验室宜利用天然采光，房间窗地面积比不应小于 1∶6，利用天然采光的阅览室窗地面积比不应小于 1∶5。

2.1.6.4　隔声

常规实验室允许噪声级不宜大于 55dB；研究工作室、阅览室噪声级不应大于 50dB。产生噪声的公用设施等用房不宜与上述房间贴邻，否则应采取隔声及消声措施。

2.1.6.5　隔振

产生振动的公用设施等用房不宜与实验室、研究工作室等贴邻，应建在底层或地下室并采取隔振措施。

2.2　实验室家具与装备

实验室是试验工作人员的工作场所，首要是安全、健康、环保，其次是实用、美观。实验室应具有良好的使用功能符合行业标准，还应具备优美的的外观与和谐的色彩，同时考虑环保节能以改善实验室环境，体现时代特征。

2.2.1　实验室家具

实验室家具不同于办公家具，它的使用场合通常与水、电、气、化学物质及仪器设备相接触，因此对家具的结构和材质提出更高的要求。在实验室建设时，必需针对实验室的工作内容、环境条件和具体要求进行家具设计和造型设计。

实验室家具可分为实验台与实验柜。实验室家具根据材质不同可分为木结构、钢木结

构与全钢结构。实验柜按材质分类可以分为铝木实验柜、全钢制实验柜，按制作工艺可以分为盖栅结构、露栅结构，按款式可以分为活动室柜体、落地式柜体、悬挂式柜体。

2.2.2　实验室装备

不同专业实验室采用不同基础配套装备，实验室基础配套装备共分五大部分：实验台部分、仪器台部分、功能柜部分、仪器设备部分和输出系统部分。

2.2.2.1　实验台部分

实验台按实验室的功能划分为：物理实验台（主要用于电子、电工、物理实验）；化学实验台（主要用于有机、无机化学实验）；生物实验台（主要用于净化无菌实验，如简易解剖台、不锈钢操作台等）。

按结构划款式分为：MM（由钢制支撑架、基箱、台面、试剂架、连接件、辅件组成）和 MR（基箱、台面、试剂架、连接件、辅件组成）。

按用途可分为：中央实验台、边台实验台、洗涤实验台、试剂架、基箱、实验凳。中央台见图 2-2。

图 2-2　中央台

实验台根据结构形式不同分为固定实验台、悬挂实验台、分体式实验台、移动实验台及组合实验台。

实验台根据在实验室布局不同可分为一字型、L 型、半岛型、岛型。

实验台尺寸一般为：标准实验边台深度 750mm，标准中央台深度为 1500mm，精密仪器台根据仪器种类不同深度一般为 800～1000mm。

实验台高度一般有两种，760mm 高度适合坐着操作，840mm 高度适合站立操作。

实验台长度根据实际需要而定，一般是 750mm 的倍数，最好不要超过 4500mm。

基箱按材质可分为：钢木制基箱、铝木制基箱、全木制基箱，按制作工艺分为：钢制欧式基箱（即门面板与侧板连接）、钢制美式基箱（即门面板装嵌在基箱内）。

按款式可分为：活动式基箱、落地式基箱、悬挂式基箱。其中活动式基箱、悬挂式基箱用于 MM 款，落地式基箱用于 MR 款。钢制基箱具有安全防火、性价比高、玻璃器皿放置时不易破碎等优点，全木制不适于制作悬挂式基箱和洗涤台。

按实验台的功能作用可分为：化学实验台面，防强酸、强碱、耐高温，耐98%的浓硫酸；表面材质为陶瓷、酚醛树脂板物理实验台面，防静电、耐温、抗滑、稳定强；生物实验台面，防水、防止细菌密度强，表面材质为不锈钢板。

大理石台面属于中硬石材，颜色花纹多样，色泽艳丽，材质致密，抗压性强，吸水率小，其特点为耐磨、不易变形、易清洁，但不适合接触试剂，不耐酸。实心理化板是由筛选的优质多重牛皮纸，浸泡于特殊的酚溶液后经高压热固效应成型，表面用特殊的耐腐蚀处理、防静电等特点，可在 −50～140℃环境下使用，表面破损后内部不耐腐蚀，不能修复。陶瓷台面特点是耐腐蚀、易清洁、耐冲击不易刮伤、耐火和高温、承重好抗老化，但现场加工性差。环氧树脂台面抗化学试剂、抗冲击、绝缘性好、耐磨、阻燃、外观及综合性能好。

按照台面材质还可分为贴面板和实芯板，常用的几种贴面板和实芯板见表2−3。

表2−3　常用贴面板和实芯板分类

种　类	名　称	规格（厚度）/mm	材　质	性　能
贴面板	理化板	0.9、6、12.7、14.6、19、25	筛选的优质多重牛皮纸，浸泡于特殊的酚溶液后经高压热固效应成型，表面用特殊的耐腐蚀处理	常规可耐 140℃、最高可耐 180℃超过 20min
	千思板	6、13、16、20、25	筛选的优质多重牛皮纸，浸泡于特殊的酚溶液后经高压热固效应成型，表面用特殊的耐腐蚀处理	常规可耐 140℃，抗化学试剂、抗菌、抗冲击、不导电、易清洁、耐磨损、耐刻刮、耐潮湿、抗紫外线
实芯板	环氧树脂板	0.9、6、12.7、14.6、19	环氧树脂	可修复及复原
	天然石材	6、13、16、20、25	石材	—
	陶瓷	6、13、16	陶瓷	耐高温 680℃，抗化学腐蚀，表面强度高，有一定抗擦伤能力

2.2.2.2　仪器台部分

仪器台对承重性、稳定性、抗外干扰、电控方面要求高，要求气体配送严格、安全、可靠、方便、易管理；要求台面承重 500kg 以上。仪器台主要用于仪器分析实验室，如光谱、色谱、原子分析实验室等，产品主要有：标准仪器台、光谱仪器台、色谱仪器台、显微镜台、连体仪器台、天平台、电脑台、高温仪器台、教学台。

2.2.2.3　功能柜部分

功能柜涉及安全、环保问题，有全木和钢木之分，主要储存试剂、药剂、挥发性药品、辐射性药品、剧毒品，储存功能分 14 种，见表2−4。

表 2-4　功能柜储存功能

名　称	用　途	质量要求
一般性能药品柜	存放无毒、腐蚀性物品	普通钢制、木质材料制作
挥发性药品储存柜	存放挥发性试剂、药品	钢制防腐，排气装置
气瓶柜	存放瓶装气体	钢制带排风报警装置
防辐射药品柜	存放辐射类药品	钢制带防辐射夹层
易燃品储存柜	存放易燃品	钢制带排风、固定、报警装置
文件柜	存放纸质文件、书籍	普通钢制、木质材料制作
培养柜	生物科学实验	钢制带温湿度控制装置
样本柜	存放样本	钢制带排风、报警装置
仪器柜	存放小型精密仪器	钢木制
腐蚀性物品柜	存放腐蚀性物品	钢制、不锈钢制带防腐涂层
更衣柜	存放工作防护服	钢木制
器皿柜	存放易碎物品	钢木质带定位隔断
剧毒品安全储存柜	存放剧毒物品	钢制带防盗报警装置
智能密集柜	存放易损较昂贵物品	钢制防盗

2.3　实验室系统工程

2.3.1　实验室通风系统

实验室通风与舒适性空调系统的通风设计要求不同，舒适性空调系统主要目的是提供安全健康舒适的工作环境，减少人员暴露在危险空气下的可能，通风主要解决工作环境对实验人员的身体健康和劳动保护问题。

2.3.1.1　分类

按通风系统作用划分可分为全面通风和局部通风，按通风系统动力划分为自然通风和机械通风。

2.3.1.2　通风系统组成

通风系统一般由通风设备、通风管道、消声器、风机、控制系统组成，见图 2-3。

（1）通风设备。实验室通风设备主要由通风柜、原子吸收罩、万向排气罩、桌面式通风罩等组成。

①通风柜是安全处理有毒有害气体的通风设备，作用是用来捕捉、密封、转移污染物以及有害气体，防止其逃逸至实验室内。

②万向排气罩是进行局部通风的首选，安装简单，定位灵活，能有效保护实验室工作人员的人身安全，适用于液相色谱、气相色谱、或废气量不大且没有高温的实验。

③原子吸收罩主要用于原子吸收等涉及高温且需要局部通风的大型精密仪器，根据仪器的要求定位安装，也是实验室整体规划中必须考虑的原因之一。

图 2-3 实验室通风系统废气净化装置安装图

④桌面通风罩主要用于有机化学或需要长时间蒸馏的实验，在解决这类实验室的整体通风要求中，它是必不可少的装备之一。

(2) 通风管道。对于一般普通建筑，若室内排出气体没有腐蚀性，通风管可以采用镀锌钢板；对于产生有腐蚀气体的实验室，风管应采用耐腐蚀材料的 PVC 风管或玻璃钢风管。一般的实验室通风工程中，室内大多采用 PVC 风管，室外大多采用玻璃钢风管。

(3) 风机。目前主要采用的风机主要有轴流风机（斜流风机、管道风机）、离心风机。轴流风机适用于风压小、管路短的通风系统（一般 10m 以内，否则易造成风力不足）；离心风机适用于管路长的通风系统。

(4) 通风控制系统。通风系统控制可根据不同的情况采用不同的控制方式分为单台通风设备定量通风控制系统，多台通风设备变频通风控制系统，多台通风设备变频加变风量通风控制系统。

2.3.1.3 有害气体排出

实验室内往往存在许多不利于人体健康的化学物质污染源，特别是有害气体，将其排除非常重要，与此同时，能源往往会被大量的消耗，因而实验室的通风控制系统的设计要求逐渐提高，从早期定风量（CV），双稳态式（2-State），变风量（VAV）系统，到最新的适应性控制系统——既安全又要符合节约能源的需要。

实验室的最新理念就是将整个实验室当作是一台排烟柜，如何有效地控制各种进排气，达到既安全又经济的效果是至关重要的。实验室常用排风设备中通风柜最为常见，作

用是捕捉、密封和转移污染物以及有害化学气体防止逃逸到实验室内，通过吸入工作区域的污染物，使其远离操作者来达到吸入接触的最小化。通风柜内的气流是通过排风机将实验室内的空气吸进通风柜，将通风柜内污染的气体稀释并通过排风系统排到户外后，可以达到低浓度扩散；万向排气罩是进行局部通风的首选，安装简单、定位灵活，通风性能良好，能有效保护实验室工作人员的人身安全；原子吸收罩要求定位安装，有设定的通风性能参数，也是整体实验室规划中必须考虑的因素之一。风机型号的选择，是根据风量和风压来选择的。

（1）风量的计算方法。根据面风速来确定排风量（面风速的一般取值为：0.3 ~ 0.5m^3/h）计算式：

$$G = S \times V \times h \times \mu = L \times H \times 3600 \times \mu$$

式中　G——排风量；

S——操作窗开启面积；

V——面风速；

h——时间，h；

L——通风柜长度；

H——操作窗开启高度 ；

μ——安全系数（1.1 ~ 1.2）。

例：1200L 的通风柜其排风量计算如下：

$$G = 1.2 \times 0.75/2 \times 0.8 \times 3600 \times 1.2 = 1555\text{m}^3/\text{h}$$

经验值：1200L 通风柜排风量一般为 1500m^3/h ，1500L 的通风柜排风量一般为 1800m^3/h，1800L 的通风柜排风量一般为 2000m^3/h 。中央台上用排风罩排风量的计算方法同通风柜排风量的计算方法 。

原子吸收罩排风量的计算方法：根据罩口风速来确定排风量（罩口风速的一般取值：1 ~ 2m^3/h）。计算式：

$$G = \pi R^2 \times V \times 3600 \times \mu$$

式中　G——排风量 ；

R——罩口半径；

V——罩口风速；

μ——安全系数（1.1 ~ 1.2）。

经验值：一般情况下原子吸收罩的排风量在 500 ~ 600m^3/h。

整体通风的排风量计算公式为

$$G = V \times n \times h = L \times W \times H \times n \times h$$

式中　G——排风量；

V——房间体积；

n——换气次数（一般取 8 ~ 12 次）；

h——时间，h 。

（2）风压的计算。管线沿程阻力约5Pa/m，弯头阻力为10～30Pa/m，三通阻力为30～50Pa/m，所有阻力之和乘以安全系数（1.1～1.2）即为风压值。

③通风管线风量的计算。一般情况下国家标准的风管风速取值范围为 $V=6\sim8m/s$（计算标准的风管风速取值范围为 $V=8\sim12m/s$）。

计算公式：$G=S\times V\times3600=\pi R^2\times V\times3600\rightarrow R=[G/(\pi\times V\times3600)]^{\frac{1}{2}}$

式中 G——排风量（根据上述计算得出）；

R——风管半径；

V——风管风速。

④风机。玻璃钢轴流式风机、玻璃钢离心式风机等，依据实际要求匹配。

2.3.2 实验室建筑空气调节系统

实验室建筑有别于普通建筑，不同的实验室对温度、湿度、压强、洁净度等参数有不同的要求，而且不同的实验室之间的气流不能交叉污染，实验区的气流不能流向办公区等，因此实验建筑空调系统的要求比普通建筑的要求复杂得多。按布置方式不同分为分散式空调系统、集中式空调系统及局部集中型空调系统。

普通实验室对洁净度没有特殊要求，一般安舒适性空调即可，夏季的适宜温度应该在26～28℃，冬季应该在18～20℃，湿度最好在40%（冬季）～70%（夏季）之间。

精密仪器要求保持恒温恒湿，以利于仪器的使用精度及保养。棱镜光谱仪等精密仪器设备对温度、湿度的要求更高，由于棱镜的折射率因温度而异，温度波动时可显著影响波长的测定精度，所以对环境条件的要求严格，一般要求光谱室温度为20℃±0.5℃，相对湿度65%±5%。

2.3.3 实验室环保系统

在化学实验室进行实验时会使用大量化学药品，实验过程中发生的化学反应会产生废气、废液、固体废物，对环境造成污染，近年来随着人们环保意识和法律意识的提高，化学实验室的污染问题备受关注。对废气、废液、固体废物、噪声、放射性等污染物排放频繁，超出排放标准的实验室要有符合环境保护要求的污染治理设施，保证达到排放标准，严禁将废气、废液、废渣及废弃的化学品等污染物直接向外界排放。

为了降低实验室对环境的污染，应把实验室环保系统纳入实验室设计与建设之中，使之成为实验室建设规划重要部分，从而真正地贯彻落实实验室HSE相关管理要求，在保障实验室使用效果的前提下，通过对实验室进行环保建设规划，全面推行绿色科学、环境友好的清洁实验室。

2.3.3.1 实验室废气

（1）废气的组成。化学实验室内空气污染物的种类繁多，成分复杂，排放具有间歇性，主要空气污染物包括有机气体和无机气体两大类。有机气体主要为四氯化碳、甲烷、乙醚、乙硫醇、苯、醛类等，无机气体包括一氧化碳、二氧化碳、卤化氢、硫化氢、二氧

化硫等，这些气体直接排放到大气中会对自然环境造成严重影响与破坏。

（2）实验室废气处理方法。目前对气态污染物的处理方法一般可分为湿法和干法两大类，具体需要根据化学实验室废气的特点来选择高效率低成本的方法。

①湿法废气处理。湿法废气处理采用酸雾净化塔进行废气处理，适用于净化氯化氢、氟化氢、氨气、硫酸雾、铬酸雾、氰化氢、硫化氢、低浓度 NO_x 等水溶性废气。酸雾净化塔适用于高层建筑屋面上安装，工作原理是酸雾废气由风机压入净化塔，经过喷雾及填料层，废气与氢氧化钠吸收中和液进行气液两相充分接触吸收中和反应，酸雾废气经过净化后，再经脱液层脱液处理，净化后的酸雾废气符合国家排放标准，排入大气。湿法废气处理原理见图 2-4。

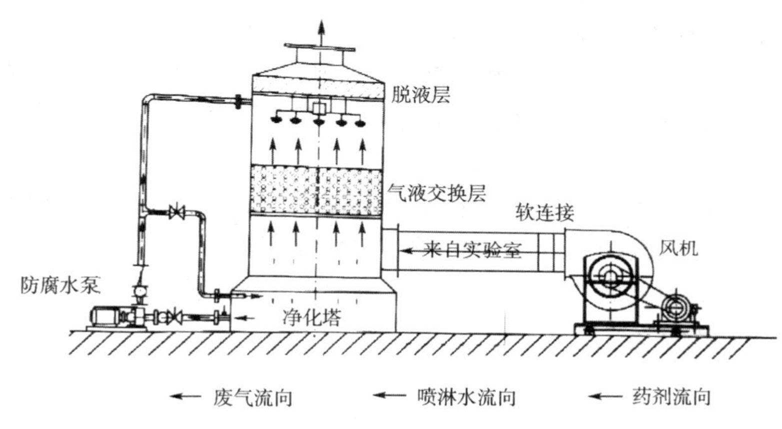

图 2-4　湿法废气处理原理

②干法废气处理。干法废气处理是指气体混合物与多孔性固体接触时，利用固体表面存在的未平衡的分子引力或者化学键力，把混合物中的某一组分或某些组分吸附在固体表面的过程。

2.3.3.2　实验室废水

（1）实验室废水的组成。实验室产生的废水包括残存的样品、标准曲线及样品分析残液、洗涤水等，几乎所有常规分析项目都不同程度存在废水污染问题，这些废水成分复杂，包括常见的有机物、重金属离子和有害微生物等及相对少见的氰化物、细菌、毒素等，一旦这些废水流入自然环境中，将对环境造成极大的污染，给社会造成严重的危害。

（2）废水处理方法。一般有物理法、化学法、生物法。物理法主要利用物理作用分离废水中的悬浮物；化学法主要利用化学反应来处理废水中的溶解物质或胶体物质；生物法是除去废水中的胶体和溶解的有机物。以上三种方法各有其特点和使用条件，废水排入地面水体要符合 GB 50014 规定要求。

2.3.3.3　实验室废液处理

实验室废液处理按其性质、成分等采取不同的处理方式，回收利用应交由具备国家资质的专业部门统一处理。

2.3.3.4 实验室固体废物

实验室产生的固体废物包括多余样品、分析产物、消耗或破损的实验用品、残留或失效的化学试剂等，这些固体废物成分复杂，涵盖各类化学、生物污染物，尤其是过期失效的化学试剂，处理稍有不慎很容易造成严重污染事故。为了防止实验室污染的扩散，对实验室固体废物的一般处理原则为分类收集、存放、处理。同时尽可能减少废物量以减少污染，固废物处理应符合国家 GB 18599 有关规定。

2.3.4 实验室供气系统

2.3.4.1 实验室用气体种类

实验室常用气体有精密分析仪器使用的高纯气体、化学反应实验使用的实验气体及辅助实验使用的煤气、压缩空气等。气相色谱、气质联用、原子吸收、ICP 等精密仪器使用的高纯气体主要有不燃气体（氮气、二氧化碳）、惰性气体（氩气、氦气）、易燃气体（氢气、乙炔）和助燃气体（氧气）等。

实验室用气主要由气体钢瓶提供，个别气体可由气体发生器提供。常用钢瓶外部颜色区分及标志：氧气瓶（天蓝色黑字）、氦气瓶（灰色绿字）、氢气瓶（深绿色红字）、氮气瓶（黑色黄字）、压缩空气瓶（黑色白字）、乙炔瓶（白色红字）、二氧化碳瓶（铝白色黑字）、氩气瓶（灰色绿字）。

2.3.4.2 实验室供气方式

实验室供气系统按其供应方式分为分散供气和集中供气。

（1）分散供气是将气瓶或气体发生器放在各个仪器分析室，接近仪器用气点，使用方便，节约用气，但由于气瓶接近实验人员，安全性欠佳，一般要求采用防爆气瓶柜，并带报警功能与排风功能。气瓶柜应设有气瓶安全提示标志，气瓶安全固定装置，并保持足够安全距离。

（2）集中供气是将各种试验分析仪器需要使用的各类气体钢瓶全部放置在实验室以外独立的气瓶间内进行集中管理，各类气瓶从气瓶间以管道形式输送，按照不同实验仪器的用气需求输送到每个实验室不同的仪器上。整套系统包括气源集合压力控制部分（汇流排）、输气管线部分（EP 级不锈钢管）、二次调压分流部分（功能柱）以及与仪器连接的终端部分（接头、截止阀）。集中供气可实现气源集中管理，远离实验室，保障实验人员安全。

（3）气瓶间及气瓶的安全规范

①气瓶应专瓶专用，不能随意改装其他种类气体。

②气瓶室严禁靠近火源、热源、有腐蚀性的环境。

③气瓶室电器装置必须符合防爆要求，禁止动用明火。

④气瓶室应有通风设备，保持阴凉，气瓶室顶部应留有泄流孔防止氢气聚集。

⑤空瓶与实瓶分区放置，易燃易爆气瓶应该与助燃气瓶分开放置。

⑥气瓶各配件要求完好齐全，各种气压表不得混用。

⑦气瓶在储存、使用时必须直立放置严禁倾倒。

⑧气瓶严禁靠近电气设备，与明火距离不少于 10m。

⑨气瓶中气体不可用尽，必须保持一定余压。

⑩气瓶必须定期检验。

（4）气体管道设计规范

①氢气、氧气和煤气管道以及引入实验室的各种气体管道支管宜明敷。当管道井、管道技术层内敷设有氢气、氧气和煤气管道时，应有换气 1～3 次/h 的通风设施。

②按标准单元组合设计的通用实验室，各种气体管道也应按标准单元组合设计。

③穿过实验室墙体或楼板的气体管道应敷在预埋管内，套管内的管段不应有焊缝，管道与套管之间应采用非燃烧材料。

④氢气、氧气管道的末端和最高点宜设放空管，放空管应高出层顶 2m 以上，并应设在防雷保护区内，氢气管道上还应设取样口和吹扫口，放空管、取样口和吹扫口的位置应能满足管道内气体吹扫置换要求。

⑤氢气、氧气管道应有导除静电的接地装置。

⑥管道敷设技术要求。输送干燥气体的管道宜水平安装，输送湿气体的管道应有不小于 0.3% 的坡度，坡向冷凝液体收集器。氧气管道与其他气体管道可同架敷设，其间距不得小于 0.25m，氧气管道应处在除氢气管道外的其他气体管道之上。氢气管道与其他可燃气体管道敷设时，其间距不应小于 0.5m；交叉敷设时，其间距不应小于 0.25m。分层敷设时，氢气管道应位于上方。室内氢气管道不应敷设在地沟内或直接埋地，不得穿过不使用氢气的房间。气体管道不得和电缆、导电线路同架敷设。

⑦气体管道宜采用无缝不锈钢管，气体纯度大于或等于 99.99% 的气体管道宜采用不锈钢、铜管。

⑧管道与设备的连接段宜采用金属管道，如为非金属软管，宜采用聚四氟乙烯管、聚氯乙烯管，不得采用乳胶管。

⑨阀门和附件的材质。氢气和煤气管道不得采用铜质材料，其他气体管道可采用铜、碳钢和可锻铸铁材料。

⑩阀门与氧气接触部分应采用非燃烧材料，其密封圈应采用有色金属、不锈钢及聚四氟乙烯等材料，填料应采用经除油处理的石墨石棉或聚四氟乙烯。

⑪气体管道中的法兰垫片其材质应以管道输送介质而定。

⑫气体管道的连接应采用焊接或法兰连接等形式，氢气管道不得用螺纹连接，高纯气体管道应采用承插焊接。

⑬氢气管道的安全技术设计应要求用氢设备的支管和氢气放空管上设置阻火器。气体管道实例见图 2-5。

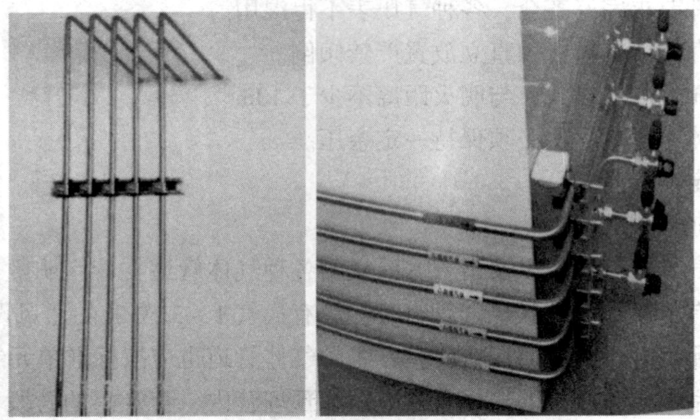

图 2-5　气体管道图例

2.3.5　实验室给排水系统

2.3.5.1　实验室给水系统

实验室给水系统包括实验给水系统、生活给水系统和消防给水系统。实验给水系统分为一般实验用水与实验用纯水，实验室纯水系统属于独立系统。生活给水系统和消防给水系统与一般建筑给水系统一致，与一般实验给水系统可合并为一个系统。

不同实验室对实验用水有不同要求，实验仪器的循环冷却水水质应满足各类仪器对水质的不同要求；凡进行强酸、强碱、剧毒液体的实验并有飞溅爆炸可能的实验室，应就近设置应急喷淋设施，应急洗眼器水头大于 1m 时，应采取减压措施。喷淋洗眼设施设置位置应满足使用者以正常步伐不超过 10s 能够顺畅到达的地方且距离危险源不超过 15m 并在同一操作面上，中间不应有障碍物。喷淋洗眼设施周围应保证有良好的光线。喷淋洗眼设施顶部应设置紧急救护标志牌，其内容应包括但不限于用文字表明该设备的功能和作用，用图形、图示表明文字描述的功能。喷淋洗眼设施给水水质应符合 GB5749 要求，连续供水时间不应少于 20min。喷淋洗眼设施安装距地面高度宜为 0.84～1.14m，喷淋器淋浴喷头距地面高度宜为 2.08～2.44m，拉手距地面高度不应大于 1.75m。

室内消防给水系统包括普通消防系统、自动喷洒消防系统和水幕消防系统等。实验楼、库房等建筑物在必要时应设置室外消防给水系统，由室外消防给水管道、消火栓、消防泵等组成。

2.3.5.2　实验室给水方式

实验室给水系统应保证必需的压力、水质和水量，根据使用环境条件，可采用相应的供水方式。

（1）直接供水方式适用于实验室外层数不高、水压和水量均能满足的情况下。

（2）设有高位水箱供水方式。室外管网内水压下降或水压周期性下降，不能满足实验室用水要求时采用这种方式。

（3）设有加压泵的给水方式。外管网水压低于实验、消防及生活用水要求时可采用这种方式。

2.3.5.3　实验室排水系统

实验室排水系统根据实验室排出的废水成分、性质、流量、排放规律的不同而设置相应的排水系统。除了实验设备的冷却水排水或其他含有无害悬浮物或胶状物、污染不严重的废水可直接排至市政排水管网外，其他废水液应与生活污水分开，经处理符合国家排放标准后方可排入市政排水管网。

2.3.5.4　实验室给排水系统设计注意事项

（1）实验室的给排水系统应设计科学，保证饮水源不受污染。若实验用水与生活用水的水源不一致，建议饮用水与实验用水的水龙头分别标明以免混肴。

（2）实验楼应设有备用水源，在公共自来水系统异常情况下，备用水源能保证各种仪器的冷却、紧急救护等设备正常使用。

（3）给排水系统应与实验室模块相符合，布局合理便于维护，管线尽量短避免交叉。给水管道和排水管道应沿墙、柱、管道井、实验台夹腔等位置设计布局，不得布置在遇水会迅速分解、引起燃烧、爆炸或损坏的物品旁以及贵重仪器上方。

（4）给排水系统设计应灵活并预留部分设施以保证实验室的可靠性和持续性运行。

（5）供排水系统设计要考虑为实验台提供上下水点。水嘴分为急流水嘴和缓流水嘴，单联水嘴（MBs－016）为急流水嘴，一般搭配 PP 水槽（MBc－032）；双联水嘴（MBs－02）为缓流水嘴，一般搭配 PP 水槽（MBc－029）；三联水嘴（MBc－01）为一急两缓水嘴，一般搭配 PP 水槽（MBc－029）、大水槽（MBc－031）、通风柜的杯槽（MBc－028）。

2.3.6　实验室供电系统

实验室供电系统是实验室最基本的条件之一，实验室用电主要包括照明电和动力电、网络信息三大部分。动力电主要用于各类仪器设备、电梯、空调等的电力供应。电源插座种类有：10A、13A、16A、20A，配有漏电保护开关、过载保护开关等。电源插座应远离水盆和煤气、氢气等喷嘴口，并且不影响实验台仪器的放置和操作位置，线槽主要为多功能钢线槽（主要用于试剂架上）和 PVC 线槽配插座（主要用于边台和中央台台面上）。

实验室建筑内部有各种类型的实验室及仪器设备，供电系统除了维持实验室特定的环境用电外，还要满足现有及未来增加的各种仪器设备的特殊用电要求。大功率仪器设备（电机）启动所需电流往往是工作电流的数倍，在启动瞬间会影响该线路的电压波动，引发其他仪器工作不正常，因此对实验室建筑供电系统的设计必须预留足够的富余电容量，还必须提供不间断稳压电源。综上所述，实验室建筑的供电系统从电源、线路、照明、安全等各方面都有独特性。

（1）实验室电源。连续稳定的实验室稳压电源是保证仪器设备正常稳定运行的根本，通常安装备用电源及稳压设备，例如安装适合的 UPS 等。

（2）实验室供电线路

①为了使大功率仪器工作正常，一般为其单独设一条线路，微电子仪器与大功率用电

器不可共用一条线路，以免大功率仪器频繁启动所产生的脉冲电压造成仪器读数波动及损坏元器件。

②精密仪器应配稳压 UPS 电源，同时必须采用双保险电源。

③每一个实验室内应设置三相交流电及单相交流电，在靠近门口设置电器控制箱（建议设置在室外）。对实验停止后仍需运行的设备，应连在专用供电电源线路上，避免因切断实验室总电源而影响工作。

④实验台设置一定量的三相及单相电源插座，电源插座回路设有漏电保护电器，插座设置应远离水盆和煤气。

⑤潮湿、有腐蚀性气体、蒸汽、火灾危险和爆炸危险等场所，应选择有相应防护性能的配电设备。

⑥化学实验室因有腐蚀性气体，应采用铜芯电线。

⑦实验室的接地系统可保证人身安全及仪器的正常运行，一般接地种类有安全保护接地、防静电接地、直流接地、防雷接地、等电位跨接等。

⑧高层或线路较多的多层实验建筑，垂直线路宜采用管道井敷设。强、弱电管线宜分别设置管道井。

2.3.7 实验室建筑智能化系统

实验室建筑智能化系统包括智能通风系统、智能气体系统、实验室信息系统、办公自动化系统、综合布线系统、安全防范电视监控系统、火灾自动报警系统和停车场管理系统等。以下简要介绍其中的几种系统。

2.3.7.1 智能通风系统

智能通风系统是指变频与风量通风控制系统的有机结合，主要包括：风速传感器、红外探测器、变风量控制阀、自动控制面板、操作终端、智能化通风系统管理软件等。

2.3.7.2 智能气体系统

智能气体系统包括智能供气与智能排气两种，主要是通过安装智能管理化软件控制。通过灵敏的气体检测探头检测到空气中各种气体的含量以及仪器设备运行的状态进行自动监控管理状态，及时启动报警及故障自动处理系统，保证人与环境及仪器设备的安全。

2.3.7.3 实验室信息管理系统

实验室信息管理系统是集现代化管理思想与基于计算机数据处理技术、数据存储技术、宽带传输网络技术、自动化仪器分析技术为一体运用于实验室的信息管理和质量控制，达到和满足实验室各种管理目标的集成系统。

2.3.7.4 安全防范电视监控系统

安全防范电视监控系统包括摄像机、监视器、编码器、解码器、录像机及矩阵主机组成，用来对各建筑物、重要部门、大厅、通道、电梯、园区周界及主要道路进行电视监控。

2.3.7.5　火灾自动报警系统

火灾自动报警系统选用开放型、寻址型的总线型自动报警的消防控制系统，设置火灾探测器并设有消防紧急处理系统。

2.3.8　油品实验室功能分区

实验室通常按物理学，无机化学，有机合成化学，生物学等来分类。实验室试验内容、用途和规模不同，各有其自身的特点，比如基础教学实验室，多为较简单的教学实验，对水电气风等要求较低，而科研机构对实验室通风、供排水、电控及洁净度都要求较高。实验室设计的基本原则具有共同性，以有机化学为例，主要由化学基本实验室、仪器分析实验室、电子计算机室、研究室、辅助实验室、服务供应室等组成，结合实验室实际要求，还应设立大型试验仪器（机）实验室，例如辛烷值、十六烷值机实验室、润滑与摩擦学实验室等。化学基本实验室主要是进行容量分析、离子测定、氧化还原等实验，一般设计的装备有：实验台与洗涤台；通风柜及管道修检井；带试剂架的实验台及辅助工作台，需考虑设在实验室内的研究空间或电脑台，药品柜、器皿柜、落地安置的仪器设备、急救器等。

精密仪器分析实验室主要设置各种大型精密分析仪器，同时也包括普通小型分析仪，一般设计的装备有：仪器台、实验台、通风柜、天平台、电脑台、气瓶柜、洗涤台、器皿柜、药品柜、急救器、万向排气罩、原子吸收罩等。

以下列出各类仪器分析实验室的要求以供参考。

（1）气（液）相色谱分析室。色谱法是一种物理分离方法，他利用混合物中各物质在两相间分配系数的差别进行分离分析，即当溶质在两相间做相对移动时，各物质在两相间进行多次分配从而使各组分得到分离，色谱仪器设备包括气相色谱和液相色谱。

气相色谱仪主要是对容易转化为气态而不分解的液态有机化合物及气态样品的分析。仪器设备包括气相色谱仪、电脑，电脑装载试验控制系统及数据处理系统。气相色谱仪所用载气主要有：H_2、N_2、Ar、He、CO_2 等，要求纯度在 99.99% 以上，气（液）相色谱分析实验室要求能够控制合适的温度、湿度，同时应该配有不间断电源。

（2）质谱分析室。质谱仪主要是对纯有机物进行定性分析，实现对有机化合物的相对分子质量、分子式、分子结构的测定。分析样品可以是气体、液体、固体，主要设备有质谱仪、气－质联用仪。质谱分析室实验室要求能够控制合适的温度、湿度，同时应该配有不间断电源，质谱仪可能有汞蒸气逸出，要考虑局部排风。

（3）光谱分析室。光谱分析主要是根据物质对光具有吸收、散射的物理特征及发射光的物理特性，在分析化学领域建立化学分析方法。主要的仪器是原子发射光谱仪、原子吸收光谱仪、分光光度计、原子荧光光谱仪、荧光分光光度计、X 射线荧光仪、红外光光谱仪、电感耦合等离子体（ICP）光谱仪、拉曼光谱仪等。光谱分析实验室应尽量远离化学实验室、以防止酸、碱、腐蚀性气体等对仪器的损害，同时远离辐射源；室内应有防尘、防震、防潮等措施；仪器台与窗、墙之间要有一定距离，便于对仪器调试和检修；应设计局部排风，使用原子吸收罩排风较为适宜。环境要求：温度范围15～35℃、湿度为30%～70%RH；电源：AC单相220V8000VA、要求有接地；仪器台要求：尺寸大小2000mm×900mm×750mm，而且距墙500mm以上。以上实验室同化学实验室类似，根据实际需要可设置样品处理室，一般应有洗涤台、实验台、通风柜等设备。

（4）大型试验仪器（机）实验室。除实验室常规建设要求外，由于试验机本身自重较大（有些仪器约2t），所以该类型实验室需要设计在整体建筑底层，依据试验机安装使用要求设有安装基座、水电通风等特定要求。

（5）辅助实验室。主要有常规综合实验室、天平室、高温室、纯水室、气瓶室、贮藏室、样品室、试剂室、溶液配制室、暗室等。

①天平室。分析天平是化学实验室必备的常用仪器，高精度天平对环境有一定要求，主要原因是环境温度、湿度、气流和风速、震动和电磁有影响。天平室应靠近化学实验室以方便使用，但不宜与高温室和有较强电磁干扰的房间相邻。天平室内不得设置洗涤台或有任何管道穿过室内以免管道渗漏影响天平的维护和使用。

②高温室。高温炉和恒温箱是常备设备，一般放置在高温工作台上，但特大型的恒温箱须落地安置为宜，高温炉和恒温箱须分开放置以保证使用安全。

③纯水室。主要实验装备有边台和洗涤台，现代实验室多使用去离子水，要求水量大且能保证水质，同时地面需设地漏。

④气瓶室。实验室用气除不燃气体（氮气、二氧化碳）、惰性气体（氩气、氦气等）外，其他气体可能具有高压、剧毒、氧化分解、爆炸等危险性，例如易燃气体氢气、一氧化碳，剧毒气体为氟气、氯气，助燃气体氧气等，这些气体可以通过管路接到各实验室内。

⑤溶液配制室。用于配制各种标准溶液和不同浓度的溶液，在允许的条件下可由两个房间组成，一间设有天平台，另一间作配制试剂和存放试剂用，一般应配置通风柜、实验台、试剂柜。

⑥样品室。主要用于样品的存放，应配有通风换气及防爆照明装置、避光装置，其通风换气的中心距地面不小于300mm，室内通风口一面应设防护罩，室外一面应有挡风设施。

第3章　石油液体手工取样

3.1　概述

检验是判断产品质量状况的最佳方式之一，如果能够对所有产品全部进行检验，应该是最可靠的检验方式，也就是全数检验（全检）。全检的优点是判定比较可靠，能够提供完整的检验数据，获得充分可靠的质量信息，全检一般适用于非破坏性检验，适用于单件、小批产品，昂贵、高精度或重型产品，有特殊要求的产品，能够应用自动检验方法的产品，但是全检存在着工作量大、周期长、成本高等缺点。石油化工产品中的成品油是无法实现全检的，因此需要抽样检验，即利用从批样中随机抽取样本的方式进行质量检验。

取样（采样）是按照规定的方法从一定数量的整批油品中采取少量代表性试样的操作过程。在石油产品的检验中，不论是散装，还是桶装等方式，都需要先从总量中取出一定数量的试样，然后通过对这些取出的试样的检验来确定这批油品的质量状况，因此所取试样必须有代表性，如果试样不具有代表性，无论仪器设备多先进，检验结果多准确，所检验结果也只能代表所取试样的质量状况，以此结果来判断这批油品的质量状况只能得出错误的结论。取样是油品检验工作中不可缺少的重要环节，是保证检验结果准确可靠的先决条件。在实际工作中为了分析问题，受取样条件限制，或者受批次油品均匀性影响，或者为了获取某个位置油品质量状况，也会取不具有代表性的样品，例如上部样、底部样等。

样本抽取有不同的方法，包括简单随机抽样、系统随机抽样、分层随机抽样、整群随机抽样等。

简单随机抽样是指从包含 N 个个体的产品批中，抽取 n 个单位产品，然后进行检验。

系统随机抽样是将总体中要抽取的产品按一定次序排列，在规定范围内随机抽取一个或一组产品，然后按一定规则确定其他样本单位的抽样方法，系统随机抽样包括按时间、按空间、按编号等抽取方法。

分层随机抽样是将总体分隔成互不重叠的层，在每层中独立地按给定的样本量进行抽样，在每层中至少抽取一个样品。

整群随机抽样（集团抽样法）是将总体分隔成互不重叠的群，每群由若干个体组成，从总体中抽取若干个群，抽出的群中所有的个体组成样本。

分层抽样与系统抽样相结合的方法是最佳抽样组织形式。对于液体油品取样主要包括油罐取样、管线取样两种，基本适用于此两种方法，因此在以后的内容中仅对液体油品取样进行论述。

3.2 试样的种类

液体油品取样主要包括油罐取样、管线取样两种。油库的立式油罐、加油站的卧式油罐、公路罐车、铁路罐车取样都是油罐取样，成品油输送管线以及加油站油枪都可以视为管线取样，还有从包装桶中、汽车的油箱中取样等其他非常规取样方式。

试样：向给定试验方法提供所需要的产品的代表性部分。

点样：在罐内规定位置或按规定时间从管线液流中采集的样品，见图3-1。

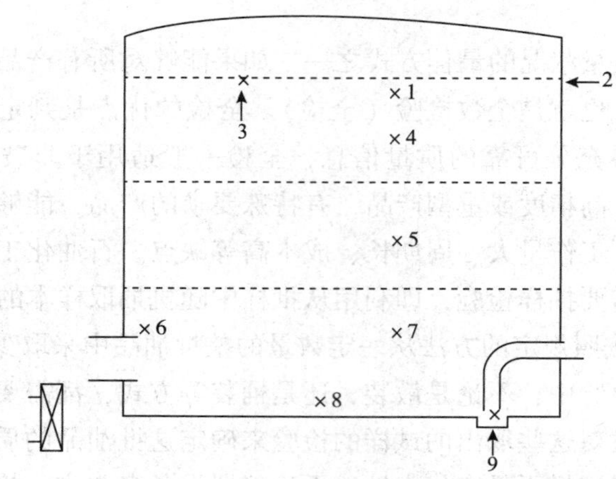

图3-1 点样位置示意图

1—顶部样；2—油面；3—撇取样；4—上部样；5—中部样；
6—抽吸液位样或出口液面样；7—下部样；8—底部样；9—排污池样

撇取样（表面样）：从液体表面采取的点样。

顶部样：从顶部液面下150mm位置获得的点样。

上部样：在顶部液面下1/6液深位置采集的点样。

中部样：在液面下1/2液深位置采集的点样。

下部样：在液面下5/6液深位置采集的点样。

抽吸液位样（出口液面样）：从液态烃泵出油罐的最低液位采集的样品。

底部样：从油罐或容器的底部或靠近底部的产品中采集的点样。

全层样：取样器仅沿一个方向通过除游离水以外的整个液体高度，期间通过累积液样所获得的样品。

组合样：为获得散装油品具有代表性的样品，按确定比例组合一定数目的点样所获得的样品。

例行样：取样器沿两个方向通过除游离水以外的整个液体高度，期间通过累积液样所获得的样品。

区间样：将区间取样器放入油罐内某一位置，在液体完全注满后，封闭取样器，此时

在取样器总高度内聚集的在液柱部分采集的样品。

流量比例样：输送液体石油产品期间，在其通过取样器的流速与管线中的流速成比例下任何瞬间从管线中采取的试样。

时间比例样：输送液体石油产品期间，定期从管线中采取的多个相等增量合并而成的试样。

3.3　取样器具

3.3.1　油罐取样器

点取样器和区间取样器。

3.3.1.1　取样笼

取样笼是一种金属或塑料材质的固定架，其结构可固定瓶或桶等合适的容器。加重这种组合设备，使其比较容易地沉入被取样的产品之中，并应设法在指定液位向容器内充入样品。取样笼应具有合适的尺寸以放入所需尺寸的取样瓶。某些瓶笼在设计上能接受不同脖颈尺寸（或体积）的取样瓶，并安装了浮球系统，瓶子一旦充满浮球随即密封住瓶口。见图 3-2 和图 3-3。

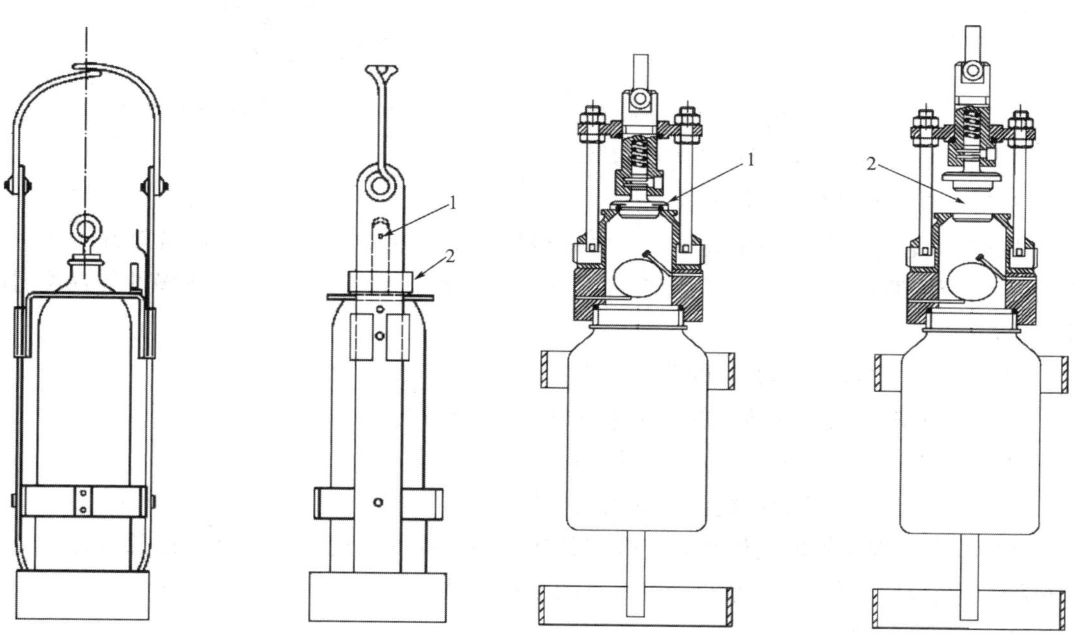

图 3-2　一种样品瓶笼的示例

1—链接点；2—锁片

图 3-3　一种安装自密封机构的样品瓶笼

1—被封闭的样品入口；2—打开的样品入口

本实例是一种合适的瓶笼取样器，其中安装了一种自密封机构，一旦瓶子充满，就关闭进口。

3.3.1.2 配重取样桶

为取样桶增加额外的配重，使其比较容易沉入被取样的液体中，将悬吊装置连接到桶上，通过急拉方式打开取样桶的塞子。为避免桶在清洗中出现问题和/或敏感样品的可能污染，应采用不接触样品的方式将配重固定到桶上。见图3-4和图3-5。

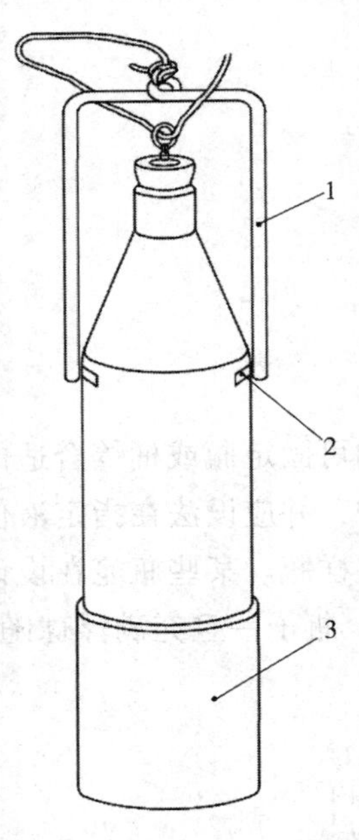

图3-4 一种配重取样桶的示例

1—接线提手；2—吊耳；3—配重材料

图3-5 一种配重取样桶实例

3.3.1.3 区间/液芯取样器

区间/液芯取样器由一根玻璃、金属或塑料材质制成的管子构成，两端打开，在将其向下插入液体期间，液体在其内部能自由流动。在所需液位，可通过下述多种装置关闭取样器的下端口：

①一种由取样器上移激发的关闭机构；

②一种由随悬吊缆线落下的配重来激发的关闭机构；

③一种由浮子控制的触发式关闭机构；

④一种由延伸杆或急拉绳激发的关闭机构。

区间/液芯取样器的设计和制造应使其在缓慢下降的情况下，能够在任意选择的液位（包括油罐底部）采集到一垂直液柱。见图3-6和图3-7。

3.3.1.4 底部取样器

底部取样器是一种放到油罐底部，通过接触油罐底板打开阀门，提升时阀门自行关闭的容器。有些取样器具有可伸长的“脚”，允许取样器刚好在一层沉淀物的上面进行取样。见图3-8～图3-12。

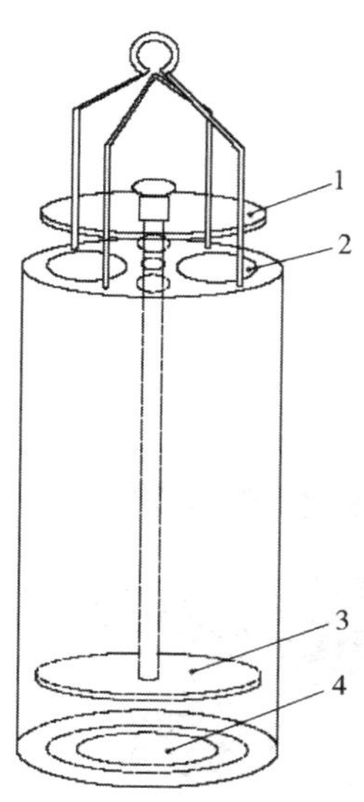

图 3-6　一种区间取样器的示例

1—当取样器穿过液体下沉时，顶阀打开；2—液体出口；
3—当取样器穿过液体下沉时，底阀打开；4—液体入口
在本示例中，当取样器上升时，两个阀门全部关闭。

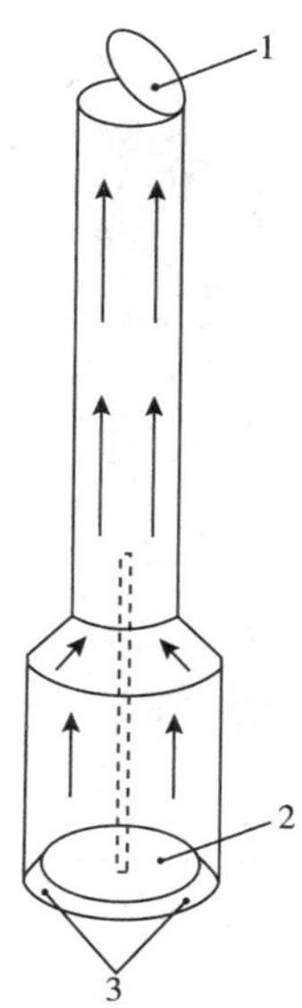

图 3-7　一种区间/液芯取样器的示例

1—上部瓣阀（止回阀）；2—底阀；
3—当取样器通过液体下沉时，有产品流过
当取样器上升时，两个阀都关闭

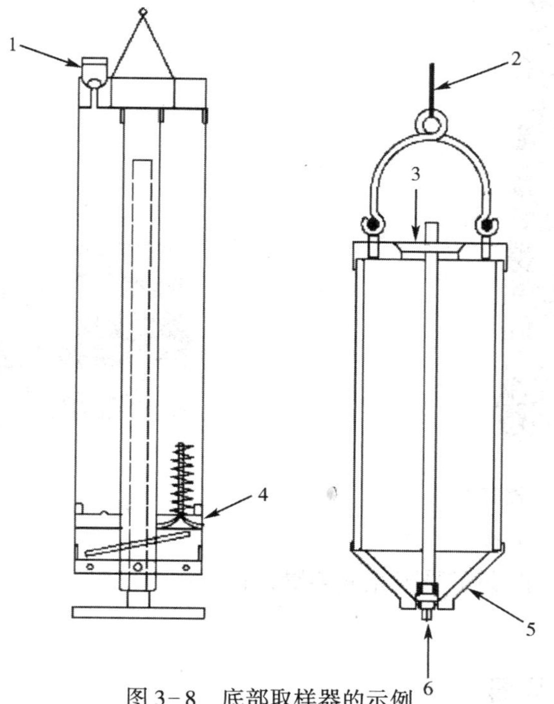

图 3-8　底部取样器的示例

1—球阀/空气出口；2—放线绳；3—空气出口；
4—由弹簧压载的入口阀；5—四条加强筋；6—加重式入口阀

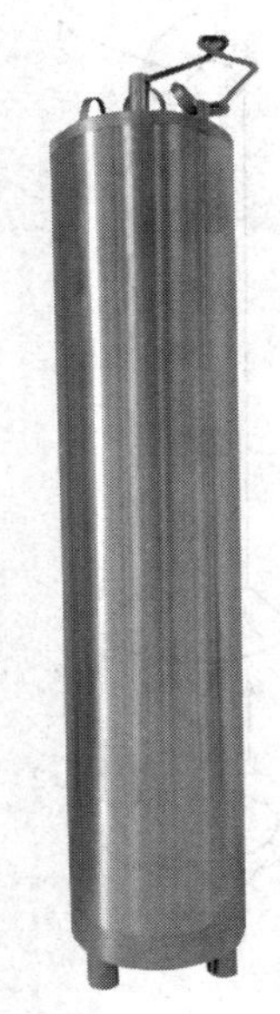

图 3-9　底部带“脚”取样器实例

图 3-10　底部带“脚”取样器底部

图 3-11　底部取样器实例

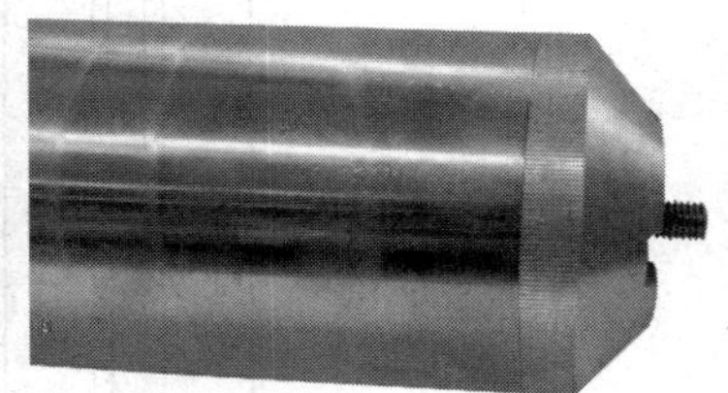

图 3-12　底部取样器底部

3.3.1.5　全层取样器

全层取样器是一种配备了受限充液装置，在液体中仅沿一个方向移动时获得样品的容器。见图 3-13。

3.3.2　管线取样器

使用管线自动取样器，应符合 GB/T 27867 的规定。

手工取样器包括一个合适的带有隔离阀的取样管。取样管应深入输液管内，进样点靠近管壁的距离不小于内径的1/4，取样管的入口应面对管线内被取样液体的流动方向。

如果向固定容积样品容器（例如瓶子）内注入样品，取样管的出口阀应加装一个具有足够长度能到达样品容器底部的出液管，以进行浸没式充样。

如果向可变容积样品接收器（例如浮动式活塞筒）内注入样品，取样管的出口阀应加装一个排液管和连接管，以便对取样管和连接管线进行安全冲洗，并在样品接收器内累积样品。见图3-14。

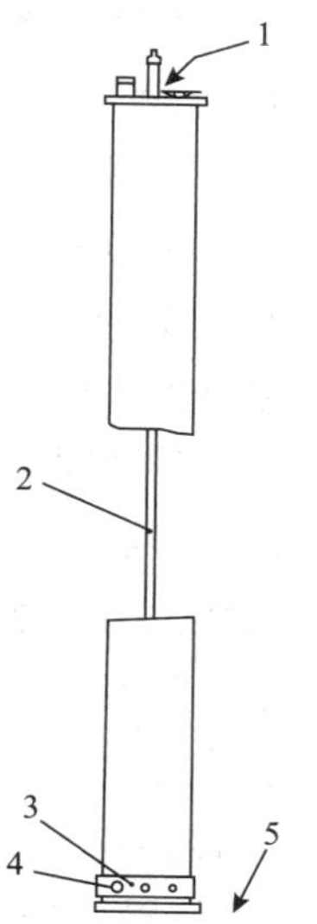

图 3-13 一种“由顶向下”全层取样器的示例

1—在下降期间，随取样器充液而打开的排气口；2—悬吊杆；3—为改变充液速度，为选择取样器主壳体上所需入口所使用的带有一个孔的滚花圆环；4—取样器主壳体底段的不同尺寸入口的分布区域；5—接触面

当它接触罐底时，通过底部内段的上升来关闭充液孔

3.4 取样操作方法

《石油液体手工取样法》GB/T 4756—2015 标准中根据石油液体的不同储运方式分别对油罐、桶听、管线等所需取样器具及取样方式进行了介绍，本章节仅对常用的取样操作方法进行介绍。

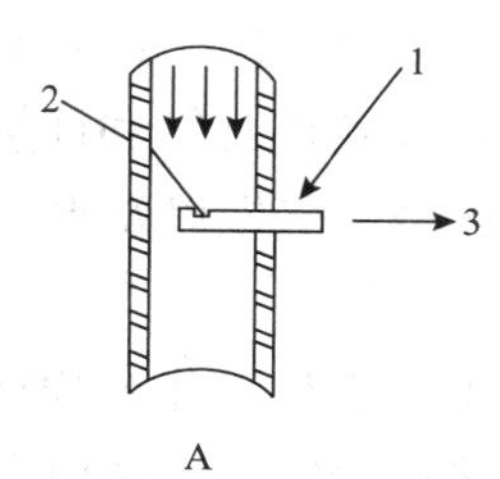

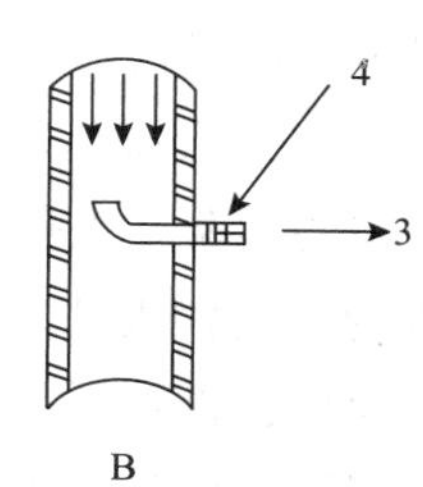

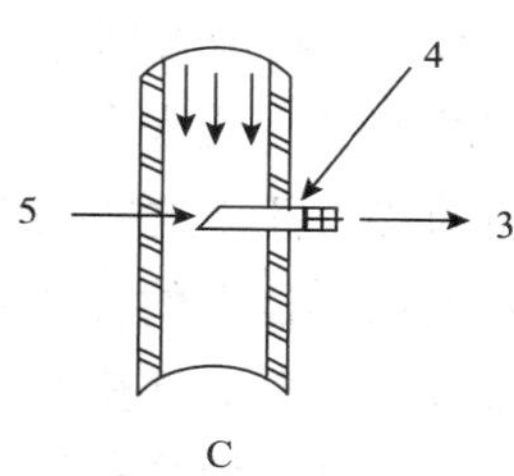

图 3-14 手工定点管线取样器的示例

1—厂家设计的标准直径；2—端口密闭的取样管，开孔朝向上游，管径 6.4 ~ 50mm；3—连接到阀门；4—直径为 6.4 ~ 50mm 的管子；5—45°斜角

3.4.1 立式油罐取样

3.4.1.1 点样

将取样器放入液体中直至其开口到达所需要的液深，用适当方式打开取样器，使其保持在需要的液深位置，直到充满为止。提出取样器，在密封样品前，将取样器中的部分液

体倒出，在取样器内建立气体空间或将全部样品小心转移到其他样品容器。

将取样器的部分液体倒回罐内，计量管上的附着物可能随液体流入罐内，应考虑其对后续采样和安全性的影响，必要时可将其倒入其他容器。对于较热的气候条件或者当取样器的温度和被取样产品的温度存在较大差别时，在打开取样器的开启装置前应使取样器在大约 ±300mm 的高度范围内缓慢升降 1 ~ 2min，将其调整到罐内液体的温度。

在不同的液深位置取样时，应按照从顶部到底部的次序进行取样，以避免对较低深度位置液体的扰动。对于区间取样器（具有必要的打满孔的顶部和底部阀门，当放下取样器时罐内液体可流过取样器）按可控方式放下取样器，直到其位于需要的液体深度，一旦停止下降，阀门就随即关闭，立即提出样品，小心转移所有样品到样品接收器。当区间取样器的设计无法满足下降期间液体满截面流过取样器时，建议在关闭阀门之前，将取样器在取样位置升降两次或三次，升降距离应至少为取样器的高度。当采集顶部样品时，小心放下开口的取样器（容器），直到取样器的开口刚好位于液面之上，随后让取样器迅速下降到液面下 150mm 的位置，当气泡终止指示样品充满时，提出取样器，按普通点样进行后续操作。

3.4.1.2　组合样

通过单个油罐内获得的具有代表性的点样的子样（例如组合来自上、中、下三位置点样的子样）可制备组合样，也可通过组合代表各油罐的子样，或者如装有相同产品的若干条船组合样，应包括未分样的初始取样装置内采集的所有物质。

为使初始取样装置的内容物全部加到容器中，应选择初始取样装置采集的样品量，当组合样品的子样量小于一个子样的总量时，样品组合应只在可确保子样能充分混合与计量的实验室进行。

为制备各种组合样，将代表各样品的子样转移到组合样品的容器内，然后把它们慢慢混合在一起。子样应按照它们各自代表的数量进行体积加权，当需要组合的子样源于非均匀截面积的油罐（或来自多个油罐）时，组合操作需要对子样进行精心的计算和计量，以保持样品的代表性。这些操作应在可控的实验室条件下进行。轻组分的蒸发以及水（沉淀物）在初始取样器上的挂壁可影响组合样的代表性。

除非有特别要求且获得相关各方同意，否则不制备用于试验的组合样。作为物理组合的替代方法，可分别检验各个点样，按每个样品代表的数量计算各试验结果的平均值。

3.4.1.3　底部取样

放下底部取样器，直到其垂直静止于罐底之上，阀门随之打开，液体注入取样器内，在提出取样器后，严格检查其渗漏情况，如发现渗漏应放弃这个样品，清洗底部取样器并再次取样，如有必要可将初始底部取样器的内容物转移到其他样品容器，但应确保彻底转移所有样品，包括可能黏附在取样器内壁上的水或固体物质。

3.4.1.4　界面取样

将打开阀门的取样器放入液体，使液体从其内部流过，在所需深度关闭阀门，从液体中提出取样器。如果使用透明管则可通过取样管的管壁观察到当前界面，通过与之连接的

取样尺的读数可确定其在罐内的对应位置。检查阀门是否完全关闭，否则应重复取样，可保留该样品用于试验分析。

3.4.1.5　阀门（罐侧）取样

这种方法不是油品交接和库存管理中使用的最好方法，只应在没有其他取样方法可用时使用。取样点的阀门应具有12.5mm的最小直径且应按规定间隔安装在油罐的侧面，其连接管应深入罐内至少150mm（但不能安装连接管的浮顶罐除外），下部连接管与抽油管底部应位于同一高度。

采样前用被取样的产品冲洗阀门连接管，随后将样品采入容器或接收器。

警示——在带压情况下取样时应小心打开阀门，不要试图用通条捅的方法通过打开的阀门清扫堵塞的连接管，如果油罐配备了三个连接管而罐内液体又未达到上部或中部样品连接管，则应按如下要求采集样品：

（1）液位在中部和上部样品连接管之间，且更接近上部连接管时，应从中部连接管取2/3的样品，从下部连接管取1/3的样品；

（2）液位在中部和上部样品连接管之间，且更接近中部连接管时，应从中部连接管取1/2的样品，从下部连接管取1/2的样品。当液位低于中部样品连接管时，应从下部连接管取所有样品。

3.4.1.6　全层样

全层取样器包括“由顶向下”或“由底向上”两种类型。样品接收器沿一个方向通过罐内液体时充入样品，但“由顶向下”和“由底向上”取样器的操作方法不同。为通过配备加重取样笼的瓶子（或配重取样桶）获得（由底向上）全层样，应进行如下操作：盖上瓶或桶的塞子将其放至罐底（避开底部游离水），急拉绳子打开瓶塞，按一致的速率在没有停顿的情况下提升取样器返回至液体表面。当从液体中提升取样器时，选择移动速率使瓶或桶注满到80%但不超过90%，立即盖紧瓶塞或小心将全部样品从配重取样桶转移到其他运载容器。当从液体中收回固定容积的全层取样器时，如果充满不到90%，则可假定取样器在通过罐内液体期间，油品从所有深度流入了取样器。当从液体中收回取样器时，如果取样器充满至90%以上，则样品可能不具代表性，应废弃所取样品，并用更快的提升速度再次取样。

使用固定容积全层取样器不是贸易交接和生产库存中最好的取样方法，这种装置不可能按一致的速率充入样品。此外，操作者难于按均衡充样所需要的速率放下或提升取样器，该速率与浸没深度的平方根近似成比例。

对于底部关闭（由顶向下）型的全层取样器应注意油罐底部是否存在游离水，某些取样器专门设计了一个可调整伸长量的“脚“，刚好可在游离水以上启动关闭机构。

3.4.1.7　例行样

使用固定容积例行取样器不是贸易交接和生产库存中最好的取样方法，这种装置不可能按一致的速率注入样品，此外操作者难于按均衡充样所需要的速率放下或提升取样器，该速率与浸没深度的平方根近似成比例。为通过一个配备加重取样笼的瓶子（或配重取样桶）获得例行样，应进行如下操作：其中必要时应为其配备一合适的装置来限制充样速率。按一致速率将开口的桶或瓶（笼）从液面放到罐底（避开底层游离水），然后再提回至液面，在改变方向时不得停顿。选择充油限制孔的尺寸和（或）提升和放下的速率，使瓶或桶从液体中取出时充满到大约80%但不超过90%，立即盖紧瓶塞或者将全部样品小心地从配重取样桶转移到其他运载容器。对某些例行取样器应按液体的深度和黏度调节充油限制孔的大小，再按操作要求采集例行样。当固定容积的例行取样器从液体中收回时，如果充满不到90%，则可假定取样器在通过罐内液体期间，油品从所有深度流入了取样器。如果取样器从液体中收回时，取样器充满至90%以上，则样品可能没有代表性，应废弃所取样品，并使用更小的限油孔和（或）更快的提升和下放速率再次取样。在例行取样器的操作期间，应注意油罐底部是否存在游离水，这种样品内通常不应包括游离水，但游离水的数量可通过检尺或界面取样器的底部取样专门确定。

3.4.2　卧式油罐取样

在没有其他要求时，应按“立式油罐取样”所述，从表3-1规定的位置采集点样。如果准备制备组合样，则组合比例应符合表3-1的规定。

表3-1　卧式油罐的取样

液体深度/（直径百分数）	取样位置/（罐底以上直径的百分数）			组合样（各部分的比例）		
	上　部	中　部	下　部	上　部	中　部	下　部
100	80	50	20	3	4	3
90	75	50	20	3	4	3
80	70	50	20	2	5	3
70		50	20		6	4
60		50	20		5	5
50		40	20		4	6
40			20			10
30			15			10
20			10			10
10			5			10

经各方同意在装油体积一半的位置采集一个点样也是可行的，作为替代方法，使用其他方法也是可接受的。

3.4.3　油船舱取样

对于一艘由多个舱室构成且装载相同原油和液体石油产品的油船，应尽可能在每个舱室取样。由于各种因素的限制，当不能在所有舱室进行取样时，经交接各方协商，也可按GB/T 4756所述进行随机取样，但应包括首舱。在船运油品操作期间，安全和环境法规可

能限制碳氢化合物向大气中排放，传统方法通过打开计量口或观测口获取样品已经限制使用，在某些情况下甚至禁止使用。因此，在获取油船营运牌照的协议中，都规定了一个共同条件即油船应具有受限或密闭系统计量和取样设备且应只通过蒸气闭锁阀进入油舱。蒸气闭锁阀的安装应符合船级社和相关港口权威机构的要求。

一条船通常划分为若干个舱室，其总装容量就是各舱室容量的总和，它们的体积和几何形状可能变化不一。某些舱室的体积高度比可能不一致，因此某些类型的样品可能没有代表性。对于这种情况应优先使用每个舱室的点样，然而与船运作业有关的时间限制实际通常需要采集全层样或例行样。

3.4.4　铁路罐车取样

对于一列装有相同产品的铁路罐车，各方就接受从有限数目罐车中采样达成一致，应按照符合 GB/T 4756 标准所述通用方法的取样计划，从据此选择的罐车上取样，但应包括首车。

例如：按照 GB/T 4756 标准所述的取样计划，一列龙组有 2 ~ 8 个油罐车，按照一次取样方案，选取样品数为 2 个；一列龙组有 9 ~ 15 个油罐车，按照一次取样方案，选取样品数为 3 个；一列龙组有 16 ~ 25 个油罐车，按照一次取样方案，选取样品数为 5 个；一列龙组有 26 ~ 50 个油罐车，按照一次取样方案，选取样品数为 8 个；每种取样方式必须包括首车。

3.4.5　管线取样

在检验和质量控制中手工获取动态管线样品通常是必需的，这种样品属于定点样品，对于大批量输转的油品可能具有代表性，也可能不具有代表性。当涉及油品交接时管线自动取样的代表性优于管线手工取样。当自动取样器尚未装配或出现故障时，可能不得不使用手工取样，应尽可能有代表性地从管线内手工采集样品。管线取样与管输液体的均匀性和蒸气压有关，以下给出了均匀液体的取样方法。

对于均匀液体采用合适的管线取样设备可进行均匀液体的取样。在抽取样品前，首先用被取样的产品冲洗样品管线和阀门的连接部分，然后再将样品抽入到样品容器。管线内液体的压力可能较大，应采取特殊的预防措施并安装必要的设备，建议在每个取样点的管线上安装在线压力计，以便在取样前能读出管线内的压力。清晰标注管线的运行状态并应实时更新其发生的任何改变。

当通过手工定点取样确定一批交接油品的品质时，可以按输油数量和输油时间确定取样的次数和间隔。如果按输油数量取样，当批次输油量不超过 1000m^{3}时，在输油开始和结束时各取样 1 次；当输油量超过 1000m^{3}时，在输油开始时取样 1 次，以后每隔 1000m^3 取样 1 次。如果按输油时间取样，当输油不足 1h 时，在输油开始和结束时各取样 1 次；当输油在 1 ~ 2h 时，在输油开始、中间和结束时各取样 1 次；当输油时间超过 2h 时，在输油开始时取样 1 次，以后每隔 1h 取样 1 次。输油开始指管线内油品流过取样口 10min，输油结束指停止输油前 10min。

3.4.6 加油机（油枪）取样

从零售加油机上采集轻质燃料样品应为油枪配一个加长管，使燃料在没有飞溅的情况下直接到达样品容器的底部。在油枪配备蒸气回收系统的情况下，需要一个垫片来压住油枪的套筒。通过油枪的加长管向样品容器内缓慢注入样品，直到注满样品容器大约 85% 的空间，移开油枪及其加长管，立即封闭或盖住样品容器。当为分析蒸气压而采样时，样品容器在充样前应预先冷却。

加油站卸油稳油后该油罐相对应各加油枪首枪发出油品、与上次使用间隔 2h 以上加油枪均严禁抽样，取样前应先排出 4L。

3.5 取样注意事项

(1) 所有的取样设备、容器、收集器、转移用器具等都应确保清洁干燥；在样品调配中使用的取样设备、容器、收集器、转移用器具等都应具有防渗和抗被调配样品溶解的性能；在所取油品量有保证的前提下，应用被取样的油品冲洗至少两次。

(2) 取样器材质宜采用铁桶、铝桶、玻璃器皿等，应禁止使用镀锌铝桶、铜制部件，镀锌内胆和铜制部件易促油品氧化，导致油品质量不合格。

(3) 取样时应避免样品转移，使样品通过获得它的原始容器（样品初始接收器）运送到实验室，如确有必要将样品从初始接收器转移到其他容器，应采取相应的预防措施来保持样品的完整性。样品转移的影响通常有：

①轻组分损失影响密度和蒸气压；

②油和污染物（例如水和沉淀物）相对比例的改变。

(4) 对于特殊目的的取样，取样人员应详细了解相关方法。当采集样品用于特定试验时，应采取特殊的预防措施，而且为确保获得有意义的试验结果，应严格遵守正确的取样方法，GB/T 4756 标准不包括这些附加的预防措施，但应在试验方法或所涉及的产品规格中作出相应规定。

(5) 当需要采取上部、中部、下部、底部等不同位置样品时应按照从上到下的顺序进行，以免取样时扰动较低一层液面。

(6) 样品容器内应留出至少 5% 的膨胀空间。

(7) 采取的样品数量应保证检验目的所需数量外，至少应有 1 倍的留样且留样的取样方式完全与检验用样相同并且相互为独立容器盛装。

(8) 取样器、样品接收器或容器在充样并关闭后应立即进行严格的渗漏检查。

(9) 如果需要大量样品而出于挥发性或其他考虑因素又不能通过少量样品的累积而获得，则应通过有效方法（如循环或罐侧搅拌器）充分搅拌罐内液体，在足够多的不同液位采集样品，通过对它们的检验来确定罐内液体的均匀性。用连接至罐侧阀门或循环泵排泄

阀上的放样管向容器内充入样品，放样管的出口应延伸至容器的底部附近。

（10）样品容器应具有醒目的标签且优先使用挂签，标签上的标记应不可擦除。建议在标签上记录如下信息：

取样地点；

取样日期、时间；

操作者的姓名或其他识别标记；

样品名称、牌号；

产品说明；

样品代表的数量；

罐号、枪号、包装号（及类型）、船名；

样品类型；

使用的取样装置或取样器；

取样的其他附加说明。

（11）在运输样品时应遵守相应的运输规定，确保样品在运输过程中安全完整。操作时要小心确保包装材料打开时不污染样品。

（12）油罐自动取样器应注意参考其使用说明，取样前将取样器内静油段彻底循环进行置换，避免所取样品无代表性。

（13）取样应做好安全预防措施，可参照 GB/T 4756 附录中“安全预防措施导则”执行，尤其是以下几项：

①要做好安全防护，佩戴安全帽，穿戴防静电服，在适当的地方消除取样人员身体上的静电，取样过程应符合采样地区的安全操作要求；

②取样使用的照明灯或手电筒应符合防爆级别的要求；

③在雷电干扰或冰雹期间，不应进行取样。

第4章　实验室常用试剂及溶液配制

在油品检测过程中经常用到溶液和试剂，因此了解常用试剂和溶液的基础知识是做好检测工作的重要组成部分。

4.1　溶液

溶液是一个体系，属于分散系之一，是一种物质以分子、原子或离子状态分散于另一种物质中所构成的均匀而又稳定的体系。溶液由溶质和溶剂组成，按照溶质和溶剂的状态，液态溶液可以分为三种类型，一种为气态物质与液态物质形成的溶液；另一种是固态物质与液态物质形成的溶液；还有一种是液态物质与液态物质形成的溶液。在气态与液态或固态与液态物质组成的溶液中，常将液态物质看成溶剂，把另一种组分形态作为溶质；在液态物质与液态物质组成的溶液中，一般将含量较多的组分称为溶剂，含量较少的称为溶质。

溶质均匀地分布于溶剂中的过程叫做溶解，溶解在溶剂中的溶质重新从溶液中析出的过程叫做结晶。

在日常生活中水是常用溶剂，在有机试验中也有很多用有机试剂作为溶剂，例如乙醇、丙酮、苯、甲苯等。

4.1.1　溶解度

在一定温度下饱和溶液中所含溶质的量称为该溶质在这个温度下的溶解度。各种物质的溶解度不同，对于固体来说，通常以一定温度下某物质在100g溶剂中制成饱和溶液时所溶解的克数作为该物质在某温度下的溶解度。溶解度和温度有关，对于任何平衡，温度的升高总是有利于吸热过程，如果物质的溶解是吸热过程，溶解度就随着温度升高而增大，大部分固体遵循这样的规律；如物质的溶解是放热过程，则溶解度随着温度的升高而减小。

物质溶解度的大小取决于溶质和溶剂的性质，一般遵循“相似相溶”的原理。“相似者”是指溶质与溶液在结构上或极性上相似，因此分子间作用力的类型和大小也相近，“相溶”是指彼此互溶。例如，甲醇和乙醇各含有一个—OH基，与水相似，因此它们易溶于水，彼此互溶，也就是说极性化合物易溶于极性溶剂，非极性化合物则易溶于非极性溶剂。

4.1.2　溶液浓度的表示方法

溶液的浓度有很多种表示方式，从宏观角度讲可以把溶质含量低的溶液称为稀溶液，溶质含量高的称为浓溶液。具体按照定量的角度，常用的有摩尔浓度、质量分数、体积分数、物质的量浓度、摩尔分数、滴定度等。

下面就简单介绍下试验过程中常用的溶液浓度。

4.1.2.1　质量分数

质量分数是指 100g 溶液中所含溶质的质量（g），一般使用符号 ω 表示。

即 $\omega = \dfrac{\text{溶质的质量（g）}}{\text{溶液的质量（g）}} \times 100\%$；

质量分数的单位为%。

4.1.2.2　体积分数

体积分数是指 100mL 溶液中所含溶质的毫升数，一般使用符号 ψ 表示。

即 $\psi = \dfrac{\text{溶质的体积（mL）}}{\text{溶液的体积（mL）}} \times 100\%$；

体积分数的单位为%。

4.1.2.3　质量摩尔浓度

质量摩尔浓度是指溶液中溶质的物质的量（以 mol 为单位）除以溶剂的质量（以 kg 为单位），一般使用符号 m 表示。

即 $m = \dfrac{\text{溶质的物质的量（mol）}}{\text{溶剂的质量（kg）}}$；

质量摩尔浓度的 SI 单位为 mol/kg。

4.1.2.4　物质的量浓度

物质的量浓度简称浓度，是指溶质的物质的量与溶液的体积之比，一般使用符号 c 表示。

即 $c = \dfrac{\text{溶质的物质的量（mol）}}{\text{溶液的体积（L）}}$；

物质的量浓度的单位为 mol/L。

4.1.2.5　物质的质量浓度

物质的质量浓度是指单位体积溶液中所含溶质的质量，一般使用符号 ρ 表示。

即 $\rho = \dfrac{\text{溶质的质量（g）}}{\text{溶液的体积（L）}}$；

常用单位有 g/L、mg/L、μg/L 等。还有非法定计量单位 ppm，ppm 是英文 parts per-million 的缩写，译意是每百万分中的一部分，即表示百万分之（几），或称百万分率。

ppm 是溶液浓度（溶质质量分数）的一种表示方法，是一种习惯表述方法，不是国际标准单位。如 1ppm 即一百万千克的溶液中含有 1 千克溶质。ppm 与百分率（%）所表示的内容一样，只是它的比例数比百分率大而已，简单的说：$1\text{ppm} = 1\text{mg/kg} = 1 \times 10^{-6}$。

4.1.3 溶液的配制

在日常的分析检测中，溶液的配制一般按照标准要求进行相应的配制，溶液配制采用的标准有两个，一个是国家标准 GB/T 601《化学试剂标准滴定溶液的制备》；另一个是石化行业标准 SH/T 0079《石油产品试验用试剂溶液配制方法》，这两个方法里面都对常用的分析检测中使用到的标准溶液的配制、标定做了详细的描述。

4.1.3.1 GB/T 601 和 SH/T 0079 两个方法要求中的共同点

(1) 配制溶液所用水符合国家标准 GB/T 6682《分析实验室用水规格和试验方法》中三级水的要求，所用试剂的纯度应在分析纯级别以上。

(2) 标准滴定溶液的浓度小于 0.02mol/L 时应在临用前将浓度高的标准滴定溶液用煮沸并冷却的水稀释而成，必要时应重新标定。

(3) 制备标准滴定溶液的浓度值应在规定浓度值的 ±5% 范围内。

(4) 标准滴定溶液标定、直接制备和使用时所用分析天平、砝码、滴定管、容量瓶、单标线吸管等均须定期校正。

4.1.3.2 GB/T 601《化学试剂标准滴定溶液的制备》要求

(1) 在标定和使用标准滴定溶液时，滴定速度一般应保持在 6 ~ 8 mL/min。

(2) 称量工作基准试剂时质量数值小于等于 0.5g 时按精确至 0.01mg 称量，数值大于 0.5g 时按精确至 0.1mg 称量。

(3) 标定标准滴定溶液的浓度时须两人进行试验，分别各做四平行，每人四平行测定结果极差的相对值不得大于重复性临界极差的相对值的 0.15%（极差的相对值是指测定结果的极差值与浓度平均值的比值，以“%”表示），两人共八平行测定结果极差的相对值不得大于重复性临界极差的相对值的 0.18%，取两人八平行测定结果的平均值为测定结果，在运算过程中保留五位有效数字，浓度值报出结果取四位有效数字。

(4) 标准滴定溶液浓度平均值的扩展不确定度一般不应大于 0.2%，可根据需要报出，其计算参见 GB/T 601 标准中附录 B（资料性附录）。

(5) 除另有规定外标准滴定溶液在常温（15 ~ 25℃）下保存时间一般不超过两个月，当溶液出现浑浊、沉淀、颜色变化等现象时应重新制备。

4.1.3.3 SH/T 0079《石油产品试验用试剂溶液配制方法》要求

(1) 标准中除指明溶剂的溶液外均为水溶液。

(2) 标准中所称取得试剂质量应在所规定质量的 ±10% 以内。

(3) 标准中标定标准溶液浓度时，单次标定的浓度值与算术平均值之差不应大于算术平均值的 0.2%，至少取三次标定结果的算术平均值的浓度值作为标准滴定溶液的实际浓度。

(4) 标准中标准滴定溶液和基准溶液的浓度值取四位有效数字。

(5) 标准中标准滴定溶液和基准溶液在常温（15 ~ 25℃）下的有效期：KOH—乙醇（或异丙醇）标准滴定溶液和盐酸 - 乙醇（或异丙醇）标准滴定溶液为 15 天，其他标准

滴定溶液和基准溶液为 2 个月。

4.1.4 溶液浓度的换算

同一种溶液的浓度可用不同的方法表示，表示方法可以分为两个大类：一类是质量浓度，表示溶液中溶质和溶液的相对质量；另一类是体积浓度，表示一定体积溶液中所含溶质的量，下面是常用浓度之间的换算。

4.1.4.1 质量分数与物质的量浓度之间的换算

设物质 A 在溶液中的质量分数为 $\omega\%$，密度为 ρ（g/cm^3），物质 A 的摩尔质量为 M（g/mol），则在 1L 溶液中物质 A 的物质的量浓度 c 为：

即 $c=\dfrac{1000\times\rho\times\omega\%}{M}$。

4.1.4.2 质量分数与体积分数的换算

设物质 A 在溶液 B 中的质量分数为 $\omega\%$，物质 A 的密度为 ρ_A（g/cm^3），溶液 B 的密度为 ρ_B（g/cm^3），则物质 A 在溶液 B 中的体积分数 ψ 为：

即 $\psi=\dfrac{\omega\times\rho_B}{\rho_A}\times100\%$。

4.2 试剂

试剂在分析化学中应用极为广泛，试剂的品级与规格应根据具体要求和使用情况选择，国家标准 GB 15346—2012《化学试剂包装及标志》将试剂分为三个大类，分别为通用试剂、基准试剂、生物染色剂。其中通用试剂又划分为三个等级：一级试剂为优级纯，二级试剂为分析纯，三级试剂为化学纯，定级的根据是试剂的纯度（即含量）、杂质含量、提纯的难易，以及各项物理性质。标准要求中试剂标签的颜色如表 4-1 所示。

表 4-1 试剂标签颜色

序 号	级 别		颜 色
1	通用试剂	优级纯（GR）	深绿色
		分析纯（AR）	金光红色
		化学纯（CP）	中蓝色
2	基准试剂		深绿色
3	生物染色剂		玫红色

4.2.1 化学试剂的分类

按照试剂的性质和和用途可以进行不同的分类。

4.2.1.1 按照化学试剂的性质进行分类

（1）易爆剂。具有猛烈的爆炸性，受到强烈的撞击、摩擦、振动、高温时能立即引起猛烈的爆炸，例如苦味酸、硝基化合物等。

（2）易燃剂。属于自燃或易燃的物质，在低温下也能气化、挥发或遇火种后产生燃烧，例如丙酮、乙醚等。

（3）氧化剂。氧化剂本身不能燃烧，但受高温或其他化学药品如酸类作用时，能产生大量的氧气，促使燃烧更加剧烈，例如过氧化钠、高氯酸、高氯酸钾等。

（4）剧毒物质。具有强烈的毒性。

4.2.1.2 按照试剂的化学组成和用途分类

（1）无机试剂。是用于化学分析的常用的无机化学物品。

（2）有机试剂。是用于化学分析的常用的有机化学物品。

（3）基准试剂。是纯度高、杂质少、稳定性好、化学组分恒定的化合物。在基准试剂中有容量分析、pH 测定、热值测定等分类，每一分类中均有第一基准和工作基准之分，第一基准必须由国家计量科学院检定，生产单位则利用第一基准作为工作基准产品的测定标准。基准试剂一般用于化学分析中标定标准溶液。

（4）标准物质。是用于化学分析、仪器分析中作对比的化学物品或是用于校准仪器的化学标准品。其化学组分、含量、理化性质及所含杂质必须已知并符合规定或得到公认。

（5）特效试剂。在无机物分析中供元素的测定、分离、富集用的沉淀剂、萃取剂、螯合剂以及指示剂等专用的有机化合物。

（6）指示剂。是能由某些物质存在的影响而改变自己颜色的物质，主要用于容量分析中指示滴定的终点。一般可分为酸碱指示剂、金属指示剂、氧化还原指示剂、沉淀指示剂等。指示剂除分析外也可用来检验气体或溶液中某些有害有毒物质的存在。

（7）试纸。是浸过指示剂或试剂溶液的小干纸片用以检验溶液中某种化合物、元素或离子的存在，也可用于医疗诊断。

（8）仪器分析试剂。是用于仪器分析的试剂。

（9）生化试剂。是指有关生命科学研究的生物材料或有机化合物以及临床诊断、医学研究用的试剂。

（10）高纯物质。用于某些特殊需要的材料纯度在 99.99% 以上杂质总量在 0.01% 以下。

（11）液晶。既具有流动性、表面张力等液体的特征，又具有光学各向异性、双反射等固态晶体的特征。

此外，还有特种试剂，特种试剂生产量极小，几乎是按需定产，此类试剂其数量和质量一般为用户所指定。

4.2.2 试剂管理

化学试剂大多数具有一定的毒性及危险性，对化学试剂加强管理不仅是保证分析结果质量的需要，也是确保人身生命财产安全的需要。

（1）化学试剂的管理应根据试剂的毒性、易燃性、腐蚀性和潮解性等不同的特点，以不同的方式妥善管理，应由专人负责管理制定严格的试剂领用制度。领用后及时做好领用记录，剧毒、放射性物体及其他危险物品要单独存放。存放剧毒物品的药品柜应坚固、保险，实行“双人保管、双人收发、双人领料、双人锁”的保管制度。

（2）实验室内只宜存放少量短期内需用的药品、试剂，易燃易爆试剂应放在铁柜中，柜的顶部要有通风口，严禁在实验室内存放大量试剂。

（3）对于一般试剂如无机盐，应有序地存放在试剂柜内，可按元素周期系类族或按酸、碱、盐、氧化物等分类存放。

（4）存放试剂时要注意化学试剂的存放期限，某些试剂在存放过程中会逐渐变质甚至形成危害物，如醚类、四氢呋喃、烯、液体石蜡等在见光条件下，若接触空气可形成过氧化物，放置时间越久越危险。某些具有还原性的试剂，如苯三酚、四氢硼钠、以及金属铁丝、铝、镁、锌粉等易被空气中的氧所氧化变质。

（5）化学试剂必须分类隔离存放，不能混放在一起，通常把试剂分成下面几类，分别存放。

①易燃类。易燃类液体极易挥发成气体，遇明火即燃烧，通常把闪点在25℃以下的液体均列入易燃类，例如石油醚、甲醇、乙醇、异丙醇、氯乙烷、溴乙烷、乙醚、二硫化碳、缩醛、丙酮、丁酮、苯、甲苯、二甲苯、乙酸乙酯、乙酸甲酯、乙酸丁酯、乙酸戊酯、三聚甲醛、吡啶等。这类试剂要求单独存放于阴凉通风处，存放最高室温不得超过30℃，特别要注意远离火源。

②剧毒类。指由消化道侵入极少量即能引起中毒致死的试剂，例如氰化钾、氰化钠及其他剧毒氰化物，三氧化二砷及其他剧毒砷化物，二氯化汞及其他极毒汞盐。这类试剂要置于阴凉干燥处，与酸类试剂隔离，应锁在专门的毒品柜中，建立双人登记签字领用制度，建立使用、消耗、废物处理等制度。皮肤有伤口时，禁止操作这类物质。

③强腐蚀类。指对人体皮肤、黏膜、眼睛、呼吸道和物品等有极强腐蚀性的液体和固体（包括蒸气），例如硫酸、硝酸、盐酸、氢氟酸、氢溴酸、氯磺酸、氯化砜、一氯乙酸、甲酸、乙酸酐、氯化氧磷、五氧化二磷、无水三氯化铝、溴、氢氧化钠、氢氧化钾、硫化钠、苯酚等。这类试剂存放处要求阴凉通风并与其他药品隔离放置，应选用抗腐蚀性的材料放置这类试剂。

④燃爆类。这类试剂中遇水反应十分猛烈发生燃烧爆炸的有钾、钠、锂、钙、氢化锂铝、电石等，钾和钠应保存在煤油中。试剂本身就是炸药或极易爆炸的有硝酸纤维、苦味酸、三硝基甲苯、三硝基苯、叠氮或重氮化合物、雷酸盐等，这类试剂要轻拿轻放。与空气接触能发生强烈的氧化作用而引起燃烧的物质如黄磷，应保存在水中，切割时也应在水

中进行。引火点低，受热、冲击、摩擦或与氧化剂接触能急剧燃烧甚至爆炸的物质有硫化磷、赤磷、镁粉、锌粉、铝粉、萘、樟脑。这类试剂要求存放室内温度不超过30℃，与易燃物、氧化剂均须隔离存放，料架用砖和水泥砌成，应有槽，槽内铺消防砂，试剂置于砂中并加盖。

⑤强氧化剂类。这类试剂是过氧化物或含氧酸及其盐。在适当条件下这类试剂会发生爆炸并可与有机物、镁、铝、锌粉、硫等易燃固体形成爆炸混合物。这类物质中有的能与水起剧烈反应，如过氧化物遇水有发生爆炸的危险，属于此类的有硝酸铵、硝酸钾、硝酸钠、高氯酸、高氯酸钾、高氯酸钠、高氯酸镁或钡、铬酸酐、重铬酸铵、重铬酸钾及其他铬酸盐、高锰酸钾及其他高锰酸盐、氯酸钾、氯酸钡、过硫酸铵及其他过硫酸盐、过氧化钠、过氧化钾、过氧化钡、过氧化二苯甲酰、过乙酸等。该类试剂存放处要求阴凉通风，最高温度不得超过30℃，要与酸类以及木屑、炭粉、硫化物、糖类等易燃物、可燃物或易被氧化物（即还原性物质）等隔离，存放时注意散热。

⑥ 放射性类。一般实验室不可能有放射性物质，化验操作这类物质需要特殊防护设备和知识以保护人身安全并防止放射性物质的污染与扩散。

以上6类均属于危险品。

⑦低温存放类。此类试剂需要低温存放才不至于聚合变质或发生其他事故。属于此类的有甲基丙烯酸甲酯、苯乙烯、丙烯腈、乙烯基乙炔及其他可聚合的单体、过氧化氢、氢氧化铵等，应该在10℃以下存放。

⑧贵重类。单价贵的特殊试剂、超纯试剂和稀有元素及其化合物均属于此类。这类试剂大部分为小包装，这类试剂应与一般试剂分开存放，加强管理、建立领用制度，常见的有钯黑、氯化钯、氯化铂、铂、铱、铂石棉、氯化金、金粉、稀土元素等。

⑨指示剂与有机试剂类。指示剂可按酸碱指示剂、氧化还原指示剂、络合滴定指示剂及荧光吸附指示剂分类排列，有机试剂可按分子中碳原子数目多少排列。

⑩一般试剂。一般试剂可以分类存放于阴凉、通风、温度低于30℃的柜内。

（6）易制毒试剂管理。实验室中部分试剂属于易制毒试剂，按照易制毒试剂分类常用的试剂中属于第二类的有苯乙酸、乙酸酐、乙醚、三氯甲烷；属于第三类的有盐酸、硫酸、丙酮、甲苯、丁酮、高锰酸钾，这些试剂属于管制类试剂，使用中应加强管理。

4.3 分析试验用水

4.3.1 试验用水

分析试验用水不能直接使用自来水，需要将自来水进行处理净化符合标准要求后再进行使用。分析用水的国家标准为GB/T 6682《分析实验室用水规格和试验方法》。

4.3.2　水的分类及制取

GB/T 6682《分析实验室用水规格和试验方法》将分析实验室用水的原水分为饮用水或适当纯度的水，分析实验室用水分三个级别，分别为一级水、二级水、三级水。其中一级水用于严格要求的分析试验，包括对颗粒有要求的试验，例如高效液相色谱分析用水，一级水可用二级水经过石英设备蒸馏或离子交换混合床处理后再经 0.2μm 微孔滤膜过滤来制取。二级水用于无机痕量分析等试验，如原子吸收光谱分析用水，二级水可用多次蒸馏或离子交换等方法制取。三级水用于一般化学分析试验，三级水可用蒸馏或离子交换等方法制取。

实验室使用较多的为三级水，有特殊说明的要使用三级以上级别的水。在标准溶液的配制中要求所用水符合国家标准 GB/T 6682《分析实验室用水规格和试验方法》中三级水的要求。表 4-2 为 GB/T 6682《分析实验室用水规格和试验方法》分析用水的规格要求。

表 4-2　分析用水的规格要求

名　称	一级	二级	三级
pH 值范围（25℃）			5.0～7.5
电导率（25℃）/（mS/m）	≤0.01	≤0.10	≤0.50
可氧化物质含量（以 O 计）/（mg/L）		≤0.08	≤0.4
吸光度（254nm，1cm 光程）	≤0.001	≤0.01	
蒸发残渣（105℃ ±2℃）含量/（mg/L）		≤1.0	≤2.0
可溶性硅（以 SiO_2 计）含量/（mg/L）	≤0.01	≤0.02	

注：（1）由于在一级水、二级水的纯度下，难于测定其真实的 pH 值，因此，对一级水、二级水的 pH 值范围不做规定。

（2）由于在一级水的纯度下，难以测定可氧化物质和蒸发残渣，对其限量不做规定。可用其他条件和制备方法来保证一级水的质量。

4.3.3　影响水质量的因素及水的储存

4.3.3.1　影响水质量的因素

影响纯水质量的因素主要是空气、容器、管路等。纯水精制后经放置特别是接触空气，其电导率会迅速上升。例如用铝酸铵法测磷及纳氏试剂法测氨，无论用蒸馏水或离子交换水只要新制取的纯水都满足试验要求，但是一旦放置，试验空白值便显著增高，主要原因是来自空气和容器的污染。玻璃容器盛装纯水可溶出某些金属及硅酸盐，有机物较少。聚乙烯容器所溶出的无机物较少，但有机物比玻璃容器略多。为了减少水质影响，纯水导出管在瓶内部分可用玻璃管瓶外导管可用聚乙烯管，在最下端接一段乳胶管，以便配用弹簧夹。

4.3.3.2　水的储存方式

经过各种方式制取的不同级别的纯水如果储存不当引入杂质，会对实验结果产生影响，因此应该合理选用储存容器。

（1）容器。各级用水均应使用密闭的、专用聚乙烯容器。三级水可以使用密闭的、专用玻璃容器；新的容器在使用前应用盐酸溶液（20%）浸泡 2～3 天，用自来水冲洗后，再用相应级别的水反复冲洗，并注满相应级别的水浸泡 6h 以上。

（2）储存。各级用水在储存期间，污染来源主要是空气中的二氧化碳和其他杂质，因此一级水使用前制备不可储存；二级水、三级水制备后可储存在预先经过同级水清洗过的相应容器中。存放纯水容器旁边不可放置易挥发的试剂，例如浓盐酸、浓氨水、浓硝酸、硫化氢等。

4.4 指示剂

4.4.1 指示剂的定义

指示剂是用以指示滴定终点的试剂，指示剂是化学试剂中的一种，常用它检验溶液的酸碱性、滴定分析确定或指示滴定终点和环境检测中检验有害物。基本应用原理是在一定介质条件下指示剂颜色能发生变化、能产生混浊或沉淀，以及有荧光现象等，利用这些现象起到指示作用。

指示剂一般分为酸碱指示剂、氧化还原指示剂、金属指示剂、沉淀指示剂等。在各类滴定过程中，随着滴定剂的加入被滴定物质和滴定剂的浓度都在不断变化，在等当点附近离子浓度会发生较大变化，能够对这种离子浓度变化作出显示（如改变溶液颜色，生成沉淀等）的试剂就叫指示剂。

4.4.2 指示剂的分类

4.4.2.1 酸碱指示剂

酸碱滴定是以酸碱反应为基础的酸碱滴定方法，该滴定方法所使用的指示剂称为酸碱指示剂。酸碱指示剂是一种有机弱酸或有机弱碱，其酸性和碱性具有不同的颜色。指示剂在溶液中部分离解，离解出来的酸式型体或碱式型体具有不同的颜色，当溶液的 pH 值发生变化时，指示剂失去质子由酸式型体转变为碱式型体或接受质子由碱式型体转变为酸式型体，此时指示剂的结构发生了变化从而引起颜色的变化。

指示剂的变色与溶液的 pH 值有关，但是指示剂变色并不是 pH 值稍有变化就能看到它的颜色变化而是有一个过渡过程，当溶液的 pH 值改变到一定的范围才能看到指示剂的颜色变化。

例如甲基橙溶液的 pH $<$3.1 时呈红色；pH $>$4.4 时呈黄色；而 pH 在 3.1～4.4，则出现红黄的混合色橙色，溶液颜色变化的 pH 范围为指示剂的变色范围，不同的酸碱指示剂有不同的变色范围。使用酸滴定碱时，多用甲基橙指示剂，是由黄色变成红色时易于观察；用碱滴定酸时，多用酚酞指示剂，由无色变成红色时较为敏感。

指示剂本身是有机弱酸或是弱碱，滴定的时候会消耗一定量的标准溶液，所以指示剂的用量少一些为好，且指示剂过浓也会使终点的颜色变化不敏锐从而引起误差。表 4-3 为常用酸碱指示剂及其变色范围。

表 4-3　常见酸碱指示剂及其变色范围

指示剂	变色范围 pH 值	颜色		浓度及溶剂
		酸式色	碱式色	
百里酚蓝	1.2～2.8	红	黄	0.1% 的 20% 乙醇溶液
甲基黄	2.9～4.0	红	黄	0.1% 的 90% 乙醇溶液
甲基橙	3.1～4.4	红	黄	0.1% 的水溶液
溴酚蓝	3.0～4.6	黄	蓝	0.1% 的 20% 乙醇溶液或其他钠盐水溶液
溴甲酚绿	4.0～5.6	黄	蓝	0.1% 的 20% 乙醇溶液或其他钠盐水溶液
甲基红	4.4～6.2	红	黄	0.1% 的 60% 乙醇溶液或其他钠盐水溶液
溴甲酚紫	5.2～6.8	黄	紫红	0.1% 的 60% 乙醇溶液
溴百里酚蓝	6.0～7.6	黄	蓝	0.05% 的 20% 乙醇溶液或其他钠盐水溶液
中性红	6.8～8.0	红	黄橙	0.1% 的 60% 乙醇溶液
苯酚红	6.8～8.4	黄	红	0.1% 的 60% 乙醇溶液或其他钠盐水溶液
酚酞	8.0～10.0	无色	红	0.1% 的 90% 乙醇溶液
百里酚蓝	8.0～9.6	黄	蓝	0.1% 的 20% 乙醇溶液
百里酚酞	9.4～10.6	无色	蓝	0.1% 的 90% 乙醇溶液

4.4.2.2　金属指示剂

络合滴定也称配位滴定是利用形成配位反应进行滴定的分析方法，该滴定方法所使用的指示剂大多是染料，它在一定的 pH 值下能与金属离子络合呈现一种与游离指示剂完全不同的颜色而指示终点，该种指示剂称为金属指示剂。

金属指示剂指示终点的原理是在一定 pH 值下能与金属离子络合呈现一种与游离指示剂完全不同的颜色，滴定过程中随着滴定剂的加入金属离子浓度逐渐减小，滴定剂进而夺取金属指示剂络合物当中的金属离子，使指示剂游离出来呈现游离指示剂的颜色，等当点时滴定剂置换出指示剂，当观察到从络离子的颜色转变为指示剂游离态的颜色时即达终点。例如在 pH＝10 时，用乙二胺四乙酸二钠测定水的硬度，选铬黑 T 作指示剂，当溶液由红色变为蓝色时即达终点。

常用的金属指示剂有铬黑 T、钙指示剂、二甲酚橙、PAN、酸性铬蓝 K 等。

（1）铬黑 T。化学名称为 1－（1－羟基－2－萘偶氮基）－6－硝基－2－萘酚－4－磺酸钠，简称 EBT，为黑褐色粉末，性质稳定带有金属光泽能溶于水，适用的变色范围为 pH 值为 8～10，颜色由红色变为蓝色。

(2) 钙指示剂。化学名称为2-羟基-1-(2-羟基-4-磺酸基-1-萘偶氮基)-3-萘甲酸，简称NN，为紫黑色粉末，在水溶液或乙醇溶液中均不稳定宜现用现配。适用的变色范围为pH值为12~13，颜色由红色变为蓝色。

(3) 二甲酚橙。化学名称为3，3-双［*N*，*N'*-(二羧甲基)氨甲基］邻甲酚磺酞，简称XO，为红棕色粉末，易溶于水不溶于乙醇。适用的变色范围为pH<6.3，颜色由红色变为亮黄色。

(4) PAN。化学名称为1-(2-吡啶偶氮基)-2-萘酚，为橙红色针状结晶难溶于水，可溶于碱、氨溶液、甲醇、乙醇等溶剂。适用的变色范围为pH值2~12，颜色由红色变为蓝色。

(5) 酸性铬蓝K。化学名称为1-8-二羟基-2-(2-羟基-5-磺酸基-1-偶氮苯基)-3，6-磺酸萘钠，为棕红色粉末。适用的变色范围为pH值为8~13，颜色由红色变为蓝色。

酸性铬蓝K通常与萘酚绿B混合使用称为K-B指示剂，在碱性条件下呈蓝绿色，萘酚绿在使用中本身并无颜色变化，仅起衬托终点颜色的作用，终点为蓝绿色。

4.4.2.3 氧化还原指示剂

氧化还原反应是以氧化还原反应为基础的滴定方法，氧化还原反应是指在反应过程中物质之间有电子得失或电子对发生偏移的反应。

氧化还原指示剂是指本身具有氧化还原性质的一类有机物，这类指示剂的氧化态和还原态具有不同的颜色。当溶液中滴定体系电对的点位改变时，指示剂电对的浓度也发生改变，因而引起溶液颜色变化以指示滴定终点。

氧化还原指示剂分为三类，即自身指示剂、特殊指示剂、氧化还原指示剂。

(1) 自身指示剂。就是利用滴定剂或被滴定液本身颜色变化来指示滴定终点，这类物质在反应中起着指示剂的作用称为自身指示剂。例如高锰酸钾是一种强氧化剂，在反应中伴随着颜色变化相当于指示剂的作用。

(2) 特殊指示剂。特殊指示剂本身不具有氧化还原性但是可以与滴定剂或被滴定物质作用产生特殊的颜色，从而指示滴定终点。例如淀粉遇到碘生成蓝色物质。

(3) 氧化还原指示剂。氧化还原指示剂本身就是氧化剂或者还原剂，其氧化态和还原态具有不同的颜色，并在一定电位时发生颜色的变化。

选择氧化还原指示剂时应使指示剂的变色点位在滴定的电位突跃范围内，且应尽量使指示剂变色电位与计量点电位一致或接近。常见氧化还原指示剂和电极电位见表4-4。

表4-4 氧化还原指示剂的条件电极电位

指示剂	氧化态颜色	还原态颜色	标准电极电位 φ_{sp}/V	指示剂浓度
亚甲基蓝	蓝	无色	0.53	0.05%水溶液
二苯胺	紫	无色	0.76	1%浓硫酸溶液
二苯胺磺酸钠	紫红	无色	0.84	0.2%水溶液

续表

指示剂	氧化态颜色	还原态颜色	标准电极电位 φ_{sp}/V	指示剂浓度
羊毛红	橙红	黄绿	1.00	0.1% 水溶液
邻二氮菲亚铁	浅蓝	红	1.06	0.025mol/L 水溶液
邻苯氨基苯甲酸	紫红	无色	1.08	0.1% 碳酸钠水溶液
硝基邻苯二氮菲亚铁	浅蓝	紫红	1.25	0.025mol/L 水溶液
淀粉	蓝	无色	0.53	0.1% 水溶液
孔雀绿	棕	蓝		0.05% 水溶液

4.4.2.4 沉淀滴定指示剂

沉淀滴定法是以沉淀反应为基础的滴定方法，沉淀滴定法对沉淀反应的要求是沉淀的溶解度必须很小，并且应能定量进行，反应速度快，不易形成过饱和溶液，终点检测方便。

由于许多沉淀反应不能同时满足以上条件，实际应用较多的沉淀滴定法是银离子与卤素离子的反应，生成难溶性银盐的滴定也称为银量法。主要以铬酸钾、铁铵矾或荧光黄作为指示剂。

4.4.3 指示剂的有效期

指示剂没有明确的使用期限，建议参考有机溶液和无机溶液的有效期，如果在使用过程中，发现异常或者显色不明显宜重新配制。

4.5 标准物质

4.5.1 标准物质的定义

标准物质是国家标准的一部分，标准物质是指具有一种或多种足够均匀和很好地确定了特性用以校准测量装置、评价测量方法的物质。

附有证书的、经过溯源的标准物质称为有证标准物质。

标准物质证书是介绍标准物质的技术文件，是随同标准物质提供的。在证书中应该有如下信息：标准物质名称和编号，研制和生产单位名称、地址，包装形式，制备方法，特性量值及其测量方法，标准值的不确定度，均匀性及稳定性说明，储存方法，使用中注意事项及必要的参考文献等。

4.5.2 标准物质的特性

标准物质是以特性量值的稳定性、均匀性和准确性为其主要特征的。这三个特性也是标准物质的基本要求。

4.5.2.1 稳定性

稳定性是指标准物质在规定的时间和环境条件下，其特性量值保持在规定范围内的能力。影响稳定性的因素有：光、温度、湿度等物理因素；溶解、分解、化合等化学因素；细菌作用等生物因素。

稳定性表现为固体物质不风化、不分解、不氧化；液体物质不产生沉淀、发霉；气体和液体物质对容器内壁不腐蚀、不吸附等。

4.5.2.2　均匀性

均匀性是物质的一种或几种特性具有相同组分或相同结构的状态。从理论上讲如果物质各部分之间的特性量值没有差异，该物质就这一给定的特性而言是完全均匀的，然而物质各部分之间特性量值是否存在差异必须用实验方法才能确定。

影响均匀性的因素有：物质的物理性质（密度、粒度等）和物质成分的化学形态及结构状况。

4.5.2.3　准确性

准确性是指标准物质具有准确计量的或严格定义的标准值（亦称保证值或鉴定值）。当用计量方法确定标准值时，标准值是被鉴定特性量之真值的最佳估计，标准值与真值的偏离不超过计量不确定度。通常在标准物质证书中都同时给出标准值及其计量不确定度，当标准值是约定真值时还给出使用该标准物质作为“校准物”时的计量方法规范。

有证标准物质的特性值应当可通过不间断的校准链溯源到相关 SI 基本单位、其他公认的有证标准物质或经很好确认的标准方法。在任何情况下标准物质的研制机构或生产机构（者）都要在有证标准物质证书的有关溯源性说明中阐述取得其特性（量）值（及其不确定度）的原理和程序。

4.5.3　标准物质的作用与分类

4.5.3.1　标准物质的作用

标准物质的作用分为：

①作为标准物质用于仪器的定度；

②作为已知物质用以评价测量方法。

4.5.3.2　标准物质的分级

根据准确度的高低标准物质分为两级，一级标准物质由国家计量部门制作颁发或出售；二级标准物质由各专业部门制作供厂矿或实验室日常使用。

4.5.4　标准物质和化学试剂的区别

标准物质和化学试剂没有必然的联系。标准物质可以是高纯的化学试剂（但高纯试剂不一定就是标准物质，还要看是否符合标准物质的特征以及是否有相应的标准证书），也可以是按照一定的比例配制的混合物（例如 pH 标准溶液），甚至可以是一些天然样品按照一定的方法制备的具有复杂成分的标准样品（比如临床分析中的标准物质、工业上不同品质的样品）。化学试剂则一般都是高纯度的纯净物或含量和组成确定的简单混合物，通常化学实验中用到的已知成分的物质都可以称为化学试剂。

第5章　计量器具使用与检定

5.1　计量器具使用

5.1.1　常用玻璃仪器

5.1.1.1　玻璃仪器介绍

玻璃仪器介绍见表5-1。

表5-1　常用玻璃仪器介绍

名　称	仪器形状	规　格	用　途	注意事项
试管		玻璃有硬质和软硬之分，用口径×高（mm）表示，如10×100；也可用容积表示（mL），如10、15	少量试剂的反应容器，便于操作和观察。可直接在火焰上加热	加入药品量一般不超过容量的1/3～1/4；加热前擦干外壁
烧杯	500 300 100 高型	有高型和低型之分；用容量（mL）表示，如：10、15、25、50、100、250、400、500、600、1000、2000等	反应容器，配制溶液，溶解、加热、处理样品	不能直接在火焰上加热，需放在石棉网上加热
三角烧瓶（锥形瓶）	真空	大小用容量（mL）来表示。如：50、100、250、500、1000等	滴定操作用	不能直接在火焰上加热，需放在石棉网上加热。具塞三角烧瓶加热时要打开塞子，非标准磨口要用原配塞子
圆底烧瓶 平底烧瓶	长颈　平底　短颈	大小用容量表示（mL），如：250、500、1000等	反应物较多，且需较长时间加热	不能直接在火焰上加热，需放在石棉网上加热

续表

名　称	仪器形状	规　格	用　途	注意事项
滴瓶		颜色有无色透明和茶色，大小以容积表示（mL），如：30、60 等	盛放液体试剂或溶液	滴瓶的滴管不可互换
细口瓶		大小以容积表示（mL），如：30、60、125、250、500、1000、2000 等	盛放液体溶液或样品	不能做反应器，不可加热
广口瓶		大小以容积表示（mL），如：30、60、125、250、500、1000、2000 等	盛放固体药品或黏稠样品	不能做反应器，不可加热
称量瓶	高形　扁形	有高形和扁形之分 容量（mL）高（mm）直径（mm） 高形 10　40　25 20　50　30 扁形 10　25　35 15　25　40 30　30　50	用于准确称取少量固体物品；扁形称量瓶可用于在烘箱中烘干基准物质	不能做反应器，不可加热，盖子不可互换
干燥器	真空干燥器	以外径大小表示（mm），如：150、180、210 等	内放干燥剂，保持烘干或灼烧过的物品的干燥，也可干燥少量制备的产品	盖和口之间涂凡士林密闭；高温物品应稍冷却后放入，并注意开盖放气；不能加热
量筒 量杯		以能量度的最大容积（mL）表示，如：5、10、25、50、100、250、500、1000、2000 等量出式	粗略地量取一定体积的液体	液体应沿壁加入，体积以液体的弯月面最低点计

续表

名称	仪器形状	规格	用途	注意事项
容量瓶		颜色有无色透明和棕色；以颈部刻度以下容积（mL）表示，如：10、25、50、100、150、200、250、1000 等 一等、二等、量出式	配制准确体积的溶液	一般不能在烘箱中烘烤，应注意拿用的方法，非标准磨口要用原配塞子
移液管 吸量管	移液管 吸量管	以刻度的体积（mL）表示，如：1、2、5、10、15、20、25、50、100 等 一等、二等、量出式	准确移取一定量液体	不可加热，上端和尖端不可磕破，液体流出后末端所剩液体不可“吹”出
滴定管		颜色有无色透明和茶色。用刻度表示的最大容量（mL）表示，如：3、5、25、50、100 一等、二等、量出式	容量分析滴定用	活塞应原配，抹凡士林密封，不能加热，不能长期存放碱液
漏斗	长颈 短颈	锥体均为 60°，以口径大小（mm）表示。如长颈口径 50、60、75，管长 150；短颈口 50、60，管长 90、120	用于过滤，长颈漏斗用于定量分析、过滤沉淀用	不能用火直接加热
分液漏斗	球形 梨形 筒形 滴液漏斗	大小以容积（mL）表示，如：50、100、250、500、1000，形状有球形、梨形、筒形之分	用于分离互不溶解的液－液体系	不能用火直接加热，不能互换塞子，活塞处不能流漏液体

续表

名称	仪器形状	规 格	用 途	注意事项
冷凝管	直形 蛇形 球形	大小用长度（mm）表示，如：320、370、490，形状有直形、蛇形、球形	用于冷却蒸馏出的液体，蛇形冷凝管适用于冷凝低沸点液体蒸气	不可骤冷骤热，注意从下口进冷凝水，上口出水
表面皿		大小以口径（mm）表示，如 45、60、75、90、100、120	盖在烧杯或漏斗上，防止杂物落入	不能用火直接加热
洗瓶	洗瓶 塑料洗瓶	玻璃或塑料，大小以容量（mL）表示，如：250、500、1000	盛装蒸馏水等，用于重量法洗涤沉淀等物或冲洗器皿	
洗气瓶 干燥塔	洗气瓶 干燥塔		洗涤、干燥气体用	洗涤、干燥的气体不能与洗气瓶或干燥塔内盛放的物质反应
抽滤瓶		大小以容量（mL）表示，如：250、500、1000、2000	抽滤时接收滤液	属于厚壁容器，能耐负压，不可加热
比色管		大小以容量（mL）表示，如 10、25、50、100，分带刻度、不带刻度、具塞和不具塞	比色分析用	不可直接加热，磨口塞必须原配，注意保持管壁透明

5.1.1.2 玻璃仪器的洗涤

用于分析化验工作的玻璃仪器必须洗净，洗净的器皿的内壁应能被水均匀润湿而无条纹及水珠。一般玻璃仪器可借助毛刷，用皂液、洗涤剂等刷洗，用自来水冲干净后再用蒸馏水淋洗3次。

滴定管、容量瓶、移液管等容量器具如无明显油污可直接用水冲洗；如有油污可浸于含有洗涤剂温水中，在超声波清洗机液槽中超洗数分钟或用铬酸洗液浸没后用水清洗干净，最后用蒸馏水淋洗3次。

油品化验中盛放过各类油品或留有油品氧化残留物的器皿，应根据不同情况选用汽油、柴油、苯、甲苯、丙酮、氯仿等能溶解污垢的溶剂洗涤。

5.1.1.3　玻璃仪器的干燥

（1）晾干。洗净后的玻璃仪器如果不急用，先尽量倒净其中的水滴，然后让它自然干燥。

（2）吹干。玻璃仪器洗净后可用电吹风或压缩空气吹干。

（3）烘干。将洗净的玻璃仪器的水倒净，置于 105～110℃ 的电热烘箱内烘干。其中量筒等定容和需要检定的玻璃仪器不得放入烘箱中烘干。

5.1.1.4　其他器具

现在越来越广泛使用的器具还有一些不是玻璃仪器的计量器具，例如进行样品配制和转移所用的移液枪。使用移液枪应注意其枪头材质对试验结果的影响，枪头材质一般多为聚乙烯、聚丙烯、聚酯、聚氯乙烯等塑料材质，在油品检测试验中以聚酯材质为最佳。聚氯乙烯材质和其他塑料材质会影响痕量元素测定试验，尤其是对测定硫、氯等元素含量有较大影响。移液枪的塑料枪头（聚酯、聚氯乙烯材质等）可能带有加工过程中脱模剂中含有的氯、硫元素，影响相应元素测定结果。

5.1.2　测温仪器

5.1.2.1　玻璃液体温度计

油品化验主要使用玻璃液体温度计。GB/T 514—2005《石油产品试验用玻璃液体温度计技术条件》中规定了玻璃液体温度计的规格要求、校正和检定要求。

（1）玻璃液体温度计分类

①按所填充的液体分类，可分为水银温度计和酒精温度计。

②按外观结构分类，可分为棒式和内标式。

③按测量准确性分类，可分为标准温度计和使用温度计。

④按用途分类，可分为普通温度计和专用温度计。

⑤按使用时浸没方式分类，可分为全浸式和局浸式温度计。

（2）温度计校正。使用温度计时应按规定的浸没深度使用，局浸温度计必须使液面在温度计所刻液面线处，全浸温度计则应使露出液柱不大于 10mm。若全浸温度计或局浸温度计未在规定的浸没深度条件下使用或局浸温度计使用时露出液柱温度与规定的露出液柱平均温度不符时，温度计露出部分受热情况不同于球部和浸没部分的受热，而温度计的刻度是在整个温度计均匀受热情况下标定的，因此需进行校正。对于一般工作，可用下列计算式进行温度校正：

$$\Delta t = f \times n\ (t - t_1)$$

式中　Δt——露出液柱修正值；

f——校正系数，水银温度计为 0.00016，酒精温度计为 0.00103；

n——露出液柱的温度刻度数；

t——温度计读数；

t_1——露出液柱的平均温度。可用另一支辅助温度计测定，辅助温度计的球部放在露出液柱的高度中点上。为保证测得的恒定温度应等待 10～15min 后读数。

校正后的温度：　$t_{校} = t + \Delta t$

（3）温度计使用注意事项

①温度计应按规定定期进行检定。

②在使用前要观察温度计有无损坏、裂痕和液柱是否有断线。

③所测定的温度不能超过温度计的刻度范围。

④温度计应按其标明的浸没深度正确使用，末端感泡完全浸入被测介质中，但要注意不能碰到容器壁。

⑤温度计读数时应保持视线和刻度、温度计液面在同一水平线上。

⑥温度计读数后应按检定证书的温度修正值进行修正。

⑦水银温度计损坏后要注意将洒落的水银收集到煤油中或用硫黄粉将水银处理干净以防止人体吸入汞蒸气。

5.1.2.2　热电偶式温度计

热电偶式温度计由热电偶、热电偶毫伏计和补偿导线组成。热电偶主要部分是由两极均匀、化学成分不同的金属或合金丝组成，其利用不同金属中的电子浓度和运动速度不同产生电子扩散现象在闭合电路中形成电流，产生温差电动势，通过毫伏计测定温差电动势大小，利用线圈和偏转角的不同直接在刻度盘上指出温度值。补偿导线是带有韧性、有可靠绝缘并和热电偶的电极在使用温度下有一致温差电动势的金属导线，使热电偶冷端的温度容易保持稳定。计量检定时需检定其温度传感器。例如在烘箱中使用的温度计为热电偶式温度计。

热电偶式温度计使用注意事项如下：

（1）热电偶的两金属丝之间要套有瓷管使之绝缘良好，热端不能与任何金属导体接触以免带来干扰造成测量误差。

（2）要注意保护热电偶冷端和毫伏计接线柱的清洁并使之接触良好。

（3）热电偶感温元件应置于需要测量的位置。

（4）应定期清洗和检定。

5.1.2.3　电阻温度计

热电阻测温是基于导体或半导体的电阻值随温度变化这一特性来进行温度测量的。导体电阻温度计主要有铂、铜电阻温度计，半导体电阻温度计主要有热敏、锈热电阻温度计。热电阻通常需要把电阻信号通过引线传递到计算机控制装置或者其他二次仪表上。如自动馏程、自动冷滤点、自动闪点等使用的均为电阻温度计。电阻温度计使用注意事项：

①为了使热电阻的测量端与被测介质之间有充分的热交换，应合理选择测点位置。

②热电阻温度计应有保护套管，但带有保护套管的热电阻有传热和散热损失，为了减少测量误差热电阻温度计应该有足够的插入深度。

③注意检查仪表和热电阻标注的分度号是否一致。

5.1.3 玻璃石油密度计

密度计工作原理：依据阿基米德原理浮在液体中的密度计所受的重力与所受的浮力平衡，密度计所受的重力是不变的，在不同的液体里由于液体密度不同，密度计排开的液体的体积也就不一样，密度大的液体排开体积小（由于密度计玻管粗细均匀）在液体中的长度就短，这样浸没在液体的长度就与液体的密度相对应，在密度计对应的位置上刻上相应密度，把密度计插入液体中待平衡后就可直接读出该液体的密度值。在浮力相等情况下密度与体积不成正比，所以刻度不是线性的。

常用石油密度计分为 SY－02、SY－05 两种型号，其测量范围见表 5－2。参考《石油密度计技术条件》SH/T 0316—1998。

表 5－2 石油密度计测量范围

系 列	测量范围/（kg/m³）	密度计范围/（kg/m³）	密度计刻度间隔/（kg/m³）	支 数
SY－02	600～1100	20	0.2	25
SY－05	600～1100	50	0.5	10

5.1.4 黏度计

黏度计是测量流体黏度的物性分析仪器。当流体受外力作用而移动时，分子间的阻力或内摩擦力称为黏度，物质的黏度与其化学成分密切相关。黏度是石油产品的重要质量指标，其表示方法一般分为两大类，一类为绝对黏度（也简称黏度），绝对黏度可分为动力黏度和运动黏度；另一类为相对黏度（也称条件黏度、比黏度），条件黏度可分为恩氏黏度、赛氏黏度和雷氏黏度。

当液体流动符合牛顿流动定律时其黏度称为牛顿黏度（或正常黏度），牛顿黏度在一定温度和压力下是一个常数。液体流动不符合牛顿流动定律时其黏度称为结构黏度（或反常黏度），结构黏度在一定的温度和压力下不是一个常数。一般石油产品在常温和高温下的流动都符合牛顿定律，但在低温下某些油品的黏度出现反常，不同油品出现反常黏度的温度不同。

5.1.4.1 黏度计分类

按工作方式分：毛细管式、旋转式和超声波式三种。

5.1.4.2 毛细管黏度计

（1）毛细管式黏度计通常为赛氏黏度计，是一种常见的黏度计。其工作原理是：样品容器（包括流出毛细管）内充满待测样品处于恒温浴内，液柱高度为 h，打开旋塞样品开始流向受液器同时开始计算时间到样品液面达到刻度线为止。样品黏度越大，这段时间越长，因此这段时间直接反映出样品的黏度。

（2）毛细管黏度计类型

①黏度计种类很多，用于石油产品黏度测定的主要有四种：

（a）毛细管黏度计，使用最普遍的运动黏度计。

（b）细孔式黏度计，恩氏、赛氏、雷氏黏度计都属于这一种。

（c）落球式黏度计，用于现场快速分析的黏度计很大一部分都属于这一种。

（d）旋转黏度计，在黏度很大或低温时采用旋转黏度计。

②《玻璃毛细管黏度计技术条件》SH/T 0173—1992（2004）标准中根据形状以及用途分类为：

（a）BMN－1 型。共有 11 种，根据毛细管内径分为 0. 4mm、0. 6mm、0. 8mm、1. 0mm、1. 2mm、1. 5mm、2. 0mm、2. 5mm、3. 0mm、3. 5mm 和 4. 0mm。

（b）BMN－2 型。共有 2 种，根据毛细管内径分为 5. 0mm 和 6. 0mm。

（c）BMN－3 型。共有 12 种。

（d）BMN－4 型。共有 6 种，两个型号黏度计为逆流黏度计，用于测量原油、深色石油产品。

5.1.5 天平

5.1.5.1 天平的分类

从天平的构造原理来分类，天平分为机械式天平（杠杆天平）和电子天平两大类。杠杆天平又可分为等臂双盘天平和不等臂双刀单盘天平，杠杆天平依据杆杆原理，电子天平采用电磁力平衡原理。

5.1.5.2 常用天平

常用天平包括托盘天平、工业天平、分析天平。选择天平种类应根据称量要求的精度、载荷、工作特点、价格等。

5.1.5.3 天平的计量性能

（1）稳定性；

（2）灵敏性；

（3）正确性；

（4）示值不变性。检查天平的计量性能的过程通常叫做天平的检定，天平的检定周期一般为 1 年。

5.1.5.4 天平室、天平台的要求

（1）天平室应避免阳光直射，以减少天平室内温差。

（2）天平室要防震，因天平的防震要求较高。

（3）天平室要清洁、无尘，最好是双层窗，要求无气流扰动。

（4）天平室温度应保持稳定，最好能控制在 20～25℃，相对湿度应保持在 50%～75%。

（5）天平台要求主要是防震动设计。

5.1.5.5 天平使用注意事项

（1）天平内要放入干燥剂，并注意及时更换。

（2）每次称量前都应检查天平的水平状态，检查和调整天平的零点。

（3）决不可使天平载重超过其最大负荷。

（4）在同一次实验中应使用同一台天平。

（5）不得使用天平称量过冷和过热物品，被称物品的温度应与室温接近，潮湿、脏或腐蚀性物品不能放在天平盘上，样品或试剂应放在表面皿、称量瓶、坩埚内再称量。

（6）被称物品应尽量放在天平盘的中央。

（7）转动天平的升降旋钮要缓慢，取放称量物品和加减砝码前，必须转动升降旋钮使天平梁的天平盘托起，以免损坏玛瑙刀口。

（8）称量时应将天平的门关好。

（9）称量结束后应将天平梁及天平盘托起，将砝码指数盘回零，关好天平门，切断电源，罩上天平罩。

5.1.6　电热恒温干燥箱

电热恒温干燥箱简称烘箱或干燥箱，是利用电热丝隔层加热使物品干燥的设备，可用于烘焙、干燥物品以及恒温等试验，恒温灵敏度通常为设定值的 ±1℃。

电热恒温干燥箱使用注意事项：

（1）干燥箱应安装在室内干燥和水平处防止震动和被腐蚀。

（2）干燥箱内应保持清洁。禁止烘焙易燃、易爆、易挥发及有腐蚀性物品。

（3）试样或试剂不能直接放在烘箱内的搁板上，应放在称量瓶、表面皿、坩埚等器皿中，然后再放入干燥箱。

（4）烘箱的最高使用温度不得超过 250℃。

（5）当需要观察工作室内情况时，可开启外道箱门，透过玻璃门观察，但箱门也应尽量少开以免影响恒温。

（6）有鼓风的干燥箱，在加热和恒温过程中必须开启鼓风机，否则会影响工作室温度的均匀和损坏加热元件。

（7）干燥箱的外壳应接地。

（8）有些试验用干燥箱为试验专用，尤其是进行恒重试验的烘箱，在使用过程中不应放入其他物品以免干扰试验结果。

5.1.7　高温炉

高温炉又称马福炉，适用于实验室高温灼烧、金属熔化、炭化等试验工作。

高温炉使用注意事项：

（1）高温炉应安放在无强磁场、强烈腐蚀性气体、爆炸性气体的环境中，放置在稳固的实验台上。

（2）不得在高温炉内灼烧有爆炸性危险的物品。

（3）热电偶安装、连接应正确。使用高温炉时，先调节测温毫伏计上的零点定位器，指针应指在室温温度上再将定温指针调指到所需要的工作温度刻度处。

（4）高温炉膛中应铺上石棉板，这样可以随时更换以保持炉膛内清洁，防止炉膛受熔融物质侵蚀。

（5）一般用加热丝加热的高温炉其工作温度不得超过900℃，用硅碳棒做成的高温炉其工作温度为250℃。

（6）高温炉的外壳应接地，硅碳棒的裸露部分要设有安全保护罩以保证安全。

5.1.8 自动电位滴定计

电位滴定法是在用标准溶液滴定待测离子的过程中，根据指示电极电位的变化情况来确定滴定终点，是把电位测定和滴定分析相互结合起来的一种测试方法。用于电位滴定的被测溶液的浓度不宜太低，一般被测溶液的物质的量浓度应大于 1×10^{-3} mol/L。

5.1.8.1 电位滴定法的应用

电位滴定法适用于酸碱滴定、沉淀滴定、氧化还原滴定、络合滴定，应用电位滴定法的试验方法有GB/T 1792《汽油、煤油、喷气燃料和馏分燃料中硫醇硫的测定 电位滴定法》、GB/T 7304《石油产品酸值的测定 电位滴定法》、SH/T 0251《石油产品碱值测定法 高氯酸电位滴定法》等。常用电极见表5-3。

表5-3 各类滴定中常用的电极

滴定方法	参比电极	指示电极
酸碱滴定	甘汞电极	玻璃电极
沉淀滴定	甘汞电极，玻璃电极	银电极，硫化银膜电极等离子选择性电极
氧化还原滴定	甘汞电极，玻璃电极	铂电极
络合滴定	甘汞电极	铂电极，汞电极，银电极，氟离子、钙离子等离子选择性电极

5.1.8.2 电位滴定计使用注意事项

（1）仪器应经常保持清洁、干燥，并防止灰尘及腐蚀性气体侵入。

（2）仪器在不使用时应将读数开关置于放开位置，在搬运时需用短路片使电表短路以保证运输时电表的安全。

（3）玻璃电极插孔的绝缘电阻不得低于 $1\times10^{12}\,\Omega$，使用后须旋上防尘帽以防外界潮气及杂质侵入。

（4）甘汞电极中应经常充满饱和氯化钾溶液。

（5）滴定前最好先用滴定液将电磁阀橡皮管一起冲洗数次，还要调节好电磁阀的支头螺钉，使电磁阀在未开启时滴定液不能滴下，只有当电磁阀接通时滴定液才能滴下，然后调节至适当的流量。

5.1.9　气压计

用于测量大气压的仪器叫气压计。气压计分为水银气压计和空盒式气压表两类，水银气压计又分为动槽式和定槽式气压计。

气压计使用注意事项：

(1) 水银气压计必须垂直悬挂在温度变化不大、不受阳光直射、无辐射热、无震动的地方。

(2) 使用空盒气压表时必须水平放置以防由于气压表倾斜而造成读数误差，读数时观测者视线必须与刻度盘平面垂直。

(3) 气压计（表）不要随便拆卸和拧动其零部件以免影响精度。

5.1.10　秒表

实验室用于测量时间间隔的仪表是秒表。目前，实验室常用秒表有机械秒表和电子秒表两种。

秒表使用注意事项：

(1) 电子秒表电池的定期更换，一般在显示变暗时即可更换，不要等电池耗尽再更换。

(2) 电子秒表平时放置的环境要干燥、安全，应做到防潮、防震、防腐蚀、防火等。

(3) 避免在电子秒表上放置物品。

(4) 不要随意打开自行维修，应送专业人士进行维修。

5.1.11　温控器

温控器是根据工作环境的温度变化在开关内部发生物理形变，从而产生某些特殊效应，产生导通或者断开动作的一系列自动控制元件，也叫温控开关、温度保护器、温度控制器，简称温控器。

或是通过温度保护器将温度传到温度控制器，温度控制器发出开关命令，从而控制设备的运行以达到理想的温度及节能效果。其应用范围非常广泛，不同种类的温控器应用在家电、电机、制冷或制热等众多产品中。

5.1.11.1　工作原理

温控器是通过温度传感器对环境温度自动进行采样、即时监控，当环境温度高于控制设定值时控制电路启动，可以设置控制回差。如温度还在升，当升到设定的超限报警温度点时，启动超限报警功能。当被控制的温度不能得到有效的控制时，为了防止设备的毁坏还可以通过跳闸的功能来停止设备继续运行。主要应用于各种高低压开关柜、干式变压器、箱式变电站及其他相关的温度使用领域。

5.1.11.2　温控器主要类型

突跳式温控器、液涨式温控器、压力式温控器、电子式温控器、数字式温控器。

5.1.12 流量计

流量计是指示被测流量和（或）在选定的时间间隔内流体总量的仪表。它可分为瞬时流量和累计流量，瞬时流量即单位时间内通过封闭管道或明渠有效截面的量，流过的物质可以是气体、液体、固体；累计流量即为在某一段时间间隔内流体流过封闭管道或明渠有效截面的累计量。通过瞬时流量对时间积分亦可求得累计流量，所以瞬时流量计和累计流量计之间也是可以相互转化的。

5.1.12.1 流量计分类

按介质分类：液体流量计和气体流量计。

5.1.12.2 常用流量计种类

常用流量计有螺旋转子流量计、差压式流量计、湿式气体流量计。

（1）螺旋转子流量计，其计量部分主要由计量箱和一对设计独特的螺旋转子组成，它们与计量箱组成若干个已知体积的空腔，形成流量计计量单位。螺旋转子流量计要求被测介质纯净度高，应安装合格的过滤装置，流量计在运行时须保证腔体内充满介质，使其轴承充分浸没。

（2）差压式流量计是基于流体流动的节流原理，利用流体流经节流装置时产生的压力差而实现流量测量。

（3）湿式流量计分两种型号：一种是 LML 普通型，采用黄铜材料制造，一般在无腐蚀气体条件下使用；另外一种是 LMF 防腐型，采用不锈钢材质制造，可测量腐蚀性气体。湿式流量计准确度较高，特别是小流量时误差小，可直接用于测量气体流量，也可用来作标准仪器检定其他流量计。湿式流量计在使用过程中要经常注意仪表内水位，否则将影响测量精度，长期不使用时应将仪表内的蒸馏水放干净。

5.1.12.3 流量计选用、使用注意事项

（1）选用流量计可依次考虑被测介质、流量刻度和测量范围、工艺要求、仪表经济性、安装要求。

（2）流量计的流入部要整流。

（3）测液体时不要混入气泡。

（4）注意腐蚀、摩擦或流体中浮游物的影响。

5.2 计量确认

计量确认是为确保测量设备符合预期使用要求所需的一组操作。通过定期对测量器具的性能评价，与使用要求进行对比验证，保证测量器具符合测量管理体系的要求。

5.2.1 校准与检定

为了确保测量设备的计量特性满足测量过程的计量要求，测量设备在投入使用前应按

照规定的计量确认间隔对测量设备进行校准或检定。

校准是在规定的条件下为确定计量器具所指示的量值或实物量具（或参考物质）所代表的量值，与对应的由其计量标准所复现的量值之间关系的一组操作；检定是查明和确认计量器具是否符合法定要求的程序，包括检查、加标记和（或）出具检定证书。

检定是校准的法制化，校准与检定是实现量值溯源的主要技术手段，两者的主要区别是：

（1）依据不同。检定的依据是计量检定规程，而校准的依据是校准规范或有关技术标准、技术规范、技术合同等；

（2）结果不同。检定必须下结论，结果是合格或不合格，校准没有合格或不合格的结论，结果是校准报告，用户可以根据校准的结果参考使用；

（3）效力不同。计量检定证书具有法律效力，可以作为计量监督或行政处罚依据，而校准报告则不具有法律效力。

计量器具的检定是指查明和确认计量器具是否符合法定要求的程序，它包括检查、加标记和（或）出具检定证书，包含首次检定和后续检定。计量器具检定周期应根据《中华人民共和国计量法实施细则》和国家质量监督检验检疫总局发布的《计量器具检定周期确定原则和方法》JJF 1139 的要求对计量器具进行检定。

5.2.2　标识管理

计量器具实行统一的标识管理，每个计量器具必须由唯一性编号并加以标注，标识其检定状态，明显标明其上次检定日期和有效期限，同时分别贴上国家技术监督局统一制定的标志，标志包括：

（1）合格证（绿色）。计量检定合格者（应注明检定日期、有效期、检定单位、计量确认状态）；

（2）准用证（黄色）。计量不必检定，经检查功能正常者或设备无法检定，经比对或鉴定适用者（如网上报表、储存文件用计算机等）；

（3）停用证（红色）。仪器设备损坏、经计量检定不合格、性能无法确定或超过检定周期。

5.2.3　检定（校准）周期

实验室应制定检定（校准）计划，对所有设备及辅助设备的测量溯源性进行管理，所有相关设备在投入使用前和到达下次检定（校准）周期前均应进行检定（校准）。

设备校准计划的制定和实施应确保实验室进行的检测和测量能够溯源到国际单位制（SI），因此应选择有资质的服务机构，例如通过取得授权的当地或国家级的计量机构进行校准，通过这些机构的校准可间接溯源到国际计量基准。

实验室用常见计量器具检定（校准）周期见表 5-4。

表 5-4 计量器具检定（校准）周期表

设备名称	计量器具名称	检定（校准）周期/年
量筒	量筒	3
酸式滴定管	酸式滴定管	3
碱式滴定管	碱式滴定管	1
微量滴定管	微量滴定管	3
分度吸管	分度吸管	3
温度计	温度计	1
秒表	秒表	1
密度计	密度计	1
运动黏度测定仪	毛细管黏度计	2
电热恒温鼓风干燥箱	温控器件	1
箱式电阻炉	温控器件	1
电子天平	电子天平	1
机械杂质测定器	架盘天平	1
机械杂质测定器	砝码	1
自动电位滴定仪	酸度计	1
自动电位滴定仪	酸式滴定管	3
水分测定器	水分接收器容量管	1
馏程测定仪、辛烷值试验	空盒气压表	1
饱和蒸气压测定仪	压力表	半
汽油氧化安定性测定仪	精密压力表	1
胶质测定仪	转子（浮子）流量计	1
柴油氧化安定性测定仪	转子（浮子）流量计	1
烃含量测定仪	钢直尺	1
原子吸收分光光度计	容量瓶、分度吸管	3
原子吸收分光光度计	分光光度计	2
十六烷值试验机	压力表	1
柴油润滑性能测定仪	专用砝码	1
柴油润滑性能测定仪	移液器	1
柴油润滑性能测定仪	生物测量显微镜	1
柴油润滑性能测定仪	温度传感器	1
卡氏水分测定仪	卡氏水分测定仪	1
气相色谱仪	气相色谱仪	2
红外光谱仪	红外光谱仪	1
色谱质谱仪	色谱质谱仪	2
动槽水银气压表	动槽水银气压表	3
温湿度表	温湿度表	1

5.2.4 仪器自校

当测量结果无法溯源至国际单位制（SI）单位或与 SI 单位不相关时，测量结果应溯源至参考物质（RM）、公认的或约定的测量方法（标准），或通过实验室间比对（例如三家以上通过 CNAS 认可的实验室间比对）等途径证明其测量结果与同类实验室的一致性。

在实际使用中，有的仪器设备无法获得检定（校准、测试）证书，为了确保仪器设备

的稳定性、准确性、量值溯源，实验室可以对在用的仪器设备进行自行校准。部分仪器设备自校方法及周期见表 5-5。

表 5-5　部分仪器设备自校方法、周期表

设备名称	自校方法	自校周期/年
全自动蒸馏测定仪	标准试剂或三家比对	1
全自动柴油冷滤点测定器	标准试剂或三家比对	1
色度测定仪	三家比对	1
自动闭口闪点试验仪	标准试剂或三家比对	1
自动开口闪点试验仪	标准试剂或三家比对	1
烃含量测定仪	标准试剂或三家比对	1
辛烷值试验机	三家比对	1
十六烷值试验机	三家比对	1
能量色散荧光硫含量测定仪	标准试剂或三家比对	1
紫外荧光法硫含量测定仪	标准试剂或三家比对	1

5.2.5　仪器检定（校准）规程

实验室常见仪器检定规程（校准）见表 5-6。

表 5-6　仪器检定（校准）规程

仪器名称	标准号
气相色谱仪检定规程	JJG 700
多维气相色谱仪检定规程	JJG 700
原子吸收分光光度计检定规程	JJG 694
红外光谱仪检定规程	JJG 681
气质联用仪校准规范	JJF 1164
电子天平检定规程	JJG 1036
架盘天平检定规程	JJG 156
机械天平检定规程	JJG 98
砝码检定规程	JJG 99
实验室 pH（酸度）计检定规程	JJG 119
自动电位滴定仪检定规程	JJG 814
测量显微镜检定规程	JJG 571
常用玻璃量器检定规程	JJG 196
毛细管黏度计检定规程	JJG 155
空盒气压表检定规程	JJG 272
精密压力表检定规程	JJG 49
压力表检定规程	JJG 52
秒表检定规程	JJG 237
玻璃液体温度计检定规程	JJG 130
石油密度计检定规程	JJG 42
浮子流量计检定规程	JJG 257
水银气压表检定规程	JJG 210
钢直尺检定规程	JJG 1
电热恒温干燥箱校准规范	JJF1101
生物显微镜校准规范	JJF1402

第6章　实验室检测结果准确性评价

6.1　误差理论

在实验室测量中可获得大批量的数据，由于测量仪表和人的观察等方面的原因试验数据总会存在一定的误差，所以在整理这些数据时首先要对试验数据的可靠性进行客观的评定。误差分析的目的是评定试验数据的准确度，通过误差分析认清误差的来源及其影响，并设法消除或减小误差，提高实验的准确度。

6.1.1　误差

（1）误差。测量值与真值之差异称为误差。

（2）真值。观测一个量时该量本身所具有的真实大小，真值分为理论真值和约定真值。

（3）约定真值。是指对于给定用途具有适当不确定度的、赋予特定量的值。这个术语在计量学中常用，又称为指定值、最佳估计值、约定值或参考值。

真值一般是指约定真值，误差是针对真值而言的，误差分为系统误差和随机误差。

（4）系统误差。是在重复性条件下，对同一被测量进行无限多次测量所得结果的平均值与被测量的真值之差。其主要特点是在相同条件下，多次测量同一量值时该误差的绝对值和符号保持不变，或者在条件改变时，某一确定规律变化的误差。系统误差具有一定的规律性，因此可以根据其产生原因采取一定的技术措施设法消除或减小。也可以采取在相同条件下对已知约定真值的标准器具进行多次重复测量的办法，或者通过多次变化条件下的重复测量的办法设法找出其系统误差的规律，然后对测量结果进行修正。

（5）随机误差。是指测得值与在重复性条件下对同一被测量进行无限多次测量结果的平均值之差，又称为偶然误差。其主要特点是在相同测量条件下，多次测量同一量值时绝对值和符号以不可预定方式变化的误差。虽然一次测量的随机误差没有规律，不可预定，也不能用实验的方法加以消除，但是经过大量的重复测量可以发现它遵循某种统计规律的，因此可以用概率统计的方法处理含有随机误差的数据，对随机误差的总体大小及分布做出估计，并采取适当措施减小随机误差对测量结果的影响。

（6）准确度。指在一定实验条件下多次测定的平均值与真值相符合的程度，以误差来表示，它用来表示系统误差的大小。在实际工作中，通常用标准物质或标准方法进行对照试验，在无标准物质或标准方法时，常用加入被测定组分的纯物质进行回收试验来估计和

确定准确度。在误差较小时，也可通过多次平行测定的平均值作为真值（μ）的估计值。

（7）精密度。是指多次重复测定同一量时各测定值之间彼此相符合的程度。表征测定过程中随机误差的大小。精密度是保证准确度的先决条件，但是高的精密度不一定能保证高的准确度。一般说来测定精密度不好，就不可能有良好的准确度。反之，测量精密度好准确度不一定好，这种情况表明测定中随机误差小，但系统误差较大。对于一个理想的分析方法与分析结果，既要求有好的精密度，又要求有好的准确度。

（8）标准偏差。是指统计结果在某一个时段内误差上下波动的幅度，是反映一组测量数据离散程度的统计指标。

6.1.2　误差来源

为了减小测量误差提高测量准确度必须了解误差来源，而误差来源是多方面的，在测量过程中几乎所有因素都会引入测量误差。误差来源主要包括：

（1）测量装置误差。标准器件误差、仪器误差、附件误差。

（2）环境误差。指各种环境因素与要求条件不一致而造成的误差。

（3）方法误差。指使用的测量方法不完善，或采用近似的计算公式等原因所引起的误差，又称为理论误差。

（4）人员误差。测量人员的工作责任心、技术熟练程度、生理感官与心理因素、测量习惯等的不同而引起的误差。为了减小测量人员误差，就要求测量人员要认真了解测量仪器的特性和测量原理，熟练掌握测量规程，精心进行测量操作并正确处理测量结果。

6.1.3　测量的标准差

随机误差的分布可以是正态分布，也有非正态分布，而多数随机误差都服从正态分布 $f(\delta) = \frac{1}{\sigma\sqrt{2\pi}} e^{-\delta^2/(2\sigma^2)}$。

由于 σ 值反映了测量值或随机误差的散布程度，因此 σ 值可作为随机误差的评定尺度，σ 值愈大，函数 $f(\delta)$ 减小得越慢；σ 值愈小，$f(\delta)$ 减小得愈快即测量到的精密度愈高。

6.1.3.1　标准偏差的几种计算方法

（1）贝塞尔（Bessel）公式。

$$\sigma = \sqrt{\frac{\sum V_i^2}{n-1}}，其中，v_i = x_i - \bar{x}。$$

（2）别捷尔斯公式。

$$\sigma_{\bar{x}} = 1.253\frac{\sum_{i=1}^{n}|v_i|}{n\sqrt{n-1}}，其中，v_i = x_i - \bar{x}。$$

（3）极差法。

$\sigma = \frac{\omega_n}{d_n}$，$\omega_n = x_{\max} - x_{\min}$，其中 d_n 的数值见表6-1。

表6-1 极差法系数

n	2	3	4	5	6	7	8	9	10
d_n	1.13	1.69	2.06	2.33	2.53	2.70	2.85	2.97	3.08

(4) 最大误差法：

在某些情况下，我们可以知道被测量的真值或满足规定精度的用来代替真值使用的量值（称为实际值或约定值），因而能够算出随机误差 δ_i，取其中绝对值最大的一个值 $|\delta_i|_{\max}$，当各个独立测量值服从正态分布时，则可求得关系式：

$\sigma = \frac{1}{K_n} |\delta_i|_{\max}$，一般情况下，被测量的真值为未知，不能按上式求标准差，应按最大残余误差 $|v_i|_{\max}$ 进行计算，其关系式为：$\sigma = \frac{1}{K'_n}|v_i|_{\max}$，两式中两系数 K_n、K'_n 的倒数见表6-2。

表6-2 最大误差法系数

n	1	2	3	4	5	6	7	8	9	10
$1/K_n$	1.25	0.88	0.75	0.68	0.64	0.61	0.58	0.56	0.55	0.53
$1/K'_n$		1.77	1.02	0.83	0.74	0.68	0.64	0.61	0.59	0.57

最大误差法简单、迅速、方便且容易掌握，因而有广泛用途。当 $n>10$ 时，最大误差法具有一定精度。

6.1.3.2 四种计算方法的优缺点

(1) 贝塞尔公式的计算精度较高但计算麻烦，需要乘方和开方等，其计算速度难于满足快速自动化测量的需要。

(2) 别捷尔斯公式最早用于前苏联列宁格勒附近的普尔科夫天文台，它的计算速度较快但计算精度较低，计算误差为贝氏公式的1.07倍。

(3) 用极差法计算 σ 非常迅速方便，可用来作为校对公式，当 $n<10$ 时可用来计算 σ，此时计算精度高于贝氏公式。

(4) 用最大误差法计算 σ 更为简捷容易掌握，当 $n<10$ 时可用最大误差法，计算精度大多高于贝氏公式，尤其是对于破坏性实验（$n=1$）只能应用最大误差法。

6.2 不确定度评定

在实验室中进行着大量测量工作，要证明其结果的质量特别是通过度量结果的可信度来证明结果的适宜性，如包括期望某个结果与其他结果相吻合的程度，通常与所使用的检测方法无关，一个有用的度量方法就是测量不确定度。测量不确定度是表示实验室工作的质量，也是认可实验室能力的依据之一，它是在测量误差遇到问题的背景下产生的。不确定度愈小所测结果与被测量真值越接近，质量越高，水平越高，其使用价值也越高；反之亦然。

6.2.1　定义

测量不确定度：表征合理地赋予被测量之值的分散性，与测量结果相联系的参数。

标准不确定度：以标准偏差表示的测量不确定度。

相对标准不确定度：标准不确定度除以测量结果的绝对值，无量纲。

6.2.2　A 类不确定度评估

用对观测列进行统计分析的方法来评估标准不确定度。适用于对由实验室获得的观测列进行统计分析来评估标准不确定度。常采用有以下几种方法。

6.2.2.1　贝塞尔法

贝塞尔法，前文已述。测量不确定度的 A 类评估一般是采取对用以日常开展检测和校准的测试系统和具有代表性的样品预先评估的。如果测量系统稳定，又在 B 类评估中考虑了仪器的漂移和环境条件的影响，完全可以采用预先评估的结果：如提供用户的测量结果是单次测量获得的，A 类分量可用预先评估获得的单次测量结果的实验标准差 s；如提供用户的是两次或三次或 n 次测得值的平均值，则 A 类分量可用 $u(\bar{x}) = s/\sqrt{n}$ 获得。

6.2.2.2　合并样本的标准差

在规范化的常规测量中，若在重复性条件下对被测量作 n 次独立测量，并且有 m 组这样的测量结果，由于各组之间的测量条件可能会稍有不同，因此不能直接用贝塞尔公式对总共 $m \times n$ 次测量计算实验标准差，而必须计算其合并样本的标准差。每一组测量列的标准差 s_j，合并样本的标准差 s_p 为：

$$s_p = \sqrt{\frac{1}{m}\sum_{j=i}^{m} s_j^2} = \sqrt{\frac{1}{m(n-1)}\sum_{j=1}^{m}\sum_{i=1}^{n}(x_{ji} - \bar{x}_j)^2}$$

其自由度为 $m\ (n-1)$，n 为每组测量中重复测量的次数。需注意的是各测量列标准差 s_j 不应有显著性差异，统计上可用柯克伦（Cochran）法检验 s_j^2 的一致性，即用于检验各方差估计中是否有离群方差。

合并样本的标准差也称为组合实验标准差。需要注意的是上述公式计算得到的合并样本的标准差 s_p 仍是单次测量结果的实验标准差。

根据 GB/T 6379《测量方法与结果的准确度（正确度与精密度）》系列标准（与 ISO 5725 系列标准对应）在测试方法精密度的共同试验和统计中，往往在多个实验室在重复性条件和再现性条件下按标准测试方法进行重复测量，统计合并样本的标准差，计算测试方法的实验室内的重复性标准差 s_r。由于测量重复性是由多个试验人员在多个实验室中得到的众多测量结果统计而来，有较高的可靠性和代表性，在随后的测量中只要该测量在受控条件下进行可直接引用其测量重复性标准差 s_r 来计算标准不确定度。

6.2.2.3　极差法

极差法，前文已述。一般在测量次数较小时采用该法。

6.2.2.4　最小二乘法

最小二乘原理是一种数学原理，它给出了数据处理的一条法则，即在最小二乘意义下所获得的最佳结果（或最可信赖值）应使残余误差的平方和最小。作为数据处理手段，最小二乘法在诸如实验曲线拟合、组合测量的数据处理等方面已获得了广泛的应用，也同样适用于标准差、不确定度的计算。当被测量的估计值是由实验数据通过最小二乘法拟合的直线或曲线得到时，则任意预期的估计值或拟合曲线参数的标准不确定度均可以利用已知的统计程序计算得到。

6.2.3　B类不确定度评估

用不同于对观测列进行统计分析的方法，来评估标准不确定度。

6.2.3.1　B类不确定度分量

当输入量 x_i 不是通过重复观测，如容量器皿的误差、标准物质特性量值的不确定度等不能用统计方法评估，这时它的标准不确定度可以通过 x_i 的可能变化的有关信息或资料的数据来评估。

B类评估的信息一般有：

（1）以前的测量或评估的数据；

（2）对有关技术资料和测量仪器特性的了解和经验；

（3）制造部门提供技术文件；

（4）校准、检定证书提供的数据、准确度的等级或级别，包括暂时使用的极限允差；

（5）手册或资料给出的参考数据及其不确定度；

（6）指定检测方法的国家标准或类似文件给出的重复性限 r 或再现性限 R。

这类方法评估的标准不确定度称为B类标准不确定度。恰当地使用评估B类标准不确定度的信息要求有一定的经验及对该信息有一定的了解。

原则上讲所有的不确定度分量都可以用评估A类不确定度的方法进行评估，因为这些信息中的数据基本上都是通过大量的试验用统计方法得到的，但是这不是每个实验室都能做到的，而且要花费大量的精力，因此没有必要这样做。要认识到B类标准不确定度评估可以与A类评估一样可靠，特别是当A类评估中独立测量次数较少时，获得的A类标准不确定度未必比B类标准不确定度评估更可靠。

6.2.3.2　B类不确定度评估中的包含因子 k_p

B类分量评估中如何将有关输入量 x_i 可能变化的数据、信息转换成标准不确定度就涉及到这些数据、信息的分布和置信水平。

设 x_i 误差范围或不确定度区间为［$-a$，$+a$］，a 为区间半宽，则 $u(x_i)=a/k_p$，式中包含因子 k_p 是根据输入量 x_i 在 $x_i \pm a$ 区间内的分布来确定的。

在石化行业的检测中常见的输入量概率密度分布类型有以下几种：

（1）正态分布（高斯分布）。当 x_i 受到多个独立量的影响且影响程度相近，或 x_i 本身就是重复性条件下几个观测值的算术平均值则可视为正态分布。正态分布的置信水平 p 与包含因子 k_p 的关系如表 3 所示，测量数据的分布通常服从正态分布，当置信水平 95% 时，包含因子 k_p 为 1.96，正态分布的置信水平 p 与包含因子 k_p 的关系见表 6-3。

表 6-3　正态分布的置信水平 p 与包含因子 k_p 的关系

p/%	50	68.27	90	95	95.45	99	99.73
k_p	0.67	1	1.64	1.96	2	2.58	3

（2）均匀分布（矩形分布）。当 x_i 在 $x_i \pm a$ 区间内，各处出现的概率相等，而在区间外不出现，则 x_i 服从均匀分布，概率 100% 时，k_p 取 $\sqrt{3}$，$u(x_i) = a/\sqrt{3}$。例如，天平称量误差等可认为服从均匀分布。

（3）三角分布。当 x_i 在 $x_i \pm a$ 区间内，x_i 在中间附近出现的概率大于在区间边界的概率，则 x_i 可认为服从三角分布，概率 100% 时，k_p 取 $\sqrt{6}$，$u(x_i) = a/\sqrt{6}$。例如，容量器皿的体积误差通常认为服从三角分布。

除上述几种分布外，还有梯形分布、反正弦分布等，这些在检测中应用较少。

当输入量 x_i 在 $[-a, +a]$ 区间内的分布难以确定时，通常认为服从均匀分布，取包含因子 $\sqrt{3}$。如果有关校准、检定证书给出了 x 的扩展不确定度 $U(x)$ 和包含因子 k，则可直接引用 k 值计算。

合成标准不确定度：当测量结果是由若干个其他量的值求得时，按其他各量的方差或（和）协方差算得的标准不确定度。

扩展不确定度：确定测量结果区间的量，合理赋予被测量之值分布的大部分可望含于此区间。

包含因子：为求得扩展不确定度，对合成标准不确定度所乘之数字因子。

6.2.4　石油石化理化检测中常见的测量不确定度主要来源

根据石油石化检测的特点，产生不确定的因素大致可归纳为：

（1）取样、制样、样品储存及样品本身引起的不确定度。

（2）检测过程中使用的天平、砝码、容量器皿、千分尺、游标卡尺等计量器具本身存在的误差引起的不确定度。

（3）测量条件变化引入的不确定度，如容量器具及所盛溶液由于温度的变化而引起体积的变化。

（4）标准物质的标准值、基准物质的纯度等引入的不确定度。

（5）测量方法、测量过程等带来的不确定度。例如，测量环境、测量条件控制变化而引起的蒸馏回收率、滴定终点的变动等。

（6）工作曲线的线性及其变动性、测量结果的修约引入的不确定度。

（7）模拟式仪器读数存在的人为偏差，如滴定管、移液管、分光光度计刻度重复读数的不一致。

（8）数字式仪表由于指示装置的分辨率引入的指示偏差，如输入信号在一个已知区间内变动却给出同一示值。

（9）引用的常数、参数、经验系数等的不确定度，如原子量。

一定条件下有些因素可以忽略不计，在某一测量条件下某些因素的影响包括在A类不确定度中，而一些因素需用B类不确定度来统计。随着测量条件的变化主要因素和次要因素、A类不确定度统计和B类不确定度可以互相转化。

6.2.5　测量不确定度评估的基本程序

测量不确定度的评估与测量紧密相关，测量的目标决定被测量的值，并给出该值的不确定度。一般包含如下步骤：

（1）测量方法的概述。对测量方法和测量对象进行的描述通常包括方法名称、测量原理、计量器具和仪器设备、内标物或校准物、测量条件、样品测量参数、测量程序以及数据处理程序等，这些信息和参数与测量不确定度评估密切相关。

（2）建立数学模型。建立数学模型的目的是要建立满足测量所要求准确度的数学模型，就是说根据测量方法（测量标准）建立输出量（被测量 y）与输入量（x_i）之间的函数关系式 $y = f(x_1, x_2, \cdots\cdots, x_n)$ 即列出被测量 y 的计算方程式，明确 y 与各输入量（x_i）的定量关系。数学模型的建立不能遗漏，也不能重复计算可能对测量结果产生影响的不确定度分量。

（3）不确定度来源的确定和分析。根据测量方法和测量条件对测量不确定度的来源进行分析，并找出主要的影响因素。

（4）不确定度分量的定量。输出量（被测量 y）的不确定度取决于各输入量（x_i）估计值的不确定度，为此要对足以影响不确定度量值的主要影响因素分别进行不确定度的A类评估和B类不确定度评估并列表汇总。

（5）标准不确定度和扩展不确定度的计算。在得到各输入量 x_i 的标准不确定度 $u(x_1)$ 及其灵敏系数 c_i 后由公式 $u_i(y) = |c_i| u(x_i)$ 求得各输入量的不确定度分量，再由不确定度传播律公式：$u_c^2(y) = \sum_{i=1}^{n} c_i^2 u^2(x_i) = \sum_{i=1}^{n} u_i^2(y)$ 求得合成不确定度。

扩展不确定度 U 是由合成标准不确定度 $u_c(y)$ 乘以包含因子 k 得到的，$U = ku_c(y)$，k 一般取2或3，当未说明时取 $k=2$。

（6）结果报出。通常报告的是扩展不确定度，除非另有要求结果应跟使用包含因子 $k=2$ 计算的扩展不确定度 U 一起给出。

推荐采用以下方式：“（结果）：$(x \pm U)$（单位）[其中] 报告的不确定度 [国际计量学基本和通用术语词汇表（第二版ISO 1993年）所定义的扩展不确定度] 计算时使用的包含因子为2，[其给出了大约95%的置信水平]”，括号 [ ] 中的术语可以适当省略或精简。当然包含因子应加以调整以反映实际使用的数值。

6.3　测量不确定度的评定

本节以石油产品运动黏度测量不确定度的评定为例分析不确定度的来源以及具体分析与评定步骤。

6.3.1　运动黏度方法提要

在20℃的恒温浴中（温度用温度计指示）用秒表测量一定体积的样品在重力作用下流过一个已检定的玻璃毛细管黏度计的时间，在重复性条件下每组至少测量四次。毛细管黏度计常数与所测量的试样平均流动时间的乘积为该温度下所测量样品的运动黏度。

6.3.2　数学模型

$$\nu = c \times \bar{t}$$

式中　ν——待测样品的运动黏度，mm^2/s；

c——毛细管黏度计常数，mm^2/s^2；

$\bar{t}$——所测量的试样平均流动时间，s。

6.3.3　不确定度来源的确定和分析

基于分析方法、检测设备工作原理和以往大量分析工作中积累的经验，认为黏度测量的不确定度的来源主要包括以下方面：

（1）重复性测量（A类评估）。按照方法要求，在测量运动黏度的过程中由于恒温浴温控系统精密度的限制，恒温浴中的温度会有所变化；在使用秒表测定流动时间时开启或停止秒表的及时性也会影响到所测量的流动时间；毛细管黏度计校准、安装是否竖直、盛装样品是否符合规定要求对黏度结果都会产生影响。这些因素所引起的变动性均可以通过重复测定进行统计，作为重复性标准不确定度分量。

（2）B类评估

①温度。测量运动黏度时所用的温度计编号为64，测量范围为：+18～+22℃，分度值为0.1℃。检定温度点20℃时的修正值为-0.07℃，检定环境温度为20℃。温度计允许的变化区间所引起的运动黏度变化作为标准不确定度分量。

②毛细管黏度计。所选用的毛细管黏度计号为892，其毛细管黏度计常数为0.01332mm^2/s^2，检定结果其相对扩展不确定度均为0.3%，$k=2$。

③时间（秒表）。用电子秒表记录时间，电子秒表检定结果：标准值10s时测误差为0s，标准值10min时测量误差为0.01s，标准值30min时测量误差为0.03s，误差取最大值0.03s。

6.3.4　量化不确定度分量

对步骤3中每一个已识别的潜在来源的不确定度的大小，使用以前的实验结果直接测量、评估或者从理论分析导出。

6.3.4.1　重复性测定产生的A类标准不确定度分量 u_a

在重复性条件下，对同一试样从取样开始独立重复测量10次，测量结果见表6-4。

表6-4　某柴油样品10次平行测试结果　mm^2/s

测定次数	1	2	3	4	5	6	7	8	9	10	平均值
ν	3.413	3.406	3.405	3.418	3.419	3.408	3.420	3.417	3.403	3.422	3.413

求出20℃温度下的运动黏度平均值为3.413mm^2/s，采用贝塞尔公式计算单次测量结果的标准偏差：$s(x_i) = \sqrt{\dfrac{\sum_{i=1}^{10}(x_i - \bar{x})^2}{n-1}}$，单次测量的实验标准差 $s(x_i) = 0.0070mm^2/s$。

则该测量结果的标准不确定度 $u_a = s(x_i) = 0.0070mm^2/s$，相对标准不确定度为 $u_a/\nu = 0.002051$。

6.3.4.2　B类标准不确定度分量 u_b 的计算

（1）温度。测量运动黏度时所用的温度计控温精度为±0.1℃，根据本实验室测得的结果，温度从19℃变化到21℃时运动黏度由3.433mm^2/s变化到3.393mm^2/s，灵敏系数即运动黏度变化率为0.020（mm^2/s）/℃或0.002（mm^2/s）/0.1℃。假设测量运动黏度时温度波动在±0.1℃范围内而且浴温均匀分布，则温度变化带来的标准不确定度为 $u_{b1} = 0.002/\sqrt{3} = 0.00115\ mm^2/s$，相对标准不确定度为 $u_{b1}/3.413 = 0.000338$。

（2）毛细管黏度计。所选用的毛细管黏度计相对扩展不确定度均为0.3%，$k=2$，则相对标准不确定度为0.0015。毛细管黏度计仪器常数 c 为0.01332mm^2/s^2时，其标准不确定度 $u_{b2} = 0.01332 \times 0.003/2 = 0.000020mm^2/s$。

（3）时间（秒表）。用于记录时间的电子秒表检定结果：修正值取最大值0.03s，则其标准不确定度 $u_{b3} = 0.03/\sqrt{3} = 0.0173s$。由于测试的流动时间 $t = 3.413/0.01332 = 256s$，其相对不确定度为 $u_{b3}/256 = 0.000068$。

6.3.5　合成标准不确定度

运动黏度 ν 为：$\nu = c \times \bar{t}$ [mm^2/s]，这个乘法表达式与每一个分量有关的不确定度合成如下：

$$\frac{u_c(\nu)}{\nu} = \sqrt{\left(\frac{u_a}{3.413}\right)^2 + \left(\frac{u_{b1}}{3.413}\right)^2 + \left(\frac{u_{b2}}{0.01332}\right)^2 + \left(\frac{u_{b3}}{256}\right)^2} =$$

$$\sqrt{0.002051^2 + 0.000338^2 + 0.0015^2 + 0.000068^2} = 0.0026$$

其合成标准不确定度为：$u_c(\nu) = 0.0026 \times \nu = 0.0026 \times 3.413 = 0.0089\ \text{mm}^2/\text{s}$

6.3.6　扩展不确定度

根据实验室报告不确定度的规定一般取置信概率为95%，包含因子 $k=2$，则运动黏度测定的扩展不确定度为 $U = k \times u_c(\nu) = 2 \times 0.0089 = 0.018\ \text{mm}^2/\text{s}$

6.3.7　测定不确定度报告

运动黏度测定结果 ν 为 $3.413\text{mm}^2/\text{s} \pm 0.018\text{mm}^2/\text{s}$，报告的不确定度是扩展不确定度，使用的包含因子是2，对应的置信水平大约是95%。

6.4　数值修约

数值修约是通过省略原数值的最后若干位数字，调整所保留的末尾数字，使最后所得到的值最接近原数值的一个过程。经数值修约后的数值被称为（原数值的）修约值，数值修约是出于准确表达测量结果的需要，由于日常测量结果大都是通过间接测量即通过各种计算所得到，其组成数字往往较多但具体测量的精度是确定的即合理表征测量结果的数字个数是确定的，因此最终提供的测量结果应该合理地反映这一点。此外，进行直接测量时也会出现提供测量程序要求的但高于实际测量精度的测量结果，此时也需要对测量结果进行合理的数值修约。

本节是依据 GB/T 8170—2008《数值修约规则与极限值的表示和判定》进行编制的。

6.4.1　修约的进舍规则

当拟舍弃部分的最左一位数字小于 5 时，则舍去。

例：将 3.1415 修约到一位小数，为 3.1。

当拟舍弃数字的最左一位数字大于 5，则保留数字的末位数字加 1。

例：将 3.1615 修约到一位小数，为 3.2。

当拟舍弃数字的最左一位数字是 5，且其后有非 0 数字时，则保留数字的末位数字加 1。

例：将 3.5001 修约到一位小数，为 3.6。

当拟舍弃数字的最左一位数字为 5，而右面无数字或皆为 0 时，若所保留的末位数字为奇数（1、3、5、7、9）则进 1（即保留数字的末位数字加 1），为偶数（2、4、6、8、0）则舍弃。

例：将 3.15 修约到一位小数，为 3.2，将 3.25 修约到一位小数，为 3.2。

对负数进行修约时，先将其绝对值按照上述的原则进行修约，然后在所得值前面加上负号。

例：分别将 -3.1415、-3.1615、-3.5001、-3.15、-3.25 修约到一位小数；且结果依次为 -3.1、-3.2、-3.6、-3.2、-3.2。

有一简单的口诀，便于大家记住进舍规则，即“四舍六入五留双”。

6.4.2 不允许连续修约

拟修约数字应在确定修约位数后一次修约获得结果，而不得多次按上述规则连续修约。例：将3.455 修约到整数正确的修约结果为3，不正确的修约结果：3.455→3.46→3.5→4。

6.4.3 0.5 单位与 0.2 单位的修约规则

在对数值进行修约时，必要时也可采用0.5 单位或者0.2 单位修约，具体修约规则如下：

（1）0.5 单位修约。0.5 单位修约，也叫半个单位修约，将拟修约数值乘以2，按指定修约间隔对2*X* 按照修约规则的方法进行修约，所得数值（2*X* 修约值）再除以2。

例：将下列数修约到“个”数位的0.5 单位修约。

拟修约数 *X*	2*X*	2*X* 修约值	*X* 修约值
3.13	6.26	6	3
3.31	6.62	7	3.5
3.75	7.5	8	4
-3.25	-6.5	-6	-3
-3.74	-7.48	-7	-3.5

（2）0.2 单位修约。0.2 单位修约，将拟修约数值乘以5，按指定修约间隔对5*X* 按照修约规则的方法进行修约，所得数值（5*X* 修约值）再除以5。

例：将下列数修约到“个”数位的0.2 单位修约。

拟修约数 *X*	5*X*	5*X* 修约值	*X* 修约值
30.498	152.49	152	30.4
30.501	152.505	153	30.6
30.599	152.995	153	30.6
30.3	151.5	152	30.4
31.3	156.5	156	31.2
-30.401	-152.005	-152	-30.4

6.4.4 极限数值的判定方法

判断检验数值是否符合标准要求时，应将检验所得的测定值与标准规定的极限数值相比较。比较的方法有两种：全数值比较法和修约值比较法。

全数值比较法是将检验所得的测定值不经修约直接用于与标准规定的极限数值做比较，只要越出规定的极限数值都判定为不符合标准要求。

修约值比较法是将测定值进行修约后，修约数位应与规定的极限数值数位一致，然后进行比较，以判定实际测得值是否符合标准要求。

举例：车用汽油产品标准要求溶剂洗洗胶质含量≤5mg/100mL，某油品实际测定值为 5.2mg/100mL，如果按照全数值比较法则判定该油品溶剂洗胶质指标不合格；如果按照修约值比较法修约后的结果为 5mg/100mL，则判定该油品溶剂洗胶质指标合格。

标准或有关文件中若对极限数值无特殊规定时均应使用全数值比较法，如规定采用修约值比较法应在标准中加以说明。

6.5　统计方法介绍

统计是对一种对客观现象总体数量方面进行数据的收集、处理、分析的调查研究活动，通过汇总、计算统计数据来反映问题或者趋势的一种方法。我们在日常油品检测工作中会产生大量的数据，采用一定科学方法对这些数据进行综合、客观的统计分析，可以找出实验室中可能存在的问题并在一定程度上控制风险。

本节仅对几种常用的数据一致性检验和离群值检验的统计方法进行介绍。

6.5.1　*Z* 值统计法

对于多个实验室间的数据统计处理，通常采用 CNAS—GL02：2006《能力验证结果的统计处理和能力评价指南》，该指南利用四分位数稳健统计方法对结果进行处理（以下简称 *Z* 值检验法）。

根据该方法要求针对每个试验项目要分别计算以下统计量：试验数据个数、中位值、标准四分位数间距（即标准化 IQR）、最小值、最大值、*Z* 比分数。其中，最重要的统计量是中位值和标准化 IQR，它们是数据集中和分散的量度，与平均值和标准偏差相似，区别在于中位值和标准化 IQR 是稳健的统计量，即它们不受数据中离群值的影响。

有关统计量的含义规定如下：

试验数据个数：在统计分析中某检测项目的结果总数，符号为 N。

中位值：一组按大小顺序排列的数据的中间值，若 N 为奇数，则中位值是一个单一的中心值，即 $X\ \frac{(N+1)}{2}$，若 N 为偶数，则中位值是两个中心值的平均值，即$\frac{X\left[\frac{N}{2}\right]+X\left[\left(\frac{N}{2}\right)+1\right]}{2}$。

标准化 IQR 是一个结果变异性的量度，相当于正态分布中的标准偏差，它等于四分位间距 IQR 乘以因子 0.7413。四分位间距 IQR 是低四分位数值和高四分位数值的差值，低四分位数值 Q1 是低于结果的 1/4 处的最近值，高四分位数值 Q3 是高于结果的 3/4 处的最近值。在大多数情况下 Q1 和 Q3 通过数据值之间的内插法获得。IQR = Q3 − Q1，标准化 IQR = 0.7413 × IQR。

最大值——一组结果中的最大值。

最小值——一组结果中的最小值。

Z 比分数：$Z=\dfrac{\text{试验结果}-\text{中位值}}{\text{标准化 IQR}}$。

基于稳健统计量得出的 Z 比分数可对参加实验室的能力进行评价。对试验结果的判定如下：

$|Z|\leqslant 2$　　试验结果为满意结果

$2<|Z|<3$　　试验结果有问题

$|Z|\geqslant 3$　　试验结果为不满意或离群的结果

计算举例：对表6-5中10个实验室的数据进行 Z 值统计。

表6-5　实验室某项目的试验结果

实验室	1	2	3	4	5	6	7	8	9	10
数据	1.82	1.44	1.76	1.84	1.78	1.85	1.79	1.91	1.99	1.80

首先，对该组数据按大小顺序依次排列，求出该组数据的中位值，即

$$x_{\frac{N+1}{2}}=x_{\frac{10+1}{2}}=\frac{x_{\frac{10}{2}}+x_{(\frac{10}{2}+1)}}{2}=\frac{x_5+x_6}{2}=\frac{1.80+1.82}{2}=1.81$$

分别计算该组数据的上四分位值和下四分位值，即

$$Q_1=x_{(\frac{N}{4}+\frac{3}{4})}=x_{\frac{13}{4}}=x_3+\frac{x_4-x_3}{4}=1.78+\frac{1.79-1.78}{4}=1.7825$$

$$Q_3=x_{(\frac{3N}{4}+\frac{1}{4})}=x_{\frac{31}{4}}=x_7+\frac{3(x_8-x_7)}{4}=1.84+\frac{3\times(1.85-1.84)}{4}=1.8475$$

则 $NIQR=0.7113\times(Q_3-Q_1)=0.7413\times(1.8475-1.7825)=0.048$

最后计算出每个实验室的 Z 值，以实验室1的数据为例，即

$$Z=\frac{\text{试验结果}-\text{中位值}}{\text{标准化}\ IQR}=\frac{1.82-1.81}{0.048}=0.21;$$

对该结果进行判定，$|Z|\leqslant 2$ 则实验室1的数据为满意结果，对其他数据依次进行 Z 值计算并进行判定，具体结果见表6-6。

表6-6　Z 值统计结果

实验室	数　据	Z 值检验法		
		试验结果-中位值	Z	结　果
实验室1	1.82	0.010	0.21	满意
实验室2	1.44	-0.370	-7.71	不满意
实验室3	1.76	-0.050	-1.04	满意
实验室4	1.84	0.030	0.63	满意
实验室5	1.78	-0.030	-0.63	满意
实验室6	1.85	0.040	0.83	满意
实验室7	1.79	-0.020	-0.42	满意

续表

实验室	数　据	Z 值检验法		
		试验结果－中位值	Z	结 果
实验室 8	1.91	0.100	2.08	有问题
实验室 9	1.86	0.050	1.04	满意
实验室 10	1.80	-0.010	-0.21	满意
中位值	1.810			
上四分位值	1.7825			
下四分位值	1.8475			
NIQR	0.048			

6.5.2　数据一致性检验

对于多个实验室间的数据统计处理也可以采用“检验一致性的图方法”。用到的是曼德尔的 h 统计量和 k 统计量，通常在实际操作中更多的是考察实验室间数据的一致性，因此在应用中简化了该种方法，仅对实验室间的一致性——h 值进行统计（简称 h 值检验），具体分析方法如下：

首先对所有原始记录中的试验条件、对方法的理解、仪器检定情况、数据填写和计算、结果报出等内容进行分析，确认试验数据的有效性，不符合要求的数据判定为无效数据，对无效数据不进行分析，在原始记录上没有发现问题的数据均视为有效数据。然后，对每一个有效数据进行 h 值计算，公式如下：

$$h = \frac{x - \bar{x}}{s_x}$$

式中　x——单个实验室的有效数据；

$\bar{x}$——全部有效数据的平均值；

s_x——有效数据的标准偏差。

实验室间一致性统计 h 值的临界值依据参与统计的实验室个数而定，具体对应关系见表 6-7。如果某个实验室计算出的 h 值的绝对值超出表中的限值则表示该实验室的结果为离群值，则应舍弃该值后对保留数据重新计算平均值和标准偏差并再进行 h 值检验，直至没有可舍弃的数值。

用舍弃离群值后的数据计算出该试验项目的平均值（接受参考值）和标准偏差，对这些离群数据计算得出的 h 值可作为这些离群数据的参考 h 值。

表 6-7　实验室间一致性统计量 h 值的临界值与实验室数对应关系

实验室个数	h 值的临界值	实验室个数	h 值的临界值
3	1.15	17	1.87
4	1.42	18	1.88
5	1.57	19	1.88
6	1.66	20	1.89

续表

实验室个数	h 值的临界值	实验室个数	h 值的临界值
7	1.71	21	1.89
8	1.75	22	1.89
9	1.78	23	1.90
10	1.80	24	1.90
11	1.82	25	1.90
12	1.83	26	1.90
13	1.84	27	1.91
14	1.85	28	1.91
15	1.86	29	1.91
16	1.86	30	1.91

计算举例：对表6-5中的数据进行 h 值检验。首先求出该组数据的平均值和标准偏差，分别为 $\bar{x} = 1.785$；$s = 0.1290$，然后计算出每个实验室的 h 值，以实验室1的数据为例，即 $h = \dfrac{\text{试验结果} - \text{平均值}}{\text{标准偏差}} = \dfrac{1.82 - 1.785}{0.129} = 0.27$；对其他数据依次进行 h 值计算，具体结果见表6-8。

表6-8　h 值统计结果1

实验室	数据	h 值检验法		
		试验结果 - 平均值	h	结果判定
实验室1	1.82	0.035	0.27	
实验室2	1.44	-0.345	-2.67	离群数据
实验室3	1.76	-0.025	-0.19	
实验室4	1.84	0.055	0.43	
实验室5	1.78	-0.005	-0.04	
实验室6	1.85	0.065	0.50	
实验室7	1.79	0.005	0.04	
实验室8	1.91	0.125	0.97	
实验室9	1.86	0.075	0.58	
实验室10	1.80	0.015	0.12	
平均值	1.785			
标准偏差	0.129			

由于实验室个数为10，则其对应 h 值的临界值为1.80，对10个实验室的 h 值依次判定，发现实验室2的 h 值超出了临界值，故判定该实验室的数据为离群值。舍去该实验室的数据，重新对剩余的9个实验室的数据计算平均值和标准偏差及 h 值，方法同上，具体结果见表6-9。

表6-9 *h*值统计结果2

实验室	数 据	*h*值检验法		
		试验结果-平均值	*h*	结果判定
实验室1	1.82	-0.003	-0.06	
实验室2				离群数据
实验室3	1.76	-0.063	-1.34	
实验室4	1.84	0.017	0.36	
实验室5	1.78	-0.043	-0.91	
实验室6	1.85	0.027	0.57	
实验室7	1.79	-0.033	-0.70	
实验室8	1.91	0.087	1.85	离群数据
实验室9	1.86	0.037	0.79	
实验室10	1.80	-0.023	-0.49	
平均值	1.823			
标准偏差	0.047			

此时，实验室个数为9其对应*h*值的临界值为1.78，对9个实验室的*h*值依次判定，发现实验室8的*h*值超出了临界值，故判定该实验室的数据为离群值。舍去该实验室的数据，重新对剩余的8个实验室的数据计算平均值和标准偏差及*h*值，方法同上，具体结果见表6-10。

表6-10 *h*值统计结果3

实验室	数 据	*h*值检验法		
		试验结果-平均值	*h*	结果判定
实验室1	1.82	0.007	0.19	
实验室2	1.44	-0.373	-10.36	离群数据
实验室3	1.76	-0.053	-1.47	
实验室4	1.84	0.027	0.75	
实验室5	1.78	-0.033	-0.92	
实验室6	1.85	0.037	1.03	
实验室7	1.79	-0.023	-0.64	
实验室8	1.91	0.097	2.69	离群数据
实验室9	1.86	0.047	1.31	
实验室10	1.80	-0.013	-0.36	
平均值（接受参考值）	1.813			
标准偏差	0.036			

此时，实验室个数为8，其对应*h*值的临界值为1.75，对8个实验室的*h*值依次判定，未发现数据超出临界值，故此次数据一致性检验完成，将舍弃的数据按照表6-10中的平均值（即接受参考值）和标准偏差，分别计算*h*值，做为*h*值参考值并标注为离群数据。

6.5.3 离群值判断及处理方法

6.5.3.1 离群值（定义：在剔除水平下统计检验为显著的离群值）判断程序

（1）单个离群值的判断程序

①依实际情况或以往的经验选定适宜的检验规则；

②确定适当的显著性水平；

③根据显著性水平及样本量确定检验的临界值；

④由观测值计算相应统计量的值，根据计算所得统计量的值与临界值的比较结果作出判断。

（2）多个离群值的判断程序。当存在多个离群值时，重复使用上述程序进行检验，若没有发现离群值则整个检验判断工作结束；若检出离群值，当检出的离群值总数超过上限时应停止检验，对样本应慎重处理，否则采用相同的检出水平和相同的规则对除去已检出的离群值后余下的观测值继续检验。

6.5.3.2 离群值的处理规则

对于检出的离群值应尽可能寻找技术上和物理上的原因作为处理离群值的依据。应根据实际问题的性质综合衡量寻找和判断产生离群值的原因所付出的代价，正确判定离群值的收益以及错误剔除正常观测值的风险以确定实施下述规则之一：

（1）若在技术上或物理上找到了产生离群值的原因则应剔除或修正；若未找到产生离群值的技术上或物理上的原因则不得剔除或进行修正。

（2）若在技术上或物理上找到产生离群值的原因则应剔除或修正；否则保留岐离值（定义：在检出水平下显著，但在剔除水平下不显著的离群值）剔除或修正统计离群值；在重复使用同一检验规则检验多个离群值的情形，每次检出离群值后，都要再检验它是否为统计离群值。若某次检出的离群值为统计离群值，则此离群值及在它前面检出的离群值（含岐离值）都应被剔除或修正。

（3）检出的离群值（含岐离值）都应被剔除或修正。

（4）备案：被剔除或修正的观测值及其理由应予以记录以备查询。

6.5.3.3 常用离群值判断方法简介

（1）已知标准差（σ）情形，离群值的判断规则——奈尔检验法。当已知标准差时使用奈尔检验法，奈尔检验法的样本量 $3 \leqslant n \leqslant 100$。

（2）未知标准差情形离群值的判断规则。在标准差未知的情况下如果检出离群值的个数不超过1时，可使用格拉布斯检验法和狄克逊检验法；当检出离群值个数超过1时，可重复使用狄克逊检验法、偏度－峰度检验法和格拉布斯检验法。

第7章　汽柴油检测方法

7.1　轻质石油产品酸度测定法 GB/T 258—2016

7.1.1　方法原理

汽油、煤油和柴油中所含酸性物质主要为环烷酸，环烷酸为有机酸，易溶于烃类有机物而难溶于水。酸度测定中，用乙醇溶液与待测油品加热共沸，沸腾的乙醇溶液可将有机酸抽提出来，再用已知浓度的氢氧化钾－乙醇标准溶液趁热滴定，通过消耗的标准溶液体积，计算出试验中有机酸浓度，图7－1为环烷酸与KOH反应式（以环己酸为例）。

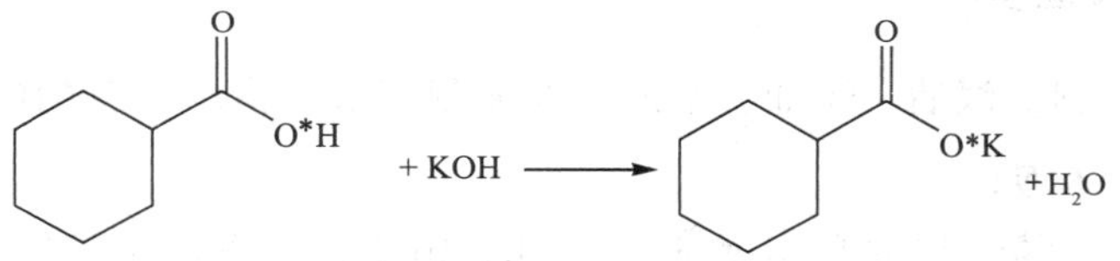

图7－1　环烷酸与KOH反应式，以环己酸为例

7.1.2　目的和意义

汽油、柴油、煤油中酸性物质的含量可由酸度直接反映。酸度大小是影响油品腐蚀性的重要指标之一。柴油在炼制过程中通常经过酸洗步骤以除去其中的碱性物质，而酸洗过后的脱酸过程则难以保证将环烷酸100%脱除，残余在油品中的酸性物质会使油品具有腐蚀性，在生产、储存、运输、使用过程中，油品与各类金属材质容器、零件接触产生的腐蚀会对这些器件造成损坏，同时污染油品。

除此之外，在当今柴油低硫化的大趋势下，柴油的润滑性能受到一定影响，炼制企业解决该问题的其中一个手段是在油品出厂调和阶段加入润滑改进剂。而酸性润滑改进剂如长链羧酸、脂肪酸酯等物质，在改进柴油润滑性能的同时会带来油品酸度增加的弊端，因此，需严格限制此类改进剂的加入量，以免增大油品的腐蚀性，对油品储运安全和质量安全带来隐患。

7.1.3　国内外对照

目前，我国最新标准为GB/T 258—2016《轻质石油产品酸度测定法》，本标准代替了GB/T 258—1977（2004）《汽油、煤油、柴油酸度测定法》，两者区别主要为：

（1）修改了标准名称。

（2）修改了适用范围，去掉了“未加乙基液的汽油”，增加了“轻质石油产品”，“石脑油”，“喷气燃料”内容。

（3）增加了“规范性引用文件”，增加了“术语和定义”，增加了“取样”和“试样准备”内容。

（4）增加了再现性要求，修改了重复性要求。

表7-1为标准中对重复性和再现性的要求，原标准中对重复性要求为：柴油不大于0.3mgKOH/100mL，汽油、煤油不大于0.15mgKOH/100mL。

表7-1　《轻质石油产品酸度测定法》GB/T 258—2016中酸度的精密度　mgKOH/100mL

酸　度	重复性	再现性
<0.5	0.08	0.20
0.5~1.0	0.10	0.25
>1.0	0.20	

7.1.4　主要试验步骤

（1）指示剂的配制。汽油、煤油、柴油的酸度测定常用指示剂有酚酞、碱性蓝6B和甲酚红三种，配制方法为：

①酚酞指示剂。酚酞指示剂常用浓度为1g/L，由于指示剂用量通常较少，故以配制100mL为例。称取0.1g酚酞，然后用少量95%乙醇或无水乙醇溶解，定量转移至100mL容量瓶后再用同样质量等级的乙醇定容稀释到100mL，摇匀后转移至滴瓶中备用。

②碱性蓝6B指示剂。测定酸度所用碱性蓝6B浓度为20g/L，配制时将2g碱性蓝6B溶于100mL煮沸的95%乙醇中，在水浴中加热回流1h，冷却后过滤。配制好的该指示剂通常需进行灵敏度调节，其中一种方法为：先用刻度吸量管准确量取0.5mL指示剂，加入约50mL刚煮沸的乙醇中，用微量酸式滴定管以0.05mol/L的KOH-乙醇滴至溶液刚好变为浅红色，记录消耗的碱液体积。将该体积按比例放大至所配碱性蓝6B-乙醇溶液体积，加入未中和的指示剂溶液中，实际加入量最好略少于理论值，以免过量。摇匀后再次按上述方法测定指示剂灵敏度，重复操作直至每0.5mL指示剂恰好需1~2滴上述浓度碱液中和成浅红色，冷却后又恢复为蓝色为止。

③甲酚红指示剂。甲酚红指示剂常用浓度为1g/L，配置时称取0.1g甲酚红，研细后溶解于100mL95%乙醇中，并在水浴中煮沸回流5min，趁热用KOH—乙醇溶液（3g/L）滴定至甲酚红-乙醇指示液由橘红色变为深红色，而在冷却后又能恢复为橘红色为止。

（2）乙醇的精制。根据SH/T 0079《石油产品试验用试剂溶液配制方法》，如精制约800mL乙醇，则称取1.5g$AgNO_3$，3g KOH（试剂均为分析纯试剂）注入1L 95%乙醇中，摇动3~4min，静置后过滤到蒸馏烧瓶中，用水浴进行加热蒸馏，弃去最初蒸出的10%和最终蒸余的10%，各约100mL，收集中间78℃的馏分保存在具塞玻璃瓶中。

（3）0.05mol/L（0.05N）KOH－乙醇标准溶液配制。称取 3g KOH，溶于 100mL 水（符合 GB 6682 三级水规格）中，再用 900mL 精制乙醇稀释，摇匀后保存在棕色具塞玻璃瓶中，静止 24h 后取上层清液标定。

（4）酸度的测定

①取 50mL95% 乙醇注入锥形瓶内，用装有回流冷凝管的塞子塞住锥形瓶后将 95% 乙醇煮沸 5min。

②在煮沸过的乙醇中加入 0.5mL 碱性蓝 6B－乙醇溶液（或者甲酚红溶液）后，在不断摇荡下趁热用 0.05mol/L 的 KOH －乙醇标准溶液将其中和，直至锥形瓶中的混合物从蓝色变为浅红色（或者从黄色变为紫红色）为止。

在煮沸过的 95% 乙醇中加入数滴酚酞作为指示剂时，按同样方法中和至呈现浅玫瑰红色为止。

③将试样注入中和过的热的 95% 乙醇中，在 20℃ ±3℃ 温度下量取汽油、煤油取 50.0mL，柴油取 20.0mL，在回流冷凝的状态下再次煮沸 5min。

④对已加有碱性蓝溶液或甲酚红溶液的混合物，此时应再次加入 0.5mL 碱性蓝 6B－乙醇溶液或者甲酚红溶液，就在不断摇荡下趁热用 0.05mol/L 的 KOH －乙醇标准溶液中和。直至 95% 乙醇层的碱性蓝溶液颜色从蓝色变为浅红色（甲酚红溶液从黄色变为紫红色）为止，或直至 95% 乙醇层的酚酞溶液呈现浅玫瑰红色为止。

在每次滴定过程中，自锥形烧瓶停止加热到滴定终点所经过的时间不应超过 3min。记录滴定试样混合物时所消耗的标准溶液体积。根据标准溶液浓度可算出待测试样酸度。

7.1.5　注意事项

（1）配制 KOH－乙醇标准溶液所用的乙醇必须精制提纯，因乙醇中混有醛，在稀碱溶液的影响下，会发生缩合或聚合反应而使 KOH－乙醇标准溶液变黄。图 7－2 和图 7－3 分别为醛类的缩合和聚合反应示意图。

（2）试验中使用 95% 乙醇作为抽提溶剂，不能使用无水乙醇，因为酸度是表示石油产品中酸性物质的总量，95% 乙醇中含有少量的水，有助于无机酸的溶解、抽提。

（3）对配制的指示剂溶液要进行灵敏度的检查，使之变色灵敏，必要时要经过酸或碱中和，对于酸性或碱性过大的市售 95% 乙醇，建议更换，否则容易使试验结果偏大或偏小。

（4）取样温度会影响取样体积，为准确量取试样，要在 20℃ ±3℃时取样，取样时手勿接触量筒带刻度部分。

（5）室温下空气中的 CO_2 极易溶于乙醇（CO_2 在乙醇中的溶解度比在水中的溶解度大 3 倍），如果不除去溶解于乙醇中的 CO_2 会影响测定结果。因此，滴定空白和滴定试样前，均需将乙醇煮沸 5min，以去除 CO_2，并且要趁热滴定，滴定时动作要迅速，从停止加热到滴定结束，不得超过 3min，以减少 CO_2 对测定结果的影响。

（6）要注意指示剂的加入量不能过多，因为酚酞或碱性兰等指示剂本身就是弱酸性的

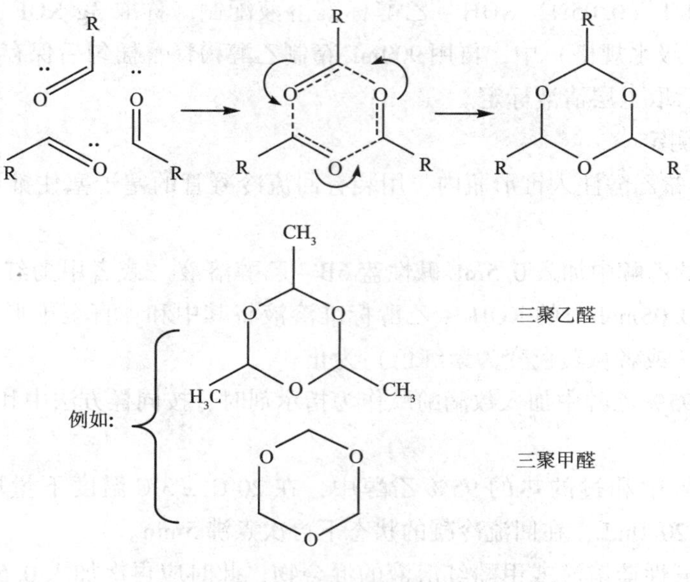

例如：

三聚乙醛

三聚甲醛

图 7-2　醛类的聚合反应

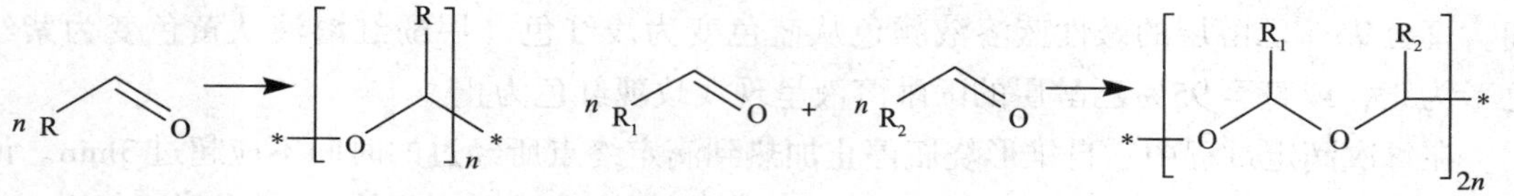

图 7-3　醛类的缩合反应

有机物，在滴定时会消耗一定量的碱；指示剂过多，还会使溶液变色缓慢而不易察觉到滴定终点，因此加入指示剂过量，会造成测定结果偏高。相反加入指示剂量过少，会使溶液变色不明显，同样会影响测定结果。试验时前后加入的指示剂应种类一致，体积相同。

（7）滴定过程中，准确判断滴定终点对试验结果非常重要，为了便于观察指示剂的变色，可在锥形瓶下衬以白纸或白色瓷板。还应注意碱性蓝指示剂适用于测定深色的石油产品，酚酞指示剂适用于测定无色的石油产品或在滴定混合物中容易看出浅玫瑰红色的石油产品。

（8）柴油中某些添加剂的加入，在溶液加热时会与碱性蓝 6B 发生反应，使其失去原有蓝色，而呈现灰、绿等异常色泽，使滴定终点不易观察，建议多次进行实验以减小误差，或换用甲酚红或酚酞进行多次实验，以确认数据准确。

（9）根据方法标准使用 2mL 量程或 5mL 量程微量滴定管，不建议使用其他量程型号滴定管。2mL 和 5mL 微量滴定管读数略有不同，如图 7-4 所示。

左侧为 2mL 微量滴定管，最小分度为 0.01mL，估计凹液面最低处在最小分度 7/10 处，0.46 +0.01 ×（7/10），估读为 0.467mL；而右侧的 5mL 微量滴定管，最小分度为 0.02mL，0.52 +0.02 ×（7/10），末位必须为偶数，估读为 0.534mL。因此不同种类微量滴定管使用和读数时需留意。

(10) KOH－乙醇标准滴定溶液有效期为 15 天，溶液过期应重新进行标定，标定所得浓度在 0.0475～0.0525mol/L 范围内，更换新标签后可继续使用，否则需重新配制。

(11) 移取 0.5mL 指示剂所用的刻度吸量管，使用前需注意顶部是否注有“吹”字样，有该字样时必须用洗耳球将最后一滴液体吹出，顶部无“吹”字样的刻度吸量管，需将尖嘴靠在锥形瓶内壁 10s 以上，不得使用洗耳球将余液吹出，因为后一类刻度吸量管在刻度标定时，已考虑尖嘴余液误差，若吹出余液，则会对体积带来额外的人为误差，使体积失准。

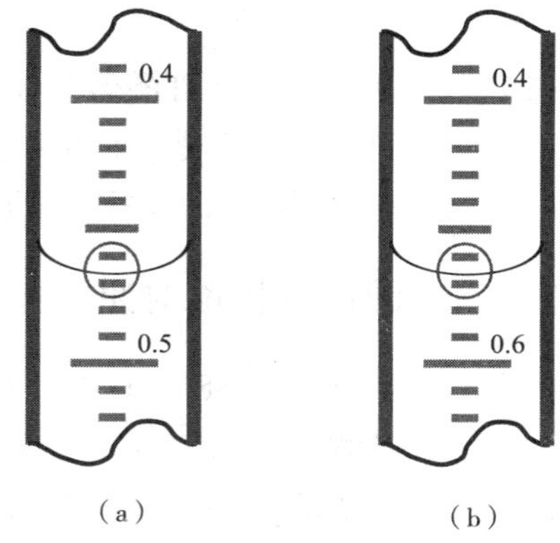

图 7－4　2mL 微量滴定管与 5mL 微量滴定管示例

(a) 2mL 微量滴定管；5mL 微量滴定管

(12) 结果报出

结果 >1 时，保留 3 位有效数字，结果 <1 时保留 2 位有效数字，单位为 mgKOH/100mL。该规定与“保留至小数点后两位”定义有所不同，例如，酸度 <0.1mgKOH/100mL 或 >10mgKOH/100mL 时，二者报出结果精度不同，需留意原始记录的填写。最终结果计算前应多保留一位小数。滴定管初、终读数均应保留 3 位小数，如“0.000mL”，同时油样体积记录为“20.0mL”。

7.1.6　仪器管理

(1) 吸量管、2mL 或 5mL 微量滴定管、量筒，检定周期为 3 年。50mL 碱式滴定管检定周期为 1 年。

(2) 秒表，检定周期为 1 年。

(3) 邻苯二甲酸氢钾作为标准物质，应定期进行期间核查，应检查其外观性状标识、储存条件、有效期等。

7.2　石油产品水溶性酸及碱测定法 GB/T 259—1988 (2004)

7.2.1　方法原理

用蒸馏水抽提试样中的水溶性酸碱，然后分别用甲基橙或酚酞指示剂检查抽出溶液颜色的变化情况或者用酸度计测定抽提物的 pH 值，以判断油品中有无水溶性酸、碱的存在。

7.2.2　目的和意义

(1) 油品中检出有水溶性酸碱，说明油品在酸碱精制处理时，酸没有完全中和（或）碱洗后用水冲洗的不完全。水溶性酸几乎对所有金属都有强烈的腐蚀作用，碱对铝有腐蚀。

（2）油品中存在水溶性酸碱会促使油品老化。水溶性酸碱在大气中的水分、氧气及热的作用下，会引起油品氧化、胺化和分解，加速油品变质。

（3）轻质燃料油、未加添加剂的润滑油中都不允许有水溶性酸碱。

7.2.3　国内外标准对照

标准 GB/T 259—1988（2004）参照采用前苏联国家标准 ГОСТ 6307—1975《石油产品水溶性酸和碱测定法》。《世界燃油规范》第五版、EN 228—2012《汽车燃料．无铅汽油．试验方法和要求》均无该项指标。

7.2.4　主要试验步骤

7.2.4.1　样品处理

（1）液体石油产品：将 50mL 试样和 50mL 蒸馏水放入分液漏斗，加热至 50～60℃（轻质石油产品，如汽油和溶剂油等均不加热）。对 50℃运动黏度大于 $75mm^2/s$ 的石油产品，应预先在室温下与 50mL 汽油混合，然后加入 50mL 加热至 50～60℃的蒸馏水。将分液漏斗中的试验溶液轻轻地摇动 5min，不允许乳化，放出澄清后下部水层，经滤纸过滤后滤入锥形瓶中。

（2）润滑脂、石蜡、地蜡、含蜡组分：取 50g 已熔化试样，将其置于瓷蒸发皿或锥形瓶中，注入 50mL 蒸馏水煮沸至完全熔化。冷却至室温，将下部水层过滤至锥形瓶。

（3）添加剂样品：向分液漏斗中加入 10mL 试样和 40mL 溶剂油，再加入 50mL 蒸馏水（50～60℃），摇动 5min，澄清后分出下部水层，过滤至锥形瓶。

7.2.4.2　判定

（1）用指示剂测定水溶性酸、碱。向第一支和第二支试管中分别放入 1～2mL 抽提物，在第一支试管中，加入 2 滴甲基橙溶液，并将它与装有相同体积蒸馏水和 2 滴甲基橙溶液的第三支试管相比较。如果抽提物呈玫瑰色，则表示所测石油产品中有水溶性酸存在。在第二支试管中加入 3 滴酚酞溶液，如果溶液呈玫瑰色或红色时，则表示有水溶性碱存在。

（2）用酸度计测定水溶性酸、碱。向烧杯中加入 30～50mL 抽提物，电极浸入深度为 10～12mm，用酸度计测定 pH 值。根据表 7-2 来进行判定。

表 7-2　酸度计判定水溶性酸碱

石油产品水（或乙醇水溶液）抽提物特性	pH 值
酸性	<4.5
弱酸性	4.5～5.0
无水溶性酸或碱	>5.0～9.0
弱碱性	>9.0～10.0
碱性	>10.2

（3）仲裁试验。当对石油产品质量评价出现不一致时，则水溶性酸或碱的仲裁试验以酸度计测定为准。

7.2.4.3　结果报出

（1）方法中仅针对酸度计法进行了精密度和结果报出规定，报出的结果要求是重复测定两个 pH 值，取算数平均值。

（2）结合产品标准和实际操作情况，对采用指示剂法进行测定的结果，当抽提物呈玫瑰色时，报出石油产品中有水溶性酸；当抽提物呈玫瑰色或红色时，报出石油产品中有水溶性碱；若没出现上述颜色时，则报出“石油产品中无水溶性酸或碱”。

（3）精密度要求。同一操作者所提出的两个结果之差，不应大于 0.05pH，该精密度规定仅适用于酸度计法。

7.2.4.4　注意事项

（1）当试样与蒸馏水混合易于形成难以分离的乳浊液时，须用 50～60℃的 95% 乙醇和蒸馏水溶液（1∶1）代替蒸馏水作抽提溶剂来分离试样中的水溶性酸、碱。

（2）进行试验时，加入试样和蒸馏水后应轻轻摇动避免乳化，下层水溶液放出应用滤纸过滤。

（3）试样发生乳化现象的原因通常是油品中残留的皂化物水解的缘故，这种试样一般呈碱性。

7.3　石油产品水含量的测定　蒸馏法 GB/T 260—2016

7.3.1　方法原理

将一定量的试油和溶剂（沸点在 100℃左右，且与水不相溶）混合，在规定的水分测定器中进行蒸馏。加入的溶剂降低了试验的黏度，可避免含水试油沸腾时引起冲击和起泡现象。蒸馏时加入的溶剂和水一起沸腾并蒸出，可将试油中含有的水携带出来，经冷凝后冷凝液流入接收器中。由于水的密度比溶剂的密度大，水分沉降到接收器的下部，接收器上部的溶剂返回蒸馏瓶。随着不断地蒸馏，水分不断被溶剂携带出来，不断沉降到水分接收器下部。根据试油的量和蒸出的水分的体积，可以计算出试样中含水的百分数，作为石油产品所含水分的测定结果。

7.3.2　目的和意义

（1）石油产品含水会破坏油品的低温流动性能，同时降低燃烧时的发热量，溶解可溶性盐类，使其灰分增大。

（2）溶剂油中若含水，会降低油的溶解能力和使用效率。

（3）石油产品中含有水分时，会加速油品的氧化和生胶。

(4) 油品含水时，会引起容器和机械的腐蚀。水分对金属的腐蚀表现在两个方面，一方面是水分能直接引起金属的腐蚀；另一方面是某些含硫及酸性腐蚀性物质能溶解到水中，加速对金属的腐蚀作用。油品中如存在游离水，则对金属的危害很大。

(5) 润滑油中若含水会促使润滑油乳化，破坏润滑油油膜，使润滑油的性能发生变化，还会使润滑油中加入的添加剂发生降解而失效。

(6) 电器用油中若含水，会降低其介电性能，严重时还会引起短路，甚至烧毁设备。

(7) 润滑脂中如有游离水，不仅会因水的存在腐蚀金属，而且有些润滑脂（如钠基脂）会因为游离水过多而乳化，引起油皂分离、滴点降低等。

(8) 水分是各种石油产品标准中必不可少的规格之一，也作为油品生产进出装置物料的主要控制指标。

(9) 各种烃类对水的溶解能力比较如下：芳烃 > 烯烃 > 环烷烃 > 烷烃。

7.3.3 主要试验步骤

7.3.3.1 操作步骤

(1) 试样测试前需摇匀。液体试样要在原容器内摇匀，必要时加热摇匀。

(2) 根据试样类型，取适量的试样，准确至 ±1%。按照标准要求转入蒸馏瓶中。

(3) 按照被测样品的种类选择适合的抽提溶剂的种类。

(4) 可在蒸馏瓶中加入玻璃珠或助沸材料，以减轻暴沸，磁力搅拌可以有效防止暴沸。

(5) 通过估算样品中的水含量，选择适当的接收器，确保蒸汽和液体相接触的密封。按照标准要求，进行蒸馏装置的安装。冷凝管及接收器需清洗干净，以确保蒸出的水不会粘到管壁上，而全部流入接收器底部。在冷凝管顶部塞入松散的棉花，以防止大气中的湿气进入，在冷凝管的夹套中通入循环冷却水。

(6) 加热蒸馏瓶，调整试样沸腾速度，使冷凝管中冷凝液的馏出速率为 2 ~ 9 滴/s。继续蒸馏至蒸馏装置中不再有水（接收器中除外），接收器中的水体积在 5min 内保持不变。如果冷凝管上有水环，小心提高蒸馏速率，或将冷凝水的循环关掉几分钟。石油产品水分测定仪见图 7-5。

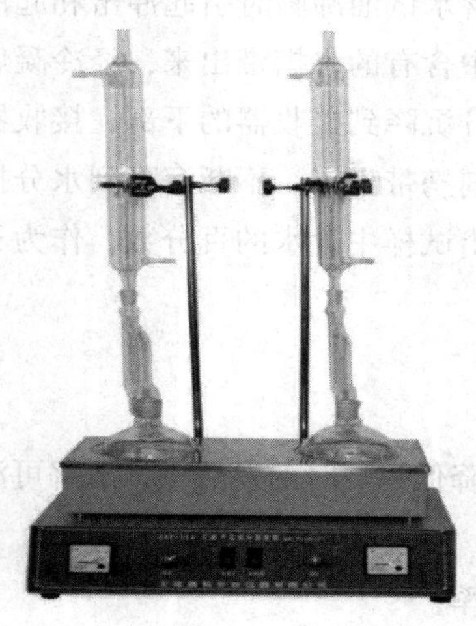

图 7-5 石油产品水分测定仪

(7) 待接收器冷却至室温后，用玻璃棒或聚四氟乙烯棒，或其他合适的工具将冷凝管和接收器壁黏附的水分移至水层中。读出水体积，精确至刻度值。

7.3.3.2 结果计算

根据试样的量取方式，按下式计算水在试样中的体积分数 ψ (%) 或质量分数 ω (%)：

$$\psi = \frac{V_1}{V_0} \times 100\% \tag{7-1}$$

$$\psi = \frac{V_1}{m/\rho} \times 100\%$$

$$\omega = \frac{V_1 \rho_{水}}{m} \times 100\% \tag{7-2}$$

式中　V_0——试样的体积，mL；

V_1——测定试样时接收器中的水分，mL；

m——试样的质量，g；

ρ——试样 20℃的密度，g/cm^3；

$\rho_{水}$——水的密度，取值为 $1.00g/cm^3$。

7.3.3.3　报告

（1）报告水含量结果以体积分数或质量分数表示。

（2）对 100mL 或 100g 的试样，若使用 2mL 或 5mL 的接收器，报告水含量的测定结果精确至 0.05%；若使用 10mL 或 25mL 的接收器，则报告结果精确至 0.1%。

（3）使用 10mL 精密锥形接收器时，水含量小于（含等于）0.3% 时，报告水含量的测定结果精确至 0.03%；水含量大于 0.3% 时，则报告结果精确至 0.1%。试样的水含量小于 0.03%，结果报告为“痕迹”。在仪器拆卸后接收器中没有水存在，结果报告为“无”。

7.3.4　影响水分测定的因素和注意事项

（1）试验所用仪器必须清洁干燥，水分接收器在试验过程中不应有挂水现象。每次操作后，应用铬酸洗液洗涤并干燥，然后封闭管口保存。

（2）所用溶剂必须不含水分，以免因溶剂带水而影响测定结果的准确性，同时其初馏点必须符合要求，初馏点过低时试样中的水分不易蒸出。

（3）称取试样时必须摇匀和迅速倒取，否则试验结果不能代表整个试样的含水量。

（4）测定时蒸馏瓶中应加入玻璃珠或助沸材料或磁力搅拌，以形成沸腾中心，使溶剂更好地将水分携带出来。在冷凝管上端要用干净棉花塞住，防止空气中的水分冷凝落入，使测定结果偏高。

（5）应严格控制加热速率，蒸馏速度太慢，不仅使测定时间延长，还会因溶剂的汽化量少而降低对油中水分汽化的携带能力，导致测定结果偏低；蒸馏速度太快，则易产生暴沸，发生冲油现象，可能把试样、溶剂和水一起带出，影响水与溶剂油在接收器中的分层。

（6）加热过猛或连接处漏气而使部分蒸气逸出时试验必须重做。

7.3.5 仪器管理

（1）所用水分接收器、天平及砝码检定周期为1年。

（2）设备维护

①保持仪器的清洁，电器部分不要进水受潮。

②加热套内不要溅上水和油样等液体。

③定期通电加热，以防电器部分受潮。

7.4 闪点的测定 宾斯基－马丁闭口杯法 GB/T 261—2008

7.4.1 方法原理

闪点是在规定的条件下，加热石油产品，逸出的蒸气与空气所形成的混合气接触火焰发生瞬间闪火时的最低温度，以℃表示。

7.4.2 目的和意义

（1）闪点是油品安全的重要指标，根据闪点的高低可以确定运输、储存和使用油品时相应的防火措施。

闪点（闭口）在45℃以下的油品称为易燃品；

闪点（闭口）在45℃以上的石油产品称为可燃品。

GB 50074—2014《石油库设计规范》中规定：储存液化烃、易燃和可燃液体的火灾危险性分类中丙A类产品闪点为60℃≤F_t≤120℃（F_t为特征或液体闪点），柴油闪点在丙A类产品闪点范围内。

（2）闪点高低可以表示石油产品的蒸发性，是判断馏分组成轻重的重要质量指标。

（3）测定石油产品的闪点可以判定是否混入轻馏分。如柴油中混入汽油或煤油，闪点会明显下降。

在闪点的温度下，油蒸气与空气组成的可燃混合气闪火燃烧，油品液体不能燃烧，这是因为在闪点温度下油蒸发速率较慢，油蒸气很快烧完，新的油蒸气来不及与空气形成混合气，致使燃烧结束。

7.4.3 国内外对照

GB/T 261—2008修改采用ISO 2719：2002《闪点测定法 宾斯基－马丁闭口杯法》，GB/T 261—2008与ISO 2719：2002的主要技术差异如下：

（1）标准中以注的形式增加了闪点在40℃以下的喷气燃料也可以使用本标准进行测定的相关规定。

（2）再现性的规定中增加了“本精密度的再现性不适用于 20 号航空润滑油”。

7.4.4　主要试验步骤

7.4.4.1　仪器准备

仪器应安装在无空气流的房间内，并放置在平稳的台面上。

（1）试验杯的清洗。先用清洁溶剂冲洗试验杯、试验盖及其他附件，以除去上次试验留下的所有胶质或残渣痕迹，再用清洁的空气吹干试验杯，确保除去所用溶剂。

（2）仪器组装。检查试验杯、试验杯盖及其附件，确保无损坏和无样品沉积，然后按照顺序组装好仪器。

（3）仪器校验。用有证标准样品（CRM）按照步骤 A 每年至少校验仪器一次。

7.4.4.2　取样

除非另有规定，取样应按照 GB/T 4756、GB/T 27867 或 GB/T 3186 进行。将样品装入合适的密封容器中，贮存在合适的条件下，以最大限度地减少样品的蒸发损失和压力升高，样品贮存温度避免超过 30℃。为了减少柴油中轻组分的挥发对测试结果造成影响，一般将闪点作为柴油全项检测的第一个项目进行测试。

7.4.4.3　样品处理

（1）分样。在低于预期闪点至少 28℃下进行分样，如果等分样品是在试验前储存的，应确保样品充满至容器容积的 50% 以上。

（2）含未溶解水的样品：如果样品中含有未溶解的水，在样品混匀前应将水分离出来，因为水的存在会影响闪点的测定结果。但某些残渣燃料油和润滑剂中的游离水可能会分离不出来，这种情况下在样品混匀前使用物理方法除水。

（3）室温下为液体的样品：取样前应摇均，尽可能减少挥发性组分损失。

（4）室温下为固体或半固体的样品：在 30℃ ±5℃或不超过预期闪点 28℃的温度下加热（两者选择较高温度）30min，如果样品未全部液化再加热 30min，但要避免样品过热造成挥发性组分损失，然后摇匀试样。

7.4.4.4　试验步骤

含水较多的残渣燃料油试样应小心操作，因为加热后此类试样会起泡并有可能从试验杯中溢出。试样的体积应大于容器容积的 50%，否则会影响闪点的测定结果。

本标准的试验步骤包括步骤 A 和步骤 B。

步骤 A：适用于表面不成膜的油漆和清漆、未用过的润滑油及不包括步骤 B 之内的其他石油产品。

步骤 B：适用于残渣燃料油、稀释沥青、用过润滑油、表面趋于成膜的液体、带悬浮颗粒的液体及高黏稠材料（例如聚合物溶液和黏合剂）。

（1）步骤 A

①记录试验环境大气压，不要求修正到 0℃下的大气压。

②将试样倒入试验杯至加料线，安装好仪器和温度计。

③点燃火焰调节为直径为 3 ~4mm。

④调整加热速率：在整个试验期间，试样以 5 ~6℃/min 的速率升温，且搅拌速率为 90 ~120 r/min。

⑤测试柴油的闪点时，为了避免含有汽油的柴油发生爆燃，建议装入柴油样品后，在室温下进行一次点火试闪。

（a）当试样的预期闪点不高于 110℃时，从预期闪点以下 23℃ ±5℃开始点火，试样每升高 1℃点火一次，点火时停止搅拌。

（b）当试样的预期闪点高于 110℃时，从预期闪点以下 23℃ ±5℃开始点火，试样每升高 2℃点火一次，点火时停止搅拌。

（c）当测定未知试样的闪点时，在适当起始温度下开始试验。高于起始温度 5℃时进行第一次点火。

⑥点火操作 。使用试验杯盖上的滑板操作旋钮或点火装置点火，火焰在 0.5s 内下降至试验杯的蒸气空间内，并在此位置停留 1s，然后迅速升高至原位置。

⑦闪点的出现。火源引起试验杯内产生明显着火时的温度即为试样的观察闪点并记录。不要把真实闪点到达之前，出现在试验火焰周围的淡蓝色光轮与真实闪点相混淆。

⑧闪点的判定。所记录的观察闪点温度与最初点火温度的差值应在 18 ~28℃范围之内，否则认为此结果无效，更换新试样重新进行试验，调整最初点火温度，直至获得有效的测定结果。

（2）步骤 B

①记录试验环境大气压，不要求修正到 0℃下的大气压。

②将试样倒入试验杯至加料线，安装好仪器和温度计。

③点燃火焰调节为直径为 3 ~4mm。

④调整加热速率：在整个试验期间，试样以 1.0 ~1.5℃/min 的速率升温，且搅拌速率为 250r/min ±10r/min 。

⑤除试样的搅拌和加热速率不同外，其他步骤均与步骤 A 相同。

7.4.4.5 结果报出

（1）大气压读数的转换。如果测得的大气压读数不是以 kPa 为单位的，可换算到以 kPa 为单位。

以 hPa 为单位的读数 ×0.1 = 以 kPa 为单位的读数；

以 mbar 为单位的读数 ×0.1 = 以 kPa 为单位的读数；

以 mmHg 为单位的读数 ×0.1333 = 以 kPa 为单位的读数。

（2）观察闪点的修正。用式（7-3）将观察闪点修正到标准大气压（101.3kPa）下的闪点：

$$T_c = T_o + 0.25\ (101.3 - p) \tag{7-3}$$

式中 T_o——环境大气压下的观察闪点，℃；

p——环境大气压，kPa。本公式仅限大气压在 98.0～104.7kPa 范围之内。

结果表示：结果报告修正到标准大气压（101.3kPa）下的闪点，精确至 0.5℃。

（3）精密度要求

①重复性 r。

在同一实验室，由同一操作者使用同一仪器，按照相同的方法，对同一试样连续测定的两个试验结果之差不能超过表 7-3 和表 7-4 中的数值。

表 7-3　步骤 A 的重复性

材　料	闪点范围/℃	r/℃
油漆和清漆		1.5
馏分油和未使过用的润滑油	40～250	0.029X

注：X 为两个连续试验结果的平均值。

表 7-4　步骤 B 的重复性

材　料	闪点范围/℃	r/℃
残渣燃料油和稀释沥青	40～110	2.0
用过的润滑油	170～210	5①
表面趋于成膜的液体、带悬浮颗粒的液体或高黏稠材料		5.0

①在 20 个实验室对一个用过柴油发动机油试样测定得到的结果。

②再现性 R。在不同的实验室，由不同操作者使用不同的仪器，按照相同的方法，对同一试样测定的两个单一、独立的试验结果之差不能超过表 7-5 和表 7-6 的数值。

表 7-5　步骤 A 的再现性

材　料	闪点范围/℃	R/℃
油漆和清漆		
馏分油和未使用的润滑油	40～250	0.071X

注：X 为两个连续试验结果的平均值。

表 7-6　步骤 B 的再现性

材　料	闪点范围/℃	R/℃
残渣燃料油和稀释沥青	40～110	6.0
用过的润滑油	170～210	16①
趋向于表面成膜的液体、带悬浮颗粒的液体或高黏稠材料		10.0

①在 20 个实验室对一个用过柴油发动机油试样测定得到的结果。

7.4.5　注意事项

（1）闪点试验仪器必须符合技术条件的要求。试验用温度计必须符合 GB/T 261—2008 附录 C 的要求并定期进行检定。

（2）试样储存温度避免超过 30℃。

（3）加入试油量必须与油杯加料线一致，因为油量的多少会影响液面以上的空气容积，即影响油蒸气和空气混合物的浓度，如加入量过多，蒸气空间减少，升温时油蒸气与空气混合物的浓度容易达到爆炸范围，导致闪点偏低，如装油量太少，结果偏高。

（4）试验用的油杯及杯盖必须清洁并干燥，除去前次试验留下的油渍和洗涤用的溶剂，避免轻质成分混入导致测定结果偏低。第二次试验需等仪器冷却后才能进行。

（5）油样中含有水分，如果油样的水分含量大于0.05%（体积分数）时，必须脱水，方可进行试验，因为加热油样时分散在油中的水会形成水蒸气或气泡，覆盖在油样的表面，影响油的正常气化，延迟闪火时间，使测得的结果偏高。

（6）闪点测定仪器要放在避风且较暗地点，以便于观察闪火。

（7）点火用的火焰大小、点火时间长短、离液面高低及停留时间要与标准规定严格一致，火焰比规定的越大，火焰离液面越近，在液面上移动的时间越长，则测得结果越低，反之则测得的结果比正常值高。点火次数越多，测得的结果越高，因为每打开一次杯盖，都会影响试杯中的蒸气量和温度。

（8）准确控制加热速率，不能过快或过慢，加热太快，油蒸发速率快，空气中油蒸气浓度提前达到爆炸下限，使测定结果偏低。加热速率过慢，测定时间较长，点火次数多，损耗了部分油蒸气，推迟了油蒸气和空气混合物达到闪点浓度的时间，使得测定结果偏高。

（9）测定过程中要注意按照方法标准规定的速率不断进行搅拌，仅在点火时停止搅拌。

（10）测试结果要进行大气压修正。

（11）仲裁试验应以手动仪器测试结果为准。

7.4.6 仪器管理

常见闭口闪点仪器样式见图7-6。

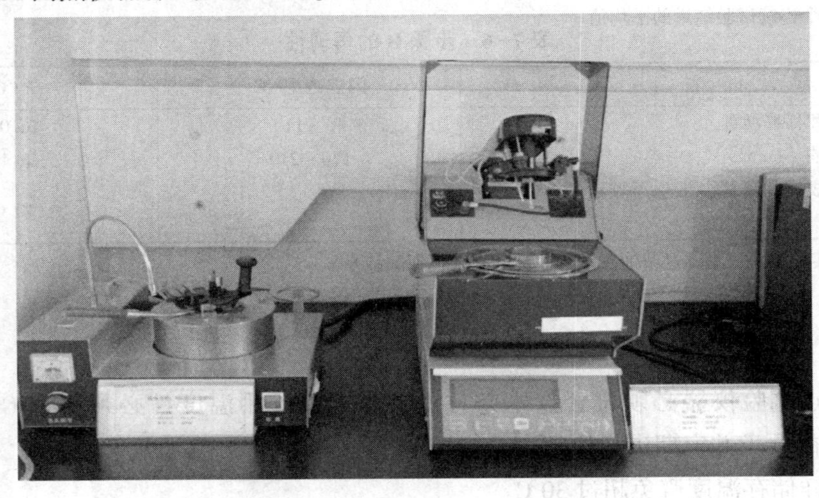

图7-6 手动闭口闪点（左）和自动闭口闪点（右）仪器图片

（1）计量器具。温度计技术规格需符合 GB/T 261—2008 附录 C 的要求；温度计、大气气压计（精度 0.1kPa）、秒表检定周期 1 年。

（2）自动仪器设备无法获得检定（校准、测试）证书，为了确保仪器设备的稳定性、准确性、量值溯源，实验室可以对其进行自行校准。自校的方式建议采取与三家通过 CNAS 认可的实验室进行比对的方式，校验周期为 1 年。

7.5　运动黏度测定方法和动力黏度计算法 GB/T 265—1988（2004）

7.5.1　术语

黏度：液体受外力作用运动时，液体分子之间产生内摩擦力的性质。

牛顿型流体：在任何剪切速率下黏度均为恒定值的液体。

非牛顿型流体：黏度值随剪切应力或剪切速率的变化而改变的液体。

动力黏度：液体在一定剪切应力作用下流动时内摩擦力的量度。单位为 Pa·s，通常实际使用的单位是 mPa·s。

运动黏度：液体在重力作用下流动时内摩擦力的量度。单位为 m^2/s，常用单位为 mm^2/s。动力黏度除以液体的密度即得运动黏度。

条件黏度：一定温度下，定量液体经过特定仪器的流出时间或其流出时间与同体积水流出时间之比称为条件黏度。条件黏度分为恩氏黏度、雷氏黏度和赛氏黏度。

表观黏度：非牛顿液体流动时内摩擦力的表征，单位为 Pa·s 或 mPa·s。

7.5.2　影响油品黏度的因素

影响油品黏度的因素主要有油品的化学组成、相对分子质量和温度等。

（1）黏度与化学组成的关系。碳原子数相同时，油品中烃类黏度的大小为正构烷烃 < 异构烷烃 < 芳烃 < 环烷烃，且环数越多，黏度越大。同系物中相对分子质量越大，黏度越大，因此馏分越重黏度越大。

（2）黏度与温度的关系。温度对油品的黏度影响很大，所以通常需要注明测定黏度时的温度。黏度是评价油品流动性能的指标，是流体内部阻碍相对流动的一种特性，是在层流状态下反映液体流动性能的指标。油品在低温下失去流动性是因为其黏度增大。油品随着温度的降低黏度增大，当黏度达到一定值时，油品便失去了流动性。反之，温度升高，所有馏分的黏度都减小，最终趋于一个极限值。各种油品的极限黏度非常接近。

油品黏度随温度变化的性质称为油品的黏温性。通常黏温性的表示方法有黏度比和黏度指数（VI）。黏度比是用油品 50℃ 和 100℃ 时的运动黏度之比表示，比值接近于 1，油品的黏温性越好。黏度指数是国际上通用的表示黏温性的方法，黏度指数越高，表示油品的黏温性越好。各种烃类相比，烷烃的黏温性最好。正构烷烃比异构烷烃黏度指数更高。异构烷烃的黏度指数随分支程度增加而减小。环状化合物的黏温性取决于侧链上碳原子数和环数，侧链长度和数目增加时，黏度指数增大，而环数增多则黏度指数降低。就黏温性来讲，少环长侧链的烃类较理想。

7.5.3 测定黏度的意义

7.5.3.1 黏度对生产的意义

黏度是工艺计算的主要参数之一，例如计算流体在管线中的压力损失，需要查雷诺数，而雷诺数与黏度有关。当油品黏度增大时，输送压力就要增加。

在生产上，可以从黏度变化判断润滑油的精制深度。通常是未精制的馏分油黏度 > 经硫酸精制的馏分油黏度 > 选择溶剂精制的馏分油黏度。

7.5.3.2 黏度对润滑油的意义

黏度是润滑油最重要的质量指标，正确选择一定黏度的润滑油可以保证发动机稳定可靠的工作状况，黏度增大，会降低发动机的功率，增大燃料消耗。若黏度过大，会造成启动困难，若黏度过小，会降低油膜的支撑力，使摩擦面之间不能保持连续的润滑层，增加磨损。

7.5.3.3 黏度对喷气燃料的意义

燃料雾化的好坏是喷气发动机正常工作的最重要的条件之一。为了保证喷气发动机在不同温度下所需的雾化程度，在燃料标准中规定不同温度下的黏度值。

7.5.3.4 黏度对柴油的意义

黏度是柴油的重要性之一，它决定柴油在发动机内雾化及燃烧的情况。黏度过大，喷油嘴喷出的油滴颗粒大且不均匀，雾化状态不好，与空气混合不充分，导致燃烧不完全。黏度太大的柴油不但增加油耗，而且还增加燃烧室的结焦和积炭；黏度太小会增加喷嘴和高压油泵柱塞的磨损，还会造成发动机功率下降。柴油对柱塞泵起润滑作用，黏度过小会影响油泵润滑增加柱塞磨损。

7.5.4 测定黏度原理

毛细管法测定黏度是根据波塞尔方程，即：

$$\eta = \frac{\pi r^4}{8VL} \times p \times \tau \tag{7-4}$$

式中 η——液体的动力黏度，g/cm · s；

r——毛细管的半径，cm；

L——毛细管的长度，cm；

V——时间 τ 内液体流出的体积，cm^3；

p——液体流动时的压力，kPa。

从式（7-4）可知，如果知道毛细管的尺寸和液体流过毛细管的流量及压力，可以求得液体的动力黏度。如果液体流动所受到的压力 p 用液柱静压力表示，则 $p = h \times \rho \times g$，则可得运动黏度公式，即：

$$\nu = \frac{\eta}{\rho} = \frac{\pi r^4}{8VL} \times h \times g \times \tau \tag{7-5}$$

式中　h——液柱高度，cm；

ρ——液体的密度，g/cm^3；

g——重力加速度，cm/s^2。

对于一定的毛细管来说，其尺寸、液柱高度及重力加速度可作为一个常数，以 C 表示，即：

$$C = \frac{\pi r^4}{8VL} \times h \times g \tag{7-6}$$

这样液体运动黏度的公式为 $\nu = C \times \tau$，C 为毛细管黏度计常数，单位为 mm^2/s^2。毛细管黏度计常数仅与黏度计的几何形状有关，而与测定温度无关。因此，液体的运动黏度与流过毛细管的时间成正比，只要知道毛细管黏度计常数，就可以根据液体流过毛细管的时间计算其黏度。

7.5.5　国内外对照

国内测定石油产品黏度的方法有毛细管黏度计法 GB/T 265—1988（2004），对不透明的深色石油产品、润滑油等可采用 GB/T 11137—1989 方法。表观黏度的测定方法有 GB/T 6538—2010、GB/T 9171—1988、SH/T 0703—2001、NB/SH/T 0562—2013 等。

柴油黏度检测也可以采用 GB/T 30515《透明和不透明液体石油产品运动黏度测定法及动力黏度计算法》，标准规定了采用玻璃毛细管运动黏度计测定液体石油产品运动黏度的方法及其动力黏度的计算方法，标准适用于透明和不透明的液体石油产品。

国外测定黏度的方法有 ISO 3104 和 ASTM D 445。

ASTM D 445—2012 与 GB/T 265—1988 相比有以下不同：

（1）使用校准过的偏差在 ±0.02 ℃的液体玻璃管温度计。

（2）水浴温度与设定温度偏差不能超过 ±0.05 ℃。

（3）测定过程中保证黏度计中的试样在浴中液面至少 20mm 以下，同时黏度计距浴底部至少 20mm。

（4）如果试样中含有固体颗粒，在装样前用 75μm 滤网过滤。

（5）试验时将试样吸至毛细管黏度计标记上方 7mm 处。

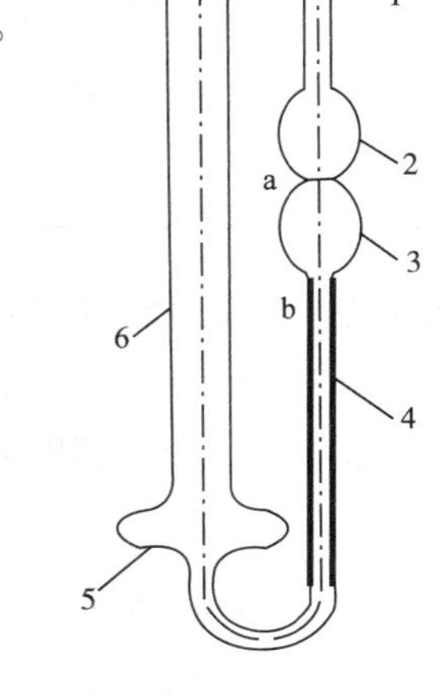

图 7-7　毛细管黏度计

1，6—管身；2，3，5—扩张部分；4—毛细管；a、b—标线

7.5.6　主要试验步骤

石油产品运动黏度测定方法是毛细管黏度计法（GB/T 265），毛细管黏度计如图 7-7 所示。此法适用于测定液体石油产品（牛顿流体）的运动黏度。

7.5.6.1　准备工作

（1）选取检定合格、适当内径的毛细管黏度计，用溶剂油或石油醚洗涤干净。

（2）试样含有水或机械杂质时，试验前须脱水和除杂处理。

（3）按照方法标准进行装样，并在恒温浴内恒温相应的时间。

黏度计在恒温浴中的恒温时间如表 7-7 所示。

表 7-7　黏度计在恒温浴中的恒温时间

试验温度/℃	恒温时间/min	试验温度/℃	恒温时间/min
80，100	20	20	10
40，50	15	-50 ~ 0	15

7.5.6.2　测试过程

（1）将试样吸至标线 a 以上少许，使液体自由流下，当液面至标线 a 处，启动秒表。

（2）当液面至标线 b 处停止秒表，记下试样由 a 至 b 的时间，重复测定 4 次。

（3）在温度 15 ~ 100℃测定黏度时，每次时间差值不应超过算术平均值的 ±0.5%；在温度 -30 ~ 15℃测定黏度时，每次时间差值不应超过算术平均值的 ±1.5%；在温度低于 -30℃测定黏度时，每次时间差值不应超过算术平均值的 ±2.5%。

（4）取不少于三次的流动时间的平均值作为试样的流出时间 t。

7.5.6.3　结果计算与报出

按照 $\nu = C \times \tau$ 计算出运动黏度，黏度测定结果取四位有效数字。黏度的重复性要求见表 7-8。

表 7-8　黏度重复性要求

测定黏度的温度/℃	重复性/%
15 ~ 100	算术平均值的 1.0
低于 15 ~ -30	算术平均值的 3.0
低于 -30 ~ -60	算术平均值的 5.0

再现性：测定 15 ~ 100℃时的黏度，再现性不应超过其算术平均值的 2.2%。

7.5.6.4　动力黏度计算

在温度 t 时，动力黏度 η_t 计算试样的如下：

$$\eta_t = \nu_t \times \rho_t \tag{7-7}$$

式中　ν_t——温度 t 时试样的运动黏度，mm^2/s；

ρ_t——温度 t 时试样的密度，g/cm^3。

7.5.7　注意事项

（1）油品的黏度随其温度的升高而减小，测定过程中应按规定恒温。

（2）试样的流动时间必须在规定范围内，GB/T 265 规定试样流动时间要不少于 200s，内径为 0.4mm 的黏度计流动时间不少于 350s，主要是为了保证油品在黏度计中的流动为层流，若油品的流动速度过快超出规定的范围，会变成湍流，黏度计算公式就不适用，另外流动速度过快，读数误差也会相应增大。若油品流动速度太慢，在测定时间内不易保持恒温而造成测定误差。

（3）黏度计必须处于垂直状态，如果黏度计向前倾斜时，液面压差增大，流动时间缩短，测定结果偏低；黏度计向其他方向倾斜时，都会使测定结果偏高。

（4）试样中不能有气泡，气泡会影响黏度计的装样体积，毛细管内的气泡会增大液体的流动阻力，增加流动时间。

（5）试样含水或机械杂质时，在实验前必须经过处理进行脱除，试样中的杂质会黏附在毛细管内壁使流动时间增长，水分也会影响液体在毛细管黏度计中正常流动，使结果出现偏差。

（6）试样在毛细管内流动时避免震动黏度计。

（7）装入黏度计的试样量应符合要求，试样的多少会影响试样所受重力的作用大小。

（8）经过铬酸洗液、石油醚和乙醇洗涤的毛细管黏度计未晾干会使结果出现偏差。

（9）毛细管黏度计应符合《玻璃毛细管黏度计技术条件》（SH/T 0173）的要求。

7.5.8　仪器管理

7.5.8.1　计量器具检定

毛细管黏度计检定周期为 2 年，秒表和温度计检定周期为 1 年。

7.5.8.2　仪器维护

恒温浴内液体要保持清澈透明，液面高度满足全浸温度计的使用要求。

7.6　石油产品残炭测定法

7.6.1　方法原理

油品放入残炭测定器中在隔绝空气的情况下加热，经蒸发裂解、缩合后，排出燃烧的气体后，生成的焦黑色炭状残留物即残炭。残炭用残留物占油品的质量百分含量（%）来表示。残炭是评价油品在高温条件下生成焦炭倾向的指标。残炭主要由油中的胶质、沥青质、多环芳烃的叠合物及灰分形成。不加添加剂的润滑油，其残炭为鳞片状且有光泽；若加入添加剂，其残炭呈钢灰色，质地较硬难以从坩埚壁上脱落。因此，对含添加剂高的润滑油只要求测定其基础油的残炭，而不控制成品油的残炭值。

7.6.2　目的和意义

残炭是评定重质燃料油、润滑油、柴油 10% 蒸余物的积炭生成倾向的指标。

（1）残炭是油品中胶状物质和不稳定化合物的间接指标，残炭越大油品中不稳定的烃类和胶状物质就越多。例如，裂化原料油如果残炭较大，表明其含胶状物质多，在裂化过程中易形成焦炭，使设备结焦。

(2) 柴油以10%蒸余物的残炭作为指标，柴油的残炭值是其馏程和精制程度的函数，柴油的馏分越轻，精制得越好，其残炭值就越小。所以测定柴油10%蒸余物的残炭，对于保证生产质量良好的柴油有重要意义。

(3) 用含胶状物质较多的重油制成的润滑油有较高的残炭值，残炭值可以用来间接表明润滑油的精制程度。

(4) 测定焦化原料油的残炭，能间接查明可得到的焦炭产量。残炭值越大，焦炭产量越高。

(5) 燃烧器燃料的残炭值可用来粗略估计燃料在蒸发式的釜型和套管型燃烧器中形成沉积物的倾向。不含十六烷值改进剂的柴油，残炭值大体上与燃烧室的沉积物有对应关系。

残炭量与油品中含的非烃类、不饱和烃及多环芳烃化合物的多少有关。含胶质、沥青质、芳烃多的，含氮、硫、氧化合物多的，密度大的重质燃料油，残炭值高；经裂化和焦化形成含不饱和烃及多环芳烃的缩聚产物的产品残炭值比直馏产品的残炭值高。烷烃只起分解反应，不参加聚合反应，所以不会形成残炭。不饱和烃和芳香烃在形成残炭的过程中起很大的作用，但不是所有芳香烃的残炭值都很高，而是随其结构不同而异。以多环芳香烃的残炭值最高，环烷烃形成的残炭的情况居中。

残炭量还与油品中灰分的多少有关。灰分主要是油品中环烷酸盐类等煅烧后所得的不燃物，它们与残炭混在一起，可使测定结果偏高。一般含有添加剂的石油产品灰分较多，其残炭值增加较大。用以减少石油产品生成沉积物的清净添加剂，会有灰分生成，能使石油产品的残炭值增加。

7.6.3 国内外对照

(1)《石油产品残炭测定法 康氏法》GB/T 268—1987（2004）参照采用ISO 6615—1983《石油产品残炭测定法　康氏法》。

(2)《石油产品残炭测定法 微量法》GB/T 17144—1997（2004）参照ISO 10370：1993《石油产品残碳的测定数量法》标准制定，GB/T 17144—1997（2004）与ISO 10370：1993的不同点为：GB/T 17144—1997（2004）中样品管采用的是钠钙玻璃或硼硅玻璃，而ISO 10370：1993中样品管采用的仅为钠钙玻璃。

(3) 世界燃油规范中第1、2类柴油规定10%蒸余物残炭值不大于0.30%，第3、4、5类柴油规定10%蒸余物残炭值不大于0.20%；我国普通柴油和车用柴油产品标准中规定10%蒸余物残炭不大于0.3%。

GB 19147《车用柴油》规定GB/T 17144《石油产品残炭测定法 微量法》为仲裁方法。

7.6.4 主要试验步骤

7.6.4.1 《石油产品残炭测定法 康氏法》GB/T 268—1987（2004）

本试验方法使用康氏残炭测定仪进行试验，见图7-8。将盛有试样的瓷坩锅放入内铁坩埚的中央。在外铁坩埚内铺平沙子，将内铁坩埚放在外铁坩埚的正中。盖好内、外铁坩埚的盖子。外铁坩埚要盖得松一些，以便加热时生成的油蒸气容易逸出。按照标准要求安装仪器，必须使外铁坩埚放在遮焰体的正中心，外铁坩埚在遮焰体内不应倾斜。全套坩埚用圆铁罩罩上，以使反应过程中受热均匀。灯头置于外铁坩埚底下约50mm处，进行强火加热（但不冒烟），使预点火阶段控制在10min±1.5min内，时间短则可能由于蒸馏开始得过快而容易引起发泡或火焰太高。当罩顶出现油烟时，立即移动或倾斜喷灯，令火焰触及坩埚的边缘，使油蒸气着火。然后，暂时移开喷灯，调节火焰，再将灯放回原处。要使灯调节到着火的油蒸气均匀燃烧，火焰高出烟囱，但不超过火桥。如果罩上看不见火焰时，可适当加大喷灯的火焰。油蒸气燃烧阶段应控制在13min±1min内完成。如果火焰高度和燃烧时间两者不可能同时符合要求时，则控制燃烧时间符合要求更为重要。当试样蒸气停止燃烧，罩上看不见蓝烟时，立即重新增强煤气喷灯的火焰，使之恢复到开始状态，使外铁坩埚的底部和下部呈樱桃红色，并准确保持7min。总加热时间，包括预点火和燃烧阶段在内，应控制在30min±2min内。移开煤气喷灯使仪器冷却到不见烟大约15min，然后移去圆铁罩和外、内铁坩埚的盖，用热坩埚钳将瓷坩锅移入干燥器内，冷却40min后称重，称准至0.0001g，计算残炭占试样的百分数。

测定10%蒸余物残炭时，首先要制备10%蒸余物。然后按照以上步骤进行试验。

7.6.4.2 《石油产品残炭测定法 微量法》GB/T 17144—1997

本试验方法使用微量残炭测定仪进行试验，见图7-9。

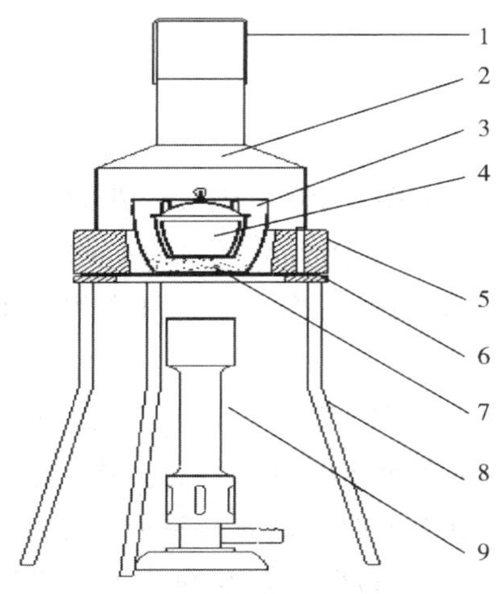

图7-8 康氏残炭测定仪

1—火桥；2—烟道；3—内外铁坩埚；4—瓷坩埚；5—遮焰体；6—镍铬丝三角架；7—干沙子；8—支架；9—米格式煤气喷灯

图7-9 微量残炭测定仪

（1）称量洁净的样品管，并记录其质量。

（2）把适当质量的样品滴入或装入到已称重的样品管底部，避免样品沾壁，再称取其质量，称准至0.1mg并记录。把装有试样的样品管放入样品管支架上，根据指定的标号记录试样对应的位置。

（3）在炉温低于100℃时，把装满试样的样品管支架放入炉膛内，并盖好盖子，再以流速为600mL/min的氮气流至少吹扫10min，然后把氮气流速降到150mL/min，并以10～15℃/min的加热速率将炉子加热到500℃。

（4）使加热炉在500℃±2℃时恒温15min，然后自动关闭加热炉电源，并让其在氮气流在600mL/min吹扫下自然冷却。当炉温降到低于250℃时，把样品管支架取出，并将其放入干燥器中，在天平室进一步冷却。

（5）用镊子夹取样品管，把样品管移到另一个干燥器中，让其冷却到室温，称量样品管，称准至0.1mg并记录。

7.6.4.3　两种测定方法数据的相关性

（1）对于常减压蒸馏、焦化、减黏、加氢裂化、润滑油工艺等多种炼油工艺的油样，两种残炭测定方法的数据基本一致。

（2）对于催化裂化油浆、回炼油类样品，两种残炭数据间的一致性较差，呈现出微量法残炭小于康氏法残炭规律；造成这种数据规律的主要原因既包括样品性质，又包括残炭测定方法的细节差异。

7.6.4.4　结果报出

（1）康氏残炭。取重复测定两个结果的算术平均值，作为试样或10%蒸余物的残炭值；

（2）微量残炭。取重复测定两个结果的算术平均值，作为试样或10%蒸余物的残炭值，报告结果精确至0.01%。

7.6.5　注意事项

7.6.5.1　《石油产品残炭测定法　康氏法》GB/T 268—1987（2004）

（1）瓷坩埚必须先放在800℃±20℃的高温炉中煅烧1.5～2h，然后清洗烘干备用，直径约2.5mm的玻璃珠不能放到高温炉中煅烧，要将其洗净烘干后和瓷坩埚保存于干燥器中。

（2）所取试样应有代表性，取样前应将其摇匀，对于含水的试样应脱水和过滤后进行摇匀，对于黏稠的或含石蜡的石油样品，应预先加热至50～60℃后进行摇匀。

（3）试样量应根据预计的残炭生成量称取，10%蒸余物的试样量取10g±0.5g。

（4）10%蒸余物的制备必须严格按照方法要求，为得到较准确的10%蒸余物，应设法使馏出物温度和装入蒸馏烧瓶前量筒中的试样温度一致，用量过试样的量筒（不要洗）作为接收器，不要使出口的尖端与量筒壁接触，第1滴落下后，移动量筒，使冷凝器出口的尖端与量筒壁接触。

（5）仪器的安装一定要正确，外铁坩埚放在遮焰体的位置、外铁坩埚内放置的沙子量以及内铁坩埚放在外铁坩埚中的位置、内铁坩埚盖要盖严实等都要严格按标准要求进行。

（6）残炭测定中应控制好预热期、燃烧期、强热期三个阶段的加热强度和时间，预热期要根据试样馏分的轻重情况，调整好喷灯的火焰，预点火阶段时间控制在 10min ± 1.5min。在燃烧期，勿使火焰超过火桥，油蒸气燃烧阶段时间应控制在 13min ± 1min；强热期应增强火焰，使外铁坩锅的底部和下部成樱桃红色，并准确保持 7min。总加热时间应控制在 30min ± 2min 内。

（7）油蒸气燃烧阶段应控制在 13min ± 1min 内完成，要求火焰高出烟囱，但不超过火桥。如果火焰高度和燃烧时间两者不能同时符合要求时，控制燃烧时间符合要求更为重要。

（8）喷灯移开后，需待仪器冷却到不见烟才能打开坩埚盖，按方法规定冷却时间约 15min，期间试样温度从 600 ~ 700℃ 降至 200℃ 左右，若刚停止加热就揭开外铁坩埚盖，空气进入后残炭在高温下与氧气作用会立即烧掉一部分，使结果偏小；如超过时间未取出，因温度降至很低，可能吸收空气中的水分增加坩埚的质量影响测定结果。

（9）在试验过程中一定要控制好加热强度和加热时间，它决定着生成残炭的组成和数量，在预热期时，如加热强度过大，试油会飞溅出坩埚外，使燃烧时的火焰超过火桥，造成燃烧期提前结束，使测定结果偏低，如加热强度小，使燃烧期时间延长，延长的时间越长，测出的残炭结果越大。燃烧期应控制好加热强度，使火焰不超过火桥。强热 7min 时，如果加热强度不够，会影响到残炭的形成，使其变成没有光泽和不呈鱼鳞片状，造成结果偏大。

7.6.5.2　《石油产品残炭测定法 微量法》GB/T 17144—1997

（1）对同一样品，随着氮气流量的增大，样品的残炭值减小。因此测定样品的残炭时要严格控制氮气流量，其最佳值是 150mL/min。

（2）在一定的取样范围内，有的样品在取样量多时残炭值偏小，而另一些样品在取样量少时残炭值偏小。这是因为一些较重、黏稠的样品的残炭值较大，如果取样量过多，会在实验中溅出样品管外或被实验中的氮气流带出管外而使结果偏小；而一些较轻样品其残炭值较小则是因为取样量少无法测出试样中真正的残炭值，误差较大所致。因此，应该根据样品的状态、预计的残炭值确定取样量，以此保证结果的准确性。

7.6.6　仪器管理

电子天平检定周期为 1 年。

7.7　柴油十六烷值测定法 GB/T 386—2010

7.7.1　方法原理

柴油十六烷值通过一台预燃室型压燃试验机（见图 7-10）测定，在规定操作条件下，将待测柴油与已知十六烷值的不同标准燃料混合物分别在相同条件下进行着火性质测定，通过比较得出柴油十六烷值。

图 7-10　柴油十六烷值测定机

柴油十六烷值机为单缸可调压缩比四冲程柴油发动机。通过压缩手轮，将标准燃料和待测燃料在着火滞后期均调节 13ms，对比手轮读数，通过内插法可以算出待测油品的十六烷值，这一过程原理与辛烷值的测定在本质上相同。

根据十六烷值的定义，规定着火性能较好的正十六烷的十六烷值为 100，7-甲基壬烷的十六烷值规定为 15，着火性能较差的 α-甲基萘规定为 0。与辛烷值测定中对于异辛烷和正庚烷的规定相同。在该规定下：

正标准燃料的十六烷值 = 100 × 正十六烷的体积分数 + 15 × 7-甲基壬烷的体积分数。

在一定的压缩比下，油品十六烷值越高，其着火滞后期越短，相应的对于同一油品，随着压缩比的升高，其实际工况下着火滞后期越短。

7.7.2 目的和意义

柴油的十六烷值是反映柴油着火性能的重要指标。十六烷值越高，燃烧速率越快。柴油发动机的转速越高，能允许柴油在气缸中燃烧的时间越短，因而对十六烷值的要求越高。一般来说，转速大于 1000r/min 的高速柴油机使用十六烷值 45～55 的柴油为宜，低于 1000r/min 的中低速柴油机可使用十六烷值 35～49 的重柴油。

柴油的十六烷值对柴油发动机在不同温度下的启动性能也有影响。十六烷值越高，越容易启动。例如在同样气温下，用十六烷值为 53 的柴油，发动机在 3s 内就可启动；而用十六烷值为 38 的柴油时，需要 45s 才能启动。过低的十六烷值还会使得柴油燃烧不充分，噪音增加，排放恶化，发动机动力性能下降；但柴油的十六烷值也不能过高，如果过高（如 60 以上时）柴油着火滞后期过短，尚未形成良好的混合气，在空气不足的情况下燃烧，热裂化反应速率加快，会产生大量的游离炭，来不及燃烧即排出，反而使功率下降，油耗和排放增大。

7.7.3　国内外对照

GB/T 386—2010《柴油十六烷值测定法》是参考 ASTM D613—2008《柴油十六烷值测定法》针对我国国情进行修改后制定的，主要区别有：

（1）为保证测定精度，在标准第 4 章中，增加了内插法对标准燃料十六烷值的要求，两种标准燃料十六烷值差不大于 5.5 个单位。

（2）删除了文字表述与图表叙述中的部分重复内容，如 ASTM D613—2008 中样品和标准燃料读数顺序，对于十六烷值计算的描述，对十六烷值计算举例，对发动机装配或大修后有关调试要求等。

（3）增加了关于正标准燃料混合物十六烷值的计算依据、正标准燃料质量保证的要求、正标准燃料和检验燃料的物理化学性质两个资料性附录、第 10 章校正和发动机的检定、第 2 章规范性引用文件并将引用标准修改为我国标准等。

GB 19147《车用柴油（Ⅴ)》中对于最常见的 0 号和 –10 号车用柴油规定十六烷值为不小于 51，十六烷指数不小于 46。其他牌号要求略低，原因是为了得到低温流动性能更佳的柴油，需要对油品进行临氢降凝、溶剂脱蜡等过程，脱除低温性较差组分，主要是长链正构烷烃，而该类组分十六烷值较高。

对于加入十六烷值改进剂的柴油，由于加剂量一般不超过 0.5%，对于柴油密度、馏程影响甚微，对十六烷指数几乎没有影响，而仅通过缩短着火滞后期改变十六烷值，因此加十六烷值改进剂柴油容易出现十六烷值偏高而十六烷指数偏低现象。

我国《普通柴油》标准十六烷值、十六烷指数要求分别为不低于 45 和 43，且满足其一即可，GB/T 386 作为仲裁标准。另外，由中间基或环烷基原油生产的各牌号普通柴油十六烷值允许不低于 40。

欧洲Ⅳ标准要求十六烷值不低于 53，如果加入了十六烷值改进剂，还应保证十六烷指数不低于 50。欧Ⅴ和后续的欧Ⅵ标准，要求十六烷值不低于 55，加十六烷值改进剂的柴油，还需同时保证十六烷指数不低于 52。

7.7.4　主要试验步骤

7.7.4.1　检查使用条件

检查电源（380V，220V），冷却水，空调，排风系统。

7.7.4.2　开机前准备

试验机启动前准备工作

（1）检查三相及单相电源是否接通，有无掉相现象。

（2）检查机油温度，机油温度通常需在 57℃ ±8℃（135 ℉ ±15 ℉）之间，如图 7-11 所示。

（3）用曲柄扳手人工盘车4～5圈，以确认机械组装无问题。较长时间停止运转的开车，要验证燃烧室有无积水，如果燃烧室积水较多，人工将盘不动车，此时严禁给电开车，需要拆下传感器进行检查，如发现有积水则要吸净后再人工盘车，如气缸内无水则要进行拆缸，检查活塞及连杆系统。

（4）让飞轮停在压缩冲程上止点，调节冷机气门间隙，进气门为0.1mm（0.004in），排气门为0.35mm（0.014in），这样的间隙在热机时可提供所需的0.2mm（0.008in）间隙。

（5）检查曲轴箱机油液面，应在玻璃视镜上下两刻线之间，不足时要补加牌号相同或不低于原级别的机油。

（6）检查维克斯泵机油液面，应在玻璃视镜上下两刻线之间，不足时要补加牌号相同或不低于原级别的机油，如图7-12所示。

图7-11　机油温度表

图7-12　维克斯泵机油液面

（7）检查夹套水液面，应在5～10mm高度，如低于此高度，要补加蒸馏水，不要补加含重铬酸钾的水，因为冷却水蒸发时，重铬酸钾浓度会变大。

（8）检查燃料箱选择阀，如果过紧，用手或螺丝刀将气化器选择阀松一下，千万不要用力拧紧，这样会使旋转塞内部产生划痕造成泄露，如果旋塞太紧，可拆下旋塞，于表面涂少许极压密封脂。

（9）预热燃料倒入3号燃料杯中（正、副燃料用1号、2号杯），并排除连接管及燃料杯中的气泡。

（10）润滑所有加油点，摇臂、摇臂架、气门顶杆。

（11）检查机器转动部件上应无杂物。

7.7.4.3　试验机的启动和预热

（1）顺时针转动启动开关启动机器，并迅速松开旋钮停机，及时检查飞轮旋转方向，从正面看应顺时针旋转；如反转，则应将三相电源中的任意两相互换。

（2）重新启动试验机，并将开关保持几秒钟，使油压升到足以驱动油压安全设备，观察油压在172～206kPa（25～30lbf/in^2），曲轴箱应为负压，若无油压，应立即停机检查，排除故障，重新启动。

（3）旋转燃料箱供油选择阀，打开发动机油门，转动手轮，调节压缩比，使燃料连续自燃（指示灯“TDC、BTDC、COMB”亮）。

（4）检查冷却水是否从排气系统地脚流出，流出表示冷却水已畅通。如不是电磁阀控制的，则打开冷却水阀门。

（5）打开着火滞后期仪表开关观察指示读数，待仪器稳定后将喷油提前角、着火滞后期调整开关扳到“校对”（CAL）位置，调整喷油提前角、着火滞后期均应为 13°，然后将开关扳至“操作”（RUN）位置上。

（6）将温控开关打开，观察指示灯亮，扳至空气加热（INLET AIR）位置。

（7）预热机器约 30min，观察各项条件是否达标。

①油压在 172 ~ 206kPa 下保持不变。

②曲轴箱真空度为负值（指针相对于零点左偏）。

③进气温度为 66℃ ±0.5℃（150 ℉ ±1 ℉）。

④冷却液温度为 100℃ ±2℃（212 ℉ ±3 ℉）。

⑤喷油器冷却温度为 38℃ ±3℃（100 ℉ ±5 ℉）。

⑥润滑油温度 57℃ ±8℃（135 ℉ ±15 ℉）。

⑦气缸冷却夹套水液面升到冷却器侧面指示处（LEVEL – HOT）。

⑧喷油量为 13.0 mL/min ±0.2mL/min（60 ±1s）。

7.7.4.4　检测操作

按照试验方法的步骤进行标样、高检（低检）燃料和试样的检测操作。

7.7.4.5　试验机停车

（1）停机前，改用高十六烷值燃料燃烧，逐渐减少压缩比至燃料不自燃，使发动机运转 2 ~ 3s 润滑膨胀塞。

（2）关闭发动机油门停止向发动机供燃料，将燃料箱选择阀转动到停止位置。

（3）切断润滑油、空气加热器和着火滞后期仪表上的电源开关。

（4）放空燃料箱、量管和调压室中剩余的燃料。

（5）关闭冷却水阀门。

（6）切断总电源。

（7）飞轮停止转动后，用曲轴箱扳手转动飞轮，使之停止在压缩冲程上止点处，防止水及杂质进入气缸，减少排气阀处于打开状态下变形的可能性。

7.7.5　注意事项

（1）启动前确认冷却水、电源、预热燃料、润滑油等均按照要求准备完毕。

（2）盘车不动时严禁给电开车，需清除燃烧室内水分后继续盘车。

（3）每次停车后均需盘车至活塞压缩冲程上止点处，以防水汽进入燃烧室。

（4）使用的相邻副标准燃料（T 和 U）最大差值不大于 5.5 个十六烷值单位。

（5）每次测定完样品，需使用高检或低检标准燃料对仪器准确性进行测定，结果应在允许偏差的 1.5 倍内，如超差则所测柴油十六烷值无效。

（6）机器运行每半年、50h、100h、和500h需进行相应维护与期间核查，例如标准燃料期间核查，更换机油，清除积炭，压缩压力检查等等，以保证设备状态正常。

（7）温度计、量筒、秒表等计量器具按要求定期检定或校准。

（8）结果报出

内插法计算的十六烷值精确至小数点后两位，最终结果报至小数点后一位。如试样在试验前经过过滤，应在报告中说明。

7.7.6 仪器管理

7.7.6.1 计量器具检定

压缩压力测量表、秒表、温度计（至少3支）检定周期为1年，量筒或量管检定周期为3年。

该仪器设备无法获得检定（校准、测试）证书，为了确保仪器设备的稳定性、准确性、量值溯源，实验室可以对其进行自行校准。自校的方式建议采取使用标样进行校准或与三家通过CNAS认可的实验室进行比对的方式，校验周期为1年。

7.7.6.2 期间核查

十六烷值机需定期开展期间核查。期间核查规程主要包括标准气缸手轮测微计的标定、压缩压力的标定、检验燃料的标定三个方面。

7.7.6.3 设备维护

主要为日常的维护和保养，根据运行时长，进行相应的维护保养。

7.8 汽油的抗爆性能

7.8.1 术语

（1）辛烷值。表示点燃式发动机燃料抗爆性的一个约定数值。人为规定抗爆性极好的异辛烷辛烷值为100，抗爆性极差的正庚烷辛烷值为0。两者混合物则以其中异辛烷的体积百分含量为其辛烷值。测定辛烷值的方法不同，其结果也不同，研究法辛烷值用RON表示，马达法辛烷值用MON表示。

（2）爆震燃烧。汽油发动机运转时，发出强烈震动，并发出的尖锐金属敲击声，同时发动机功率下降，排气冒黑烟，这种现象就是爆震燃烧，俗称敲缸。

（3）上（下）止点。活塞在气缸里作往复直线运动时，当活塞运动到最高（低）位置，即活塞顶部距离曲轴旋转中心最远（近）的极限位置。上止点为TDC，下止点为BDC。

（4）活塞行程。上、下止点间的距离称为活塞行程。

（5）气缸工作容积。活塞从上止点到下止点所扫过的容积。

（6）内燃机排量。所有气缸工作容积的总和。

（7）燃烧室容积。活塞位于上止点时，活塞顶面以上与气缸盖底面以下之间的容积。

（8）气缸总容积。活塞位于下止点时，活塞顶部与气缸盖之间的容积。

（9）压缩比。表示气体的压缩程度，它是气体压缩前的容积与压缩后的容积之比值，即气缸总容积与燃烧室容积之比。

（10）气缸高度。指发动机活塞相对于上止点的位置，气缸高度可用测微计或计数器读数指示。

（11）操作表。在标准或特定的大气压力下，正标准燃料燃烧产生标准爆震强度时，描述气缸高度（压缩比）与辛烷值之间特定关系的表格。

（12）最大爆震强度下的燃空比。在规定的化油器燃油液面高度范围内，爆震测试装置中产生最大爆震强度时的燃料与空气的混合比例。

（13）标准爆震强度。在最大爆震强度燃空比下，把气缸高度调节到操作表的规定值，已知辛烷值的正标准燃料在爆震装置中燃烧时产生的爆震强度称为标准爆震强度。

（14）辛烷值高于 100 正标准燃料。按照试验确定的比例，每加仑异辛烷中四乙基铅的毫升数定义的辛烷值高于 100 的燃料。

（15）正标准燃料。异辛烷、正庚烷、异辛烷与正庚烷的混合物，及定义辛烷值的异辛烷与四乙基铅混合物。

（16）甲苯标准燃料。由甲苯、正庚烷和异辛烷按体积比混合的具有高灵敏度的燃料，用以确定允许偏差，判断试验机是否适宜试验。

上、下止点及气缸容积等概念如图 7-13 所示。

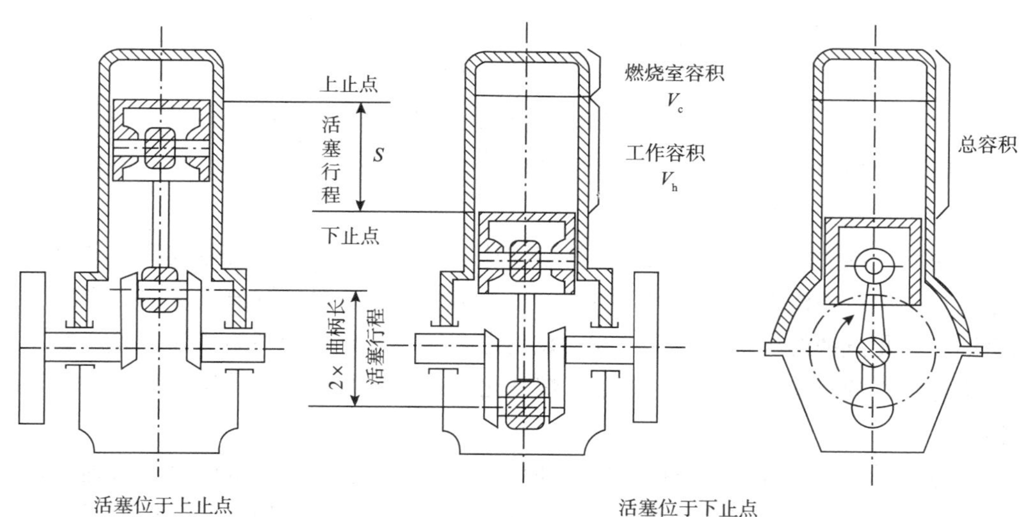

图 7-13　活塞和气缸相关概念示意图

7.8.2　汽油机爆震现象的产生

爆震燃烧的学说很多，一般认为燃料在高温高压下，生成极不稳定的易爆的过氧化物，当燃烧终了过氧化物分解，即引起爆震。

爆震燃烧会造成气缸温度急剧增高，压力急剧增大，气缸头过热，烧蚀气门、活塞及活塞环等，同时爆震会使发动机冒黑烟，功率下降，油耗增大。

7.8.3 影响汽油机爆震的因素

汽油机爆震形成的因素较多，主要有以下几个方面：

(1) 燃料性质。辛烷值与燃料的化学组成，特别是汽油中烃类的分子结构有密切关系，各种烃燃料的抗爆性与碳原子数的关系如图 7-14 所示。燃料中自燃点低、易氧化形成不稳定过氧化物的烃类物质易产生爆震，其辛烷值低。

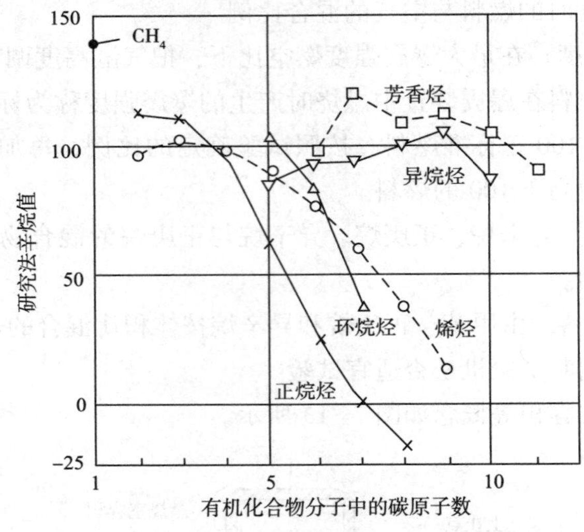

图 7-14 各种烃燃料的抗爆性与碳原子数的关系

在碳原子数相同的烃类中，正构烷烃易产生爆震，高度分支的异构烷烃和芳烃抗爆性好，环烷烃和烯烃介于两者之间。

通常由同一原油加工得到的汽油，其馏程越轻、密度越小则辛烷值越高。环烷基、中间基原油加工生产的汽油辛烷值比石蜡基原油加工生产的汽油辛烷值高。同一原油加工出来的直馏和焦化汽油的辛烷值较低；催化裂化生产的汽油含有较多的烯烃、异构烷烃和芳烃，铂重整生产的汽油含有较多的芳烃，烷基化生产的汽油几乎是异构烷烃，都有很高的辛烷值。

轻馏分含量增多，芳烃、异构烷烃及环烷烃含量增加，烯烃含量增大或双键位置位于分子中间，烷烃、烯烃的支链数增多，正构烷烃含量减少，环烷烃和芳烃环数减少都有利于燃料辛烷值的增加。

(2) 汽油机的结构和工况

①压缩比。发动机的压缩比对爆震有极大的影响，发动机压缩比越大，爆震的倾向越强。

②转速。汽油机转速增大能够减弱爆震倾向，有时甚至消除。其主要原因是当汽油机

转速增加时，燃烧室内气流的紊流强度增大，火焰传播速率大大增加，未燃混合气的燃烧条件大为改善。

③点火提前角。点火提前角变大，使燃烧时压力和温度增高，会使爆震加强；点火提前角减小，则汽油机功率降低，爆震减弱。

（3）汽油机的操作条件

①空气过剩系数。气缸内油气与空气的混合浓度可用空气过剩系数表示，即燃烧过程空气实际供给量与理论空气需要量之比。在 0.8 ~ 0.9 时，最易产生爆震；空气过剩系数在 1.05 ~ 1.15 不易产生爆震且功率大。

②进气温度。随着进入气缸空气温度升高，混合气的温度也在升高，发动机整个工作循环的温度也随之升高，这就加速了汽油焰前反应的速度，因而爆震的倾向增强。

③进气压力。当进气压力升高，加速混合气的焰前反应，增加爆震的倾向。

④机油温度。机油温度越高，气缸的平均温度也越高，产生爆震的倾向也越大。

⑤冷却水温。冷却水的温度可以改变发动机的热状态，冷却水温度越高，气缸的平均温度也越高，产生爆震的倾向也越大。

⑥积炭。气缸沉积物和积炭能够增强爆震的倾向，因为积炭的导热能力很低，它黏附在燃烧室上起绝缘层的作用，使气缸内的热量不易散失，因而影响气缸温度而加剧爆震。另外，积炭的体积效用也使压缩比增大而增加爆震。

⑦空气湿度。空气湿度增大，爆震减弱。实验证明，水蒸气不仅能促进 CO 和 O_2 的作用，而且能加速烃 - 空气混合气燃烧。

⑧燃料温度。燃料温度过低，试验时汽油不能很好地汽化，并使得吸入的空气量增加，导致爆震减弱。

总之，凡是能使气缸温度、压力增加，促进燃料自燃的因素均能增加爆震；凡是能促进燃料充分汽化、完全燃烧的因素均能降低爆震。

7.8.4　抗爆性能的评定方法

7.8.4.1　研究法辛烷值

研究法辛烷值是最早的汽油抗爆性评定方法，国内所用方法标准为 GB/T 5487—2015《汽油辛烷值的测定 研究法》，试验所用发动机由 Waukesha 发动机事业部制造，试验机如图 7-15 所示。

GB/T 5487—2015 中评定汽油辛烷值有 4 种方法，即方法 A 内插法（平衡燃料液面高度法）、方法 B 内插法（动态燃料液面高度法）、方法 C 压缩比法和方法 D 内插法（辛烷值分析仪 OA）。

内插法是在固定压缩比的条件下，选择两种正标准燃料使试样的爆震表读数位于两种正标准燃料的爆震表读数之间，试样的辛烷值用内插法进行计算得到。

压缩比法是仅用一种正标准燃料确定标准爆震，再改变压缩比，使试样达到标准爆震强度，根据气缸高度读数查表得出辛烷值。该方法只适用于辛烷值在 80 ~ 100 之间的评定。

图7-15　辛烷值测定试验机

相关评定数据表明，压缩比法与内插法所测结果相差无几。目前，压缩比法为炼油厂和质检部门普遍采用的评定方法。其优点在于：

（1）所需评定时间比内插法短；

（2）节省标准燃料，降低试验成本；

（3）对于辛烷值标号相同的同一批产品，只需确定与样品相近的一种正标准燃料的标准爆震强度，而不需更换标油进行多次测定，大大提高效率。

研究法辛烷值评定时发动机转速较低，混合气温度低，测得同一汽油的辛烷值通常比马达法高5~10个单位。长期的道路试验证明，研究法的抗爆性与轿车实际使用条件下表现的抗爆性较接近。

7.8.4.2　马达法辛烷值

马达法辛烷值是评定汽油抗爆性能的方法之一，方法为GB/T 503—2016《汽油辛烷值的测定 马达法》。马达法评定原理和方法与研究法基本相同，所用仪器与研究法相同。两个方法的主要条件见表7-9。

表7-9　汽油抗爆性评定方法比较

主要条件	研究法 GB/T 5487	马达法 GB/T 503
发动机转速/（r/min）	600 ±6	900 ±9
冷却液温度/℃	100 ±1	100 ±1
进气温度/℃	根据气压查表	38 ±2
混合气温度/℃	不控制	148 ±1
润滑油温度/℃	57 ±8	57 ±8
润滑油压力/kPa	172 ~206	172 ~206
冷态进气门间隙/mm	0.1	0.1
冷态排气门间隙/mm	0.35	0.35
点火提前角	13°	改变，例如：23°（484） 22°（556）

续表

主要条件	研究法 GB/T 5487	马达法 GB/T 503
曲轴箱油，牌号	满足 SAE30 黏度等级机油	
爆震强度调整方法	改变压缩比，液面高度	
抗爆性表示方法	辛烷值（RON）	辛烷值（MON）
适用范围	点燃式发动机燃料	点燃式发动机燃料

与研究法相比较，马达法所用转速较高，进气温度也稍高，因此所测辛烷值结果低于研究法结果。由于马达法的试验条件规定较严格，所以对经常高速行驶和高负荷条件下工作的车辆来说，马达法辛烷值较接近实际情况。

7.8.4.3　敏感度

研究法与马达法辛烷值评定结果的差值称为敏感度，它反映汽油的抗爆性能随发动机工况改变而变化的程度。由于汽油组成不同，其敏感度也有差异，一般来讲，烷烃的敏感度很低，环烷烃次之，芳香烃的敏感度稍高，而烯烃最高。不同加工工艺的汽油也有不同的敏感度，其中以直馏汽油的敏感度较小，热裂化或催化裂化汽油的敏感度均较大。

7.8.4.4　抗爆指数

研究法和马达法辛烷值不能全面反映车辆运行中燃料的抗爆性能，因此用抗爆指数表示汽油在道路行驶中的抗爆性能，其值由下式计算：

抗爆指数 $= K_1 \times \mathrm{RON} + K_2 \times \mathrm{MON} + K_3$，$K_1$、$K_2$、$K_3$ 为系数。通常采用平均抗爆性能，即 $K_1 = 0.5$，$K_2 = 0.5$，$K_3 = 0$。抗爆指数 =（RON + MON）/2。

7.8.5　测定抗爆性能的原理

汽油样品在规定操作条件下，用标准的单缸、四冲程、化油器、可变压缩比的汽油发动机进行测定，汽油机结构如图 7-16 所示。样品燃烧产生爆震强度与一种或多种不同辛烷值标准燃料的爆震强度进行比较，与样品爆震强度相吻合的标准燃料辛烷值为样品辛烷值。

四冲程发动机包括四个活塞行程，即进气行程、压缩行程、膨胀做功行程和排气行程。具体过程见图 7-17 所示。

7.8.5.1　进气行程

化油器式汽油机将空气与燃料在气缸外部的化油器中进行混合，然后吸入气缸。进气行程中，进气门打开，排气门关闭，随着活塞从上止点向下止点移动，活塞上方的气缸容积增大，气缸内气体压力为 0.08～0.09MPa，温度达到 320～380K。

7.8.5.2　压缩行程

进、排气门全部关闭，曲轴推动活塞由下止点向上止点移动。压缩终了时，活塞到达上止点，此时可燃混合气压力可达 0.8～1.5 MPa，温度可达 600～750K。

7.8.5.3　做功行程

在这个行程中，进、排气门仍然关闭，压缩行程结束后，火花塞点火，混合气燃烧放

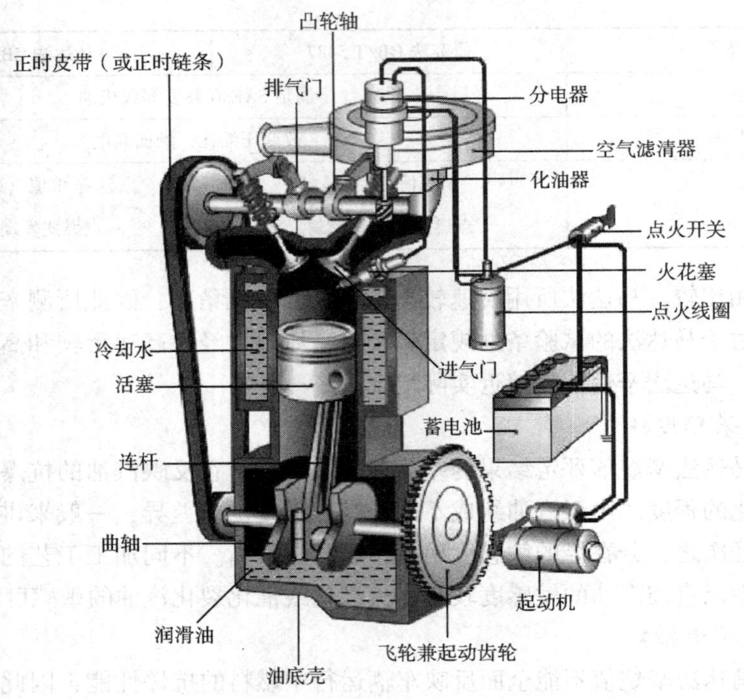

图 7-16　四冲程汽油机示意

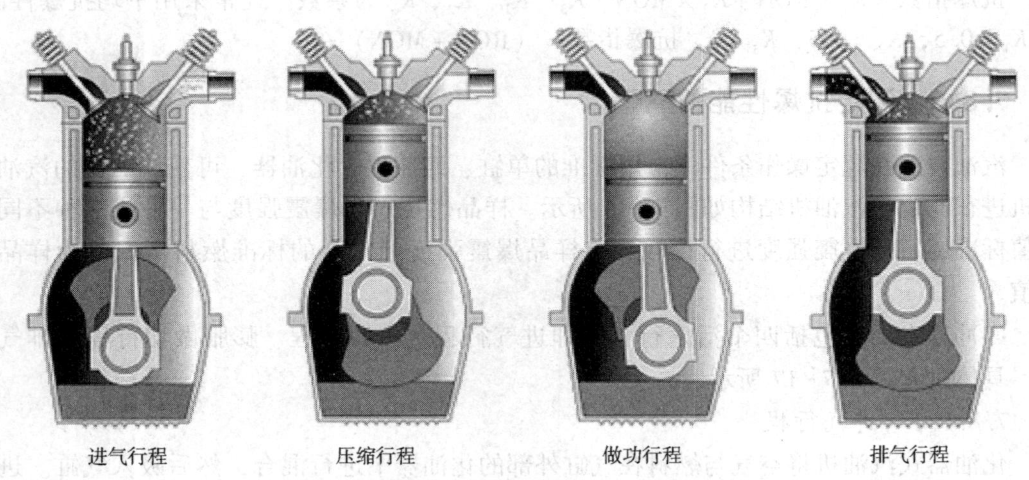

图 7-17　汽油发动机四个行程

热做功。燃烧最高压力可达 3～6.5MPa，最高温度可达 2200～2800K。做功终了时，气体压力降低到 0.35～0.5MPa，气体温度降低到 1200～1500K。

7.8.5.4　排气行程

当膨胀接近终了时，排气门开启，靠废气的压力进行自由排气，活塞到达下止点后再向上止点移动时，继续将废气强制排到大气中。活塞到上止点附近时，排气行程结束。在排气行程中气缸内压力稍高于大气压力，为 0.105～0.115MPa。排气终了时，废气温度约

为 900 ~ 1200K。

综上所述，四冲程汽油发动机经过进气、压缩、燃烧做功、排气四个行程，完成一个工作循环。这期间活塞在上、下止点间往复移动了四个行程，相应地曲轴旋转了两周。

四冲程发动机循环也称奥托循环，奥托循环是理想化的循环，因为在理论分析和计算时，认为循环由绝热、等容、等压等过程组成，并且系统的组成、性质和质量都保持不变，而实际上因为发生了燃烧和爆炸，系统的组成和性质必然发生变化，因此实际汽油发动机的效率要比奥托理想循环的效率低很多，只有一半或更小，约 25%。

奥托循环的热效率为：

$$\eta = \frac{W}{Q_1} = 1 - \frac{1}{\varepsilon^{\gamma - 1}} \tag{7-8}$$

式中　η——热效率；

W——输出的净功；

Q_1——输入的热量；

ε——压缩比；

γ——比热容比。

这个公式说明，热效率 η 仅与压缩比 ε 和比热容比 γ（取决于工质的性质）有关。压缩比 ε 越高，热效率 η 也越高，但实际上压缩比 ε 受可燃气体混合物爆震特性的限制，随着压缩比 ε 的提高，它对热效率 η 的影响越来越小，所以 ε 值不能取得过高，一般在 6 ~ 10 之间。此外，γ 越大，η 也越高。

四冲程发动机循环中气体的压强变化可以用奥托循环的 $p-V$ 图加以说明，如图 7-18 所示。吸气行程气体的压强几乎保持不变，可用 0 ~ 1 线表示；压缩行程气体的压强逐渐增加，可用 1 ~ 2 线表示；燃料燃烧过程压强激增，可用 2 ~ 3 线表示；做功冲程压强逐渐减小，可用 3 ~ 4 线表示；放热过程气体压强突然降低，可用 4 ~ 1 线表示；排气冲程气体压强不变，可用 1 ~ 0 线表示。

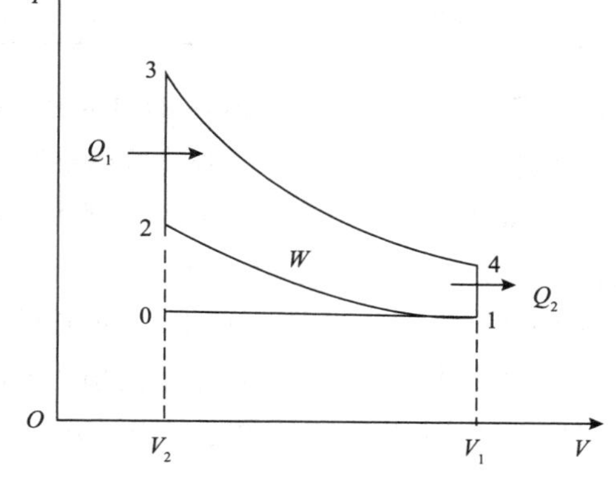

图 7-18　奥托循环 $p-V$ 图

0 ~ 1—等压吸气；1 ~ 2—绝热压缩；2 ~ 3—等容燃烧；3 ~ 4—绝热膨胀做功；4 ~ 1—等容放热；1 ~ 0—等压排气

7.8.6　测定抗爆性能的目的和意义

汽油的抗爆性用辛烷值表示，它反映汽油在点燃式发动机中燃烧时防止产生爆震的能力，如果汽油的辛烷值过低，发动机在运转时就会产生爆震现象，降低燃料的热效率。

汽油机的热效率与其压缩比有直接的关系，随着压缩比的提高，发动机的经济性能随之提高。一款新车选择燃料时最重要的指标就是辛烷值，什么等级的车用什么等级的辛烷值燃料，做到燃料与车辆匹配，达到合理利用，取得最高经济效益。提高汽车工作效率，迫使汽车产业向高压缩比方向发展，这也要求燃料辛烷值随之提高。辛烷值的测定也是炼油厂生产车用汽油区别牌号、控制车用汽油质量的重要手段，它是指导生产和调合工艺的重要指标。

目前，随着对环境保护要求提高，汽油机在使用抗爆性能好的燃料，同时要求燃料对环境也无污染。燃料中的烯烃、芳烃及苯对抗爆性有贡献，烯烃有热不稳定性，易形成胶质，并沉积在进气系统中，影响燃烧效果，增加排放；活泼烯烃蒸发排放到大气中会产生光化学反应，进而引起光化学污染；芳烃会导致发动机产生沉积物，增加尾气排放，包括 CO_2；苯是一种致癌物质。因此，燃料中这些组分的含量要降低。

7.8.7 评定抗爆性能方法对照

国内评定抗爆性能的方法有 GB/T 5487—2015 和 GB/T 503—2016。国外的方法有 ASTM D 2699—2012 和 ASTM D 2700—2012，ISO 5163—2002《机动航空燃料抗爆指数的测定 - 马达法》和 ISO 5164—2002《机动航空燃料抗爆指数的测定 - 研究法》。

GB/T 5487—2015 与 GB/T 5487—1995（2004），相比主要区别如下：

（1）辛烷值的有效范围在 40 ~ 120 之间；

（2）取样要求样品放于不透明的容器内；

（3）干扰因素如波长小于 550nm 紫外线、用于空调和制冷设备的卤素冷冻剂等其他外界因素可能对辛烷值测量产生影响；

（4）校正试验频率发生变化，校正试样结果有效期由 7h 延长至 12h；

（5）发动机校正评定时，甲苯标定辛烷值校正公差作部分修订，举例说明如表 7 - 10 所示；

表 7 - 10　甲苯标定辛烷值校正公差变化

研究法辛烷值	旧标准允许偏差	新标准允许偏差
96.9	0.2	0.3

（6）甲苯标定燃料辛烷值在 87.1 ~ 100 范围内，不能满足甲苯标定燃料允许误差时，允许调整进气温度，进气温度调节范围不应超出 ±22℃（±40 ℉）；

（7）试样辛烷值范围不同，其选择甲苯标准燃料进行辛烷值测定的适用步骤不同；90 辛烷值水平上展宽设定为 12 ~ 15；

（8）规定内插法测定试样结果与所选的两种正标准燃料之间的最大允差；

（9）规定压缩比法只适用于辛烷值为 80 ~ 100 之间燃料抗爆性能评定；

（10）介绍辛烷值四种测定方法：方法 A（静态）、方法 B（动态）、方法 C（压缩比法）和方法 D（分析仪）；

（11）结果报出有新规定，辛烷值在 90 ~ 100 范围内，其重复性差值不超过 0.2，再现性不超过 0.7，辛烷值低于 90 高于 108 重复性和再现性没做要求，辛烷值在 101 ~ 108 范围内重复性不做要求，再现性有变化。

GB/T 503—2016与GB/T 503—1995（2004）相比主要区别如下：

（1）辛烷值的有效范围在40～120之间；

（2）取样要求样品放于不透明的容器内；

（3）干扰因素如波长小于550nm紫外线、用于空调和制冷设备的卤素冷冻剂等其他外界因素可能对辛烷值测量产生影响；

（4）校正试验频率发生变化，校正试样结果有效期由7h延长至12h；

（5）发动机校正评定时，甲苯标定辛烷值校正公差作部分修订；

（6）进气混合温度调节范围在141～163℃之间；

（7）试样辛烷值范围不同，其选择甲苯标准燃料进行辛烷值测定的适用步骤不同；

（8）增加了内插法方法A测定试样结果与所选的两种标准燃料之间的最大允差；

（9）规定压缩比法方法C只适用于辛烷值为80～100之间燃料抗爆性能评定；

（10）介绍辛烷值四种测定方法：方法A（平衡）、方法B（动态）、方法C（压缩比法）和方法D（分析仪）；

（11）列出了四种试验方法的精密度和偏差。

7.8.8　评定抗爆性能主要步骤

7.8.8.1　发动机准备

（1）检查电源接通情况，检查各开关处于关闭位置及冷却水液面，计数器数值在500以下。

（2）润滑所有加油点，顺时针人工盘车4～5圈，确认机组无问题，且飞轮停在上止点处，测定并调整冷机气门间隙。

（3）接通电源使润滑油温度为57℃±8℃，读大气压查好补偿数，对计数器进行补偿。

7.8.8.2　发动机启动与预热

（1）顺时针转动启动开关旋钮启动机器，开启冷却装置及进气装置，打开爆震仪开关及温控开关，打开点火开关。

（2）旋转选择阀对准预热燃料杯，预热发动机约30min，使各项条件达到要求。

7.8.8.3　确定标准爆震强度

选择辛烷值范围内的正标燃料，将选择阀对准正标准燃料杯，改变压缩比达到操作表的值，在最大爆震燃料－空气比下调节爆震仪，使爆震表读数为50±2。

7.8.8.4　甲标校验发动机

用试样辛烷值范围内的甲标燃料，将选择阀对准甲标燃料杯，改变压缩比达到操作表的值，在最大爆震燃料－空气比下，不改变正标爆震强度爆震仪指示，核查爆震表读数为50±2。

7.8.8.5　以压缩比法测定试样燃料为例进行步骤简单说明

选择阀对试样燃料杯，改变压缩比使爆震表读数为50，在最大爆震燃料－空气比下，重新调节压缩比，使爆震表读数为 50±2，读取计数器读数，查得相应辛烷值的数值，记录液面高度。

7.8.8.6　发动机停车

将选择阀旋转于数字中间位置，停止向发动机供应燃料，关闭点火开关再断开其他开关，空转 1min 后关闭启动开关，计数器调到 500 以下，放空剩余燃料，关闭冷却水阀门，切断总电源，手动盘车使飞轮停止在压缩冲程上止点处。

7.8.9　注意事项

方法 GB/T 5487 和 GB/T 503 的试验设备均为 ASTM－CFR 试验机，辛烷值试验机在使用时会出现一些故障，如果遇到故障，一定要慎重处理。

（1）试验前应检查气门间隙，检查和润滑油各个需要润滑的点位，检查气化器管路和阀门是否泄漏。

（2）试验前检查曲轴箱机油液面，如果油量不足，及时补加规定牌号的机油。

（3）启动后仔细辨别发动机转动方向、工作声音，如转向相反或者发现声音异常，立即停车检查。

（4）开车前与停车后一定要盘车，使活塞处于上止点，排气门关闭，防止水进入气缸。

（5）气缸冷却液使用蒸馏水不能使用自来水，以防止结垢和沉积物过多。

7.8.10　仪器管理

确保辛烷值测试机检测数据准确有效，做好发动机核查与维护工作。

7.8.10.1　辛烷值测试机期间核查

按照标准方法调节基础气缸高度，用甲苯燃料标定选几个辛烷值点，通过允许误差判断发动机状态，期间核查周期为 1 年。

7.8.10.2　标准燃料核查

标准燃料应按照标准物质的管理要求，进行定期核查。实验室可以选用两套标准燃料定期对同一试样进行比对，结果差值不大于 0.2 即可满足试验要求。

7.8.10.3　器具检定

盒式压力表、移液管、容量瓶、温度计需定期检定，温度计、盒式压力表检定周期为 1 年，移液管检定周期为 3 年，容量瓶检定周期为 3 年，将检定证书存档备案。

该设备无法获得检定（校准、测试）证书，为了确保仪器设备的稳定性、准确性、量值溯源，实验室可以对其进行自行校准。自校的方式建议采取与三家通过 CNAS 认可的实验室进行比对的方式，校验周期为 1 年。

7.8.10.4　发动机维护

发动机的维护分为日常维护、中短期检查和大修三类。

7.9　石油产品灰分测定法 GB/T 508—1985（2004）

7.9.1　方法原理

原油中含有几十种微量金属元素，它们部分以有机酸盐和有机金属化合物的形态存在，部分以无机盐的形态存在。石油产品中也含有以上三种成分，经燃烧、高温灼烧后便形成灰分，如下所示：

$$\text{灰分来自试油中含有的三部分物质}\begin{cases}\text{有机酸盐}\\ \text{有机金属化合物}\\ \text{无机盐等}\end{cases}\Bigg\}\xrightarrow{\text{燃烧}}\xrightarrow{\text{高温灼烧 775℃ ±25℃}}\text{不燃物}$$

灰分主要是金属氧化物，如 CaO，MgO，Fe_2O_3 及少量 V、Ni、Na 等金属氧化物。油品灰分的颜色由组成灰分的化合物决定，通常为白色、淡黄色或赤红色。油品灰分由于不能蒸馏出来，而留在残油中。通常重质含量及酸性组分含量高的油品含灰分较多。

7.9.2　目的和意义

灰分对不同的油品有着不同的概念，对于基础油或不含金属盐类添加剂的油品，灰分可用于判断油品的精制深度，含量越少越好；对于加入金属盐类添加剂的油品（新油），灰分就可以作为定量控制添加剂加入量的手段，这时的灰分在指标意义上不是越少越好，而是应不低于某个值或范围。

柴油如果灰分超标，燃烧后灰分进入积炭将增加积炭的坚硬性，使气缸套和活塞环的磨损增大；重质燃料油灰分含量太大，会在燃料喷嘴处形成积炭，造成喷油不畅，甚至堵塞。灰分沉积在管壁、蒸汽过热器、空气预热器等的上面形成结垢积炭，不但使传热效率降低，还会使设备提前损坏；润滑油的灰分含量，在一定程度上，可评定润滑油在发动机零件上形成积炭的情况，也可了解生产中脱除无机盐类和贮运中是否落入杂质等的情况，以及了解含添加剂油品中控制规定数量添加剂的情况。灰分少的润滑油产生的积炭是松软的，易从零件上脱落；灰分多的润滑油，其积炭的紧密程度较大、较坚硬，此结论只对不含添加剂的润滑油才是可靠的，若润滑油灰分是由于某些添加剂所造成，则难以从灰分的多少判断其形成积炭的情况。

7.9.3　国内外对照

（1）GB/T 508—1985（2004）参照采用 ISO 6245—1982《石油产品灰分测定法》制定。

（2）此外还有 ASTM D482—2007《石油产品灰分测定法》，此方法中规定测试范围为 0.001% ~0.180%。

（3）《世界燃油规范》中规定第 1、2、3 类柴油灰分含量不大于 0.01%，第 4、5 类柴油规定灰分含量不大于 0.001%；我国普通柴油和车用柴油灰分含量皆规定为不大于0.01%。

7.9.4 主要试验步骤

（1）将已恒重的坩埚称准至0.01g，并以同样的准确度称取试样。试样量的多少根据灰分含量的大小而定，以所取试样能满足生成20mg的灰分为限，但最多不要超过100g，如果试样较多，一个坩埚盛不下时，需分两次燃烧试样，这时可用一个合适的试样容器，从其最初质量与最后质量之差来求得试样用量。

（2）用一张定量滤纸叠成两折，卷成圆锥状，用剪刀把距尖端5～10mm之顶端部分剪去，放入坩埚内。把卷成圆锥状的滤纸（引火芯）安稳地立插在坩埚的油中，将大部分试样表面盖住。作用是：

①避免试油燃烧时，含有矿物杂质的固体微粒随气流带走；

②滤纸浸湿试油，在燃烧时起“灯芯”作用。

（3）测定含水的试样时，将装有试样和引火芯的坩埚放置在电热板上，缓慢加热，使其不溅出，让水慢慢蒸发，直至浸透试样的滤纸可以燃着为止。引火芯浸透试样后，点火燃烧。试样的燃烧应进行到获得干性碳化残渣时为止。燃烧时，火焰高度维持在10cm左右。对黏稠的或含蜡的试样，一边燃烧一边在电炉上加热。燃烧开始后，调整加热，使试样不溅出，也不从坩埚边缘溢出。

（4）试样燃烧后，将盛有残渣的坩埚移入加热到775℃ ±25℃的高温炉中（应注意防止突然爆燃、冲出）。可把坩埚先移入炉中，或于温度较低时移入炉中，其后才升至775℃ ±25℃，在此温度下加热，直到残渣完全成为灰烬。高温炉参见图7－19箱式电阻炉（高温炉）。

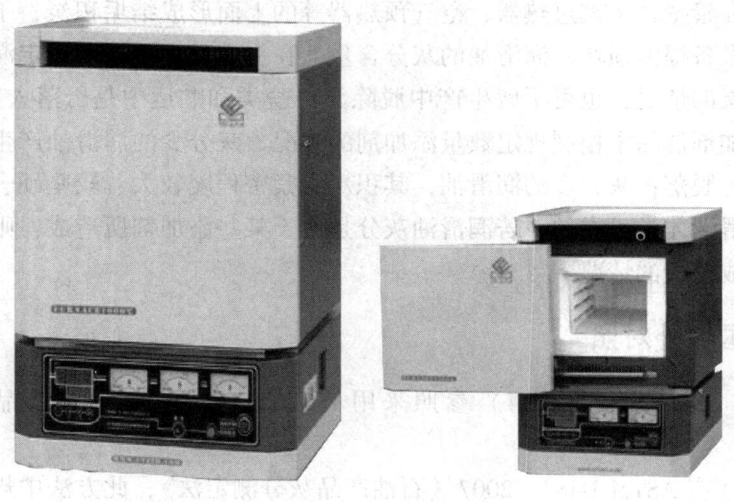

图7－19 箱式电阻炉（高温炉）

（5）残渣成灰后，将坩埚放在空气中冷却3min，然后在干燥器内冷却至室温后进行

称重，称准至 0.0001g。再移入高温炉中煅烧 20～30min。重复进行煅烧、冷却及称重，直至连续两次称量间的差数不大于 0.0005g 为止。

（6）计算。试样的灰分 X（%）按下式计算：

$$X = \frac{G_1}{G} \times 100 \tag{7-9}$$

式中　G_1——灰分的重量，g；

G——试样的重量，g。

（7）结果报出。取重复测定两个结果的算术平均值，作为试样的灰分。

（8）精密度

①重复性。同一操作者测得的两个结果之差不应超过以下数值：

灰分/%	重复性
0.001 以下	0.002
0.001～0.079	0.003
0.080～0.180	0.007
0.180 以上	0.01

②再现性。由两个实验室提供的两个结果之差，不应超过以下数值：

灰分/%	再现性
0.001 以下	未定
0.001～0.079	0.005
0.080～0.180	0.024
0.180 以上	未定

7.9.5　注意事项

（1）试验用的瓷坩埚要用 1∶4 的盐酸水溶液处理及恒重。

（2）取样要有代表性，试样应充分摇动均匀，黏稠的或含蜡的试样应加热至 50～60℃再充分摇动均匀

（3）电炉加热应放上石棉板。

（4）使用的滤纸应是直径 9cm 的定量滤纸。

（5）干燥器不应放干燥剂，一个干燥器中放一对坩埚为宜。

（6）把滤纸折成圆锥体覆盖在油中放稳，让其充分浸透后再点火，使其起到引火芯的作用。

（7）加热强度要缓慢，燃烧的火焰高度要控制在 10cm 左右。

（8）测定含水的试样时，开始时要缓慢加热，使试样不溅出，让水分慢慢地蒸发，直到试样中的滤纸可以燃着为止。

（9）对黏稠的或含蜡的试样，燃烧开始后调整加热强度（缓慢的调整加热强度）使试样不溅出，不从坩埚边缘逸出。

（10）试样燃烧后要仔细观察是不是燃烧尽（一般难以燃烧的油样最后电压应调到电

炉最高的位置），防止移入高温炉后突然燃起的火焰将坩埚中的微粒带走。

（11）高温炉的温度应控制在775℃ ±25℃。为防止突然爆燃冲出，燃烧后坩埚在温度较低时移入炉中后升至775℃ ±25℃下煅烧1.5 ~2h。

（12）从高温炉中取出坩埚冷却3min时要注意避风，以防吹走灰分。

（13）煅烧、冷却、称量应严格按规定温度和时间进行，直至连续两次称量间的差数不大于0.0005g为止。

（14）本方法不适用于含有生灰添加剂（包括某些含磷化合物的添加剂）的石油产品，也不适用于含铅的润滑油和用过的发动机曲轴箱油。

（15）试验前后所用天平为同一天平，每次坩锅恒重时间应保持一致。

7.9.6 仪器管理

箱式电阻炉、电子天平检定周期为1年。

7.10 石油产品凝点测定法 GB/T 510—1983（2004）

7.10.1 方法原理

石油及其产品是一种复杂的混合物，遇冷时逐渐失去流动性，没有明确的凝固温度，人为规定油品在低温下失去流动性时的最高温度为凝固点，简称凝点。油品的组成不同，失去流动性的原因也不同，通常认为有以下几种情况：对于含蜡少的油品，随着温度下降，其黏度增加，当黏度增加到一定程度时，油品就会变成无定性的黏稠玻璃状物质而失去流动性，这种现象称为黏温凝固；当冷却含蜡较多的油品时，随着温度下降，油品中高熔点的烃类溶解度降低，当达到其饱和状态时，就会以结晶状态析出，最初析出的是肉眼观察不到的细微的颗粒结晶，使原来透明的油品变为浑浊，此时的最高温度就是浊点，进一步降温，蜡的结晶生成网状的结晶骨架，使整个油品失去流动性，这种现象成为结构凝固。无论是黏温凝固或结构凝固，都指的是油品刚刚失去流动性的状态，实际上此时的油品仍处于黏稠的膏状物状态，其硬度离“固”还差得很远，只是在一定条件下失去流动性。

测定方法是将试样装在规定的试管中冷却到预期的温度时将试管倾斜45°经过1min观察液面是否移动。

7.10.2 目的和意义

凝点对油品的储存、运输和使用具有指导意义，还是划分柴油牌号的依据。

油品的凝点主要和化学组成、馏分的轻重有关，一般来说，馏分轻则凝点低，馏分重则凝点高。含蜡量的多少对凝点高低有决定作用，含蜡越多，凝点越高。

通常柴油在其浊点时，就开始有石蜡结晶析出，随着油温进一步降低，石蜡的析出量

逐渐增多，石蜡结晶逐渐长大。在凝点之前，油品还能流动，但蜡析出量已经较多，蜡结晶颗粒较大，容易引起车辆燃油管线、过滤器堵塞，而造成车辆不能正常运转。

加入流动改进剂，可以降低柴油凝点。柴油流动改进剂像润滑油降凝剂一样，是靠吸附与共晶作用在低温下抑制油中析出石蜡的长大。它不能改变石蜡的析出温度，一般在石蜡析出、长大到 20 ~ 25μm 时发生作用，使石蜡分散成细小颗粒，防止形成三维网状结构，因此流动改进剂不能改变柴油的浊点，只能大幅度降低柴油的凝点。在浊点和加剂柴油后的凝点之间的温度范围中石蜡的析出量大小是变化的，使用温度越低，蜡析出量越多，蜡结晶颗粒越大。

7.10.3 国内外对照

无对应的 ASTM 标准，《世界燃油规范》第五版、EN 590—2013《车用柴油》均无该项指标，欧美对油品低温性能的考察多用倾点来考察，使用 ASTM D97《石油产品倾点测定法》和 IP 15《石油产品倾点测定法》。

《石油产品凝点测定法 》GB/T 510—1983 修改采用了前苏联 ГОСТ 20287—1974《石油产品倾点和凝点测定法》标准，为使用方便将部分引用标准修改为我国相应的国家标准。

7.10.4 主要试验步骤

（1）设置冷浴温度，设置温度比试样预期凝点低 7 ~ 8℃。

（2）试样脱水：若试样含水量大于标准允许范围须先脱水，脱水时加入新煅烧的粉状硫酸钠或小粒状氯化钙，在 10 ~ 15min 内定期振摇、静置，用干燥的滤纸滤取澄清部分。

（3）加入试样。在干燥清洁的试管中加入试样使液面至环形刻线处，用软木塞将温度计固定在试管中央，水银球距管底 8 ~ 10mm。

（4）预热试样。将试样温度加热达到 50℃ ±1℃。

（5）冷却试样。将试样在室温下冷却到 35℃ ±5℃后，放入已恒温的冷槽的玻璃套管中。

（6）测定凝点范围。当试样冷却到预期凝点时，将凝点试管倾斜 45°保持 1 min，透过套管观察试样液面是否有过移动，当液面有移动时，从套管中取出试管重新预热到 50℃ ±1℃，然后用比前次低 4℃或其他更低的温度重新测定，直至某试验温度能使试样液面停止移动为止；当液面没有移动时，从套管中取出试管，重新预热到 50℃ ±1℃，然后用比前次高 4℃或其他更高的温度重新测定，直至某试验温度能使试样液面出现移动为止。

（7）确定试样凝点。找出凝点的温度范围（液面位置从移动到不移动或从不移动到移动的温度范围）之后，采用比移动的温度低 2℃或比不移动的温度高 2℃的温度重新进行试验，直至能使试样的液面停留不动而提高 2℃又能使液面移动时，取使液面不动的温度作为试样的凝点。

（8）重复测定。试样的凝点必须进行重复测定，第二次测定时的开始试验温度要比第一次测出的凝点高 2℃。

(9) 精密度

①重复性。同一操作者重复测定两个结果之差不应超过2.0℃。

②再现性。由两个实验室提出的两个结果之差不应超过4.0℃。

(10) 结果报出

①结果报出，精确至1℃。

②当需要确认试样的凝点是否符合技术标准时，应采用比技术标准所规定的凝点高1℃进行试验，此时液面的位置若能移动，则认为凝点合格。

7.10.5 注意事项

(1) 冷却速度对凝点测定结果有较大影响，因此要控制冷却浴的温度比试样的温度低7~8℃，如果冷浴温度过低，会造成试样冷却速度过快，当试样被迅速冷却时，随着油品黏度的增大，晶体增长的很慢，在晶体尚未形成坚固的“石蜡结晶网络”前，温度已经降低了很多，对有些油品会造成凝点测定结果偏低；但是冷却速度过慢，有些油品石蜡结晶体迅速形成，阻止油品的流动，造成测定结果偏高。

(2) 每观察一次液面后，试样必须重新预热到50℃±1℃，因为存在于油中的蜡在低温下析出，逐渐形成结晶网，加热的目的主要是破坏结晶网使其成流动状态。

(3) 试验用内标温度计的选择。温度计符合GB/T 514《石油产品试验用液体温度计技术条件》的规定，测定凝点高于-35℃的石油产品选择水银温度计，低于-35℃的石油产品选择液体温度计。

(4) 含水试样的处理。含水试样试验前要进行脱水，但在产品质量验收及仲裁试验时，只要试样的水分在产品标准允许范围内直接进行凝点测定。

(5) 测定低于0℃的凝点时，试验前应在套管底部注入无水乙醇1~2mL，便于观察低温下的凝固现象。

(6) 凝点温度较低时，重新测定前应将试管先放在室温中，待试样温度升到-20℃时，再将试管浸入水浴中加热，防止试管骤然受热破裂。

(7) 为了确保结果的准确性，试样重复加热的次数不宜过多，加热的次数多时，建议最好换用新的试样进行测定。

7.10.6 仪器管理

温度计应符合GB/T 514规定，选用水银和液体温度计两种温度计，检定周期均为1年。

7.11 石油和石油产品及添加剂机械杂质测定法 GB/T 511—2010

7.11.1 方法原理

油品中的机械杂质是指存在于油品中所有不溶于溶剂（汽油、甲苯等）的沉淀状或悬

浮状物质。石油产品中含有机械杂质会造成油品性能降低，影响使用。

油品中的机械杂质大多数是由外界混入的，其形成如下：

（1）在油品加工过程中混入的机械杂质。如用白土精制的油品，大部分的机械杂质是白土的微粒，用其他方法精制的油品中机械杂质包括铁锈、矿物盐等。

（2）油品中的机械杂质在多数情况下是在运输、管输及储存时落入的，如油罐、油桶清洗不干净或容器不严密，从外界进入的尘土、混进铁锈等。

（3）轻质油中的不饱和烃和少量的硫、氮、氧化合物在长期储存中因氧化而形成部分不溶于溶剂的黏稠物等。

石油产品机械杂质测定法是一种质量分析法，先用溶剂稀释油品后，用滤纸或其他滤器过滤，使油品中所含的固体悬浮颗粒分离出来，再用溶剂把油全部冲洗净，进行烘干和称重，测定结果以质量百分数表示。

7.11.2　目的和意义

含有机械杂质的燃料会降低发动机的效率，燃料油中如有纤维性的杂质，会很快堵塞滤清器、喷嘴等。柴油中如果含有细砂、灰尘、淤泥粒子等杂质，特别是砂粒，若粒度超过发动机零件密合的缝隙，会引起零件边缘剥落，杂质塞在缝隙里会给摩擦面造成很大程度的磨损，影响发动机的寿命，降低发动机的功率，增加燃料的消耗。

7.11.3　国内外对照

本标准修改采用前苏联标准 ГОСТ 6370—1983（1997）《石油、石油产品和添加剂机械杂质测定法》。

7.11.4　主要试验步骤

（1）将定量滤纸分别放在三个敞盖的称量瓶中，在 105℃ ±2℃ 的烘箱中干燥不少于 45min，然后盖上盖子放在干燥器中冷却 30min 进行称量，称准至 0.0002g，重复干燥（第二次干燥时间只需 30min）及称量操作，重复至连续两次称量间的差数不超过 0.0004g。

（2）将不超过容器 3/4 的试样，摇动 5min，使混合均匀，黏稠的试样应预先加热到 40～80℃，然后用玻璃棒仔细搅拌 5min。

（3）将混合好的试样加入烧杯内并称量，并用热溶剂（溶剂油或甲苯）按比例稀释（稀释比例见方法标准的表 1），其中溶剂油应加热至 40℃，甲苯应加热至 80℃。

（4）趁热将溶液用恒重好的滤纸或微孔玻璃过滤器过滤，溶液沿着玻璃棒倒在滤纸或微孔玻璃过滤器上，过滤时倒入漏斗中溶液高度不得超过滤纸或微孔玻璃过滤器 3/4 高度，烧杯上的残留物用热的溶剂油或甲苯冲洗后倒入漏斗（滤纸）或微孔玻璃过滤器上，重复冲洗烧杯直至溶液滴在滤纸上蒸发后不再留下油斑为止。

（5）试样含水较难过滤时，将试样溶液静置 10～20min，然后将烧杯内沉降物上层的溶剂油（或甲苯）溶液小心地倒入漏斗或微孔玻璃过滤器内。此后向烧杯的沉淀物中加入

5~15倍（按体积）的乙醇-乙醚混合溶剂稀释，再进行过滤。

（6）进行抽滤时，抽滤速率应控制在使滤液成滴状，而不允许呈线状。

（7）在过滤结束时，对带有沉淀物的滤纸或微孔玻璃过滤器用装有不超过40℃的溶剂油的洗瓶进行清洗，直至滤纸或微孔玻璃过滤器上不再留有试样痕迹，而且使滤出的溶剂完全透明和无色为止。

（8）带有沉淀物的滤纸或微孔玻璃过滤器冲洗完毕后，将其放入过滤前所对应的称量瓶中，将敞口称量瓶或微孔玻璃过滤器放在105℃±2℃的烘箱中干燥不少于45min，然后盖上盖子放在干燥器中冷却30min，进行称量恒重，称准至0.0002g。

（9）如果结果不超过技术标准的要求，第二次干燥及称量可省略。

（10）同时进行溶剂的空白试验补正，空白试验用的溶剂类型和溶剂量应和样品的溶剂完全一样。

7.11.5 注意事项

（1）称取试样要摇动均匀，迅速称取，所取的试样要有代表性。

（2）所用的溶剂在使用前必须过滤，所用的溶剂应根据技术标准规定来选用。同一试样使用不同的溶剂，会得出不同的测定结果。

（3）测定同一种试样，所用的滤纸或微孔玻璃过滤器、溶剂的种类和稀释剂、洗涤剂用的数量应该一致。

（4）中速、直径为11cm的定量滤纸必须清洁干净。

（5）溶解试样的溶剂油和甲苯应预先放在水浴内分别加热至40℃和80℃，预热时不要使溶剂沸腾。

（6）过滤、洗涤时要避免试样损失，滤纸要洗涤干净。全部操作要按质量分析有关规定进行，如滤液要沿玻璃棒流下，滤液不超过滤纸高度的3/4等。

（7）恒重时要严格控制温度和时间。含有杂质的滤纸恒重、冷却时间与干净滤纸恒重、冷却时间一致，并使用同一台天平。

7.11.6 仪器管理

检定器具：温度计、电热干燥箱、分析天平（感量0.1mg）、托盘天平（感量0.01g），检定周期均为1年。

7.12 汽油、煤油、喷气燃料和馏分燃料中硫醇硫的测定 电位滴定法 GB/T 1792—2015

7.12.1 方法原理

将无硫化氢试样溶解在乙酸钠的异丙醇溶剂中，用硝酸银醇标准溶液进行电位滴定，

用玻璃参比电极和银－硫化银指示电极之间的电位突跃指示滴定终点。在滴定过程中，硫醇硫沉淀为硫醇银。

本方法利用的是沉淀滴定反应原理。硫醇的官能团巯基（—SH 基）与硝酸银反应，生成难溶的硫醇银沉淀：

$$AgNO_3 + RSH \longrightarrow HNO_3 + RSAg\downarrow \text{（沉淀）}$$

此方法的滴定终点不是依靠指示剂来确定的，而是用玻璃参比电极和银－硫化银指示电极之间的电位突跃来指示滴定终点的。试验时利用由玻璃电极作为参比电极，银－硫化银电极作为指示电极组成的电池系统，随着硝酸银醇标准滴定溶液的滴加，被测离子浓度不断降低，指示电极的电极电位也随之不断变化，到达化学计量点附近时，被测离子的浓度发生突跃，引起指示电极的电位发生突跃，使整个电池的电动势发生突跃，这个突跃点即为滴定终点。根据硝酸银的体积和浓度，可计算出油品中硫醇的含量。

电位滴定法的测定准确度较高，对伯、仲、叔三种结构的脂肪系硫醇，在 0.0003%～0.01% 的含量范围内均能得到准确的结果。由于使用了大量的异丙醇作溶剂，保证了试样完全溶解在溶剂中，使整个反应过程中的混合液保持均匀互溶的状态。用硝酸银醇标准溶液滴定时是少量逐次加入，完全排除了乳化、分相、硝酸银过量等缺点，避免了沉淀吸附现象，使判断终点更准确。

目前，GB 17930—2016《车用汽油》产品标准中取消了《汽油、煤油、喷气燃料和馏分燃料中硫醇硫的测定　电位滴定法》GB/T 1792—2015，而《石油产品和烃类溶剂中硫醇和其他硫化物的检测 博士试验法》NB/SH/T 0174—2015 为硫醇定性试验法。

《汽油、煤油、喷气燃料和馏分燃料中硫醇硫的测定　电位滴定法》GB/T 1792—2015 适用于测定含量在 0.0003%～0.01% 范围内，汽油、煤油、喷气燃料和馏分燃料中的硫醇硫。有机硫化合物，如硫化物、二硫化物及噻吩，不干扰测定。元素硫含量小于 0.0005% 时不干扰测定。

7.12.2　目的和意义

硫醇广泛存在于石油产品中，硫醇硫是燃料中有腐蚀活性的物质之一，在燃料内溶解空气的影响下，硫醇能与其他组分共同氧化，降低燃料的稳定性能，加速油品氧化、变质的进程，造成对喷气发动机燃料系统零件的腐蚀，在燃料泵的零件表面会形成凝胶状的腐蚀沉淀，部分腐蚀沉淀沉入燃料后堵塞喷嘴，造成燃料雾化状态变差，增加燃烧室内积炭。

测定硫醇硫含量是评价燃料使用性能的重要指标。硫醇硫的存在不仅会引起燃料系统的腐蚀，还会引起发动机的腐蚀，并且对人造橡胶构件也有不良影响。易挥发的硫醇具有特殊的刺激气味，使油品产生强烈恶臭，在储存、使用时会污染环境。燃料中的硫醇燃烧后最终会转化成 SO_2 或 SO_3，排放到大气中会使大气受到严重污染。因此，国际上对包括汽油、煤油、喷气燃料及馏分燃料在内的各类油品的硫醇硫含量都进行了限定。

7.12.3 方法对照

《汽油、煤油、喷气燃料和馏分燃料中硫醇硫的测定 电位滴定法》GB/T 1792 参照采用了 ASTM D3227《汽油、煤油、航空涡轮燃料及馏分燃料中硫醇硫标准试验方法 电位滴定法》。

随着车用汽油质量升级，硫含量不断减小，国Ⅴ阶段及以后标准的车用汽油中总硫含量均小于 10μg/ g，硫醇含量远低于 0.001%，因此取消了硫醇含量检测。

7.12.4 主要试验步骤

7.12.4.1 试剂的配制

（1）1∶5（体积比）的稀硫酸溶液配制。将 1 体积硫酸缓缓倒入 5 体积水中。

（2）硫酸镉酸性溶液配制。在水中溶解 150g 硫酸镉水合物（$3CdSO_4 \cdot 8H_2O$），加入 10mL 稀硫酸，用水稀释至 1L。

（3）10g/L 硫化钠水溶液配制。在水中溶解 10g 硫化钠（Na_2S）或 31g 硫化钠水合物（$Na_2S \cdot 9H_2O$），用水稀释至 1L，需要时新鲜制备。

7.12.4.2 标准溶液的配制

（1）0.1mol/L 碘化钾标准溶液的配制（用来标定硝酸银醇标准溶液）。在 1L 的容量瓶中用 100mL 水溶解 17g 碘化钾（KI）（称准至 0.01g），然后用水稀释至 1L，计算精确的摩尔浓度。

（2）0.1mol/L 硝酸银醇标准溶液的配制。在 1L 的容量瓶中用 100mL 水溶解 17g 硝酸银（$AgNO_3$），用异丙醇稀释至 1L，储存在避光瓶中，定期标定，标定频率的确定应足能检测出 0.0005mol/L 或更大一些的变化。

标定方法如下：量取 100mL 水于适当大小的烧杯（200mL、250mL 或 300mL）内，加入 6 滴硝酸，煮沸 5min，赶掉氮的氧化物。待冷却后准确量取 5mL 0.1mol/L 碘化钾标准溶液于同一烧杯中，用硝酸银醇标准溶液进行电位滴定，滴定曲线的转折点为终点，计算精确的摩尔浓度。

反应式为：$AgNO_3 + KI \longrightarrow KNO_3 + AgI\downarrow$（沉淀）

①加入硝酸增高滴定灵敏度，减少在终点范围内电位达到恒定所需要的时间。

②煮沸 5min，排除氮的氧化物和水中的溶解氧。

（3）0.01mol/L 硝酸银醇标准溶液的配制。试验当天配制，配制时吸取 100mL 0.1mol/L 硝酸银醇标准溶液于 1L 容量瓶中，用异丙醇稀释到刻线。

7.12.4.3 滴定溶剂的配制

通常汽油中含有相对分子质量低的硫醇，在酸性滴定溶剂中容易损失，应采用碱性滴定溶剂；喷气燃料、煤油和馏分燃料中含相对分子质量较高硫醇，采用酸性滴定溶剂有利于在滴定过程中更快达到平衡。

（1）碱性滴定溶剂的配制。称取 2.7g 乙酸钠水合物（$NaC_2H_3O_2 \cdot 3H_2O$）或 1.6g 无

水乙酸钠（$NaC_2H_3O_2$），溶解在 25mL 无溶解氧的水中，注入到 975mL 异丙醇中。

（2）酸性滴定溶剂的配制。称取 2.7g 乙酸钠水合物（$NaC_2H_3O_2 \cdot 3H_2O$）或 1.6g 无水乙酸钠（$NaC_2H_3O_2$）溶解在 20mL 无氧水中，注入到 975mL 异丙醇中，并加入 4.6mL 冰乙酸。

7.12.4.4　电极的制备

（1）玻璃电极制备 。每次滴定前后，用洁净的擦镜纸擦拭电极，并用蒸馏水冲洗。隔一段时间后（至少每周一次）置于冷铬酸洗液中，搅动数秒钟（最长 10s）清洗一次。不用时保持下部浸在蒸馏水中。

（2）银－硫化银电极制备。使用前应该涂渍硫化银电极表层，用砂纸或砂布打磨电极，直至显出干净、抛光的银面。把电极置于操作位置，银丝端浸在含有 8mL 10g/L 硫化钠溶液的 100mL 酸性滴定溶剂中，在搅拌条件下从滴定管中慢慢加入 10mL 0.1mol/L 硝酸银醇标准溶液，滴定时间控制在 10～15min。从溶液中取出电极，用蒸馏水冲洗，用干净的软纸擦净。两次滴定之间，电极存放在含有 0.5mL 0.1mol/L 硝酸银醇标准溶液的 100mL 酸性滴定溶剂中至少 5min。不用时，与玻璃电极一起浸入蒸馏水中。当硫化银表面层不完好或者灵敏度低时，应重新涂渍。

银丝端浸在硫化钠水溶液中，在空气中氧的参与下可在银丝表面生成硫化银黑色沉淀。其反应为

$$4Ag + 2Na_2S + 2H_2O + O_2 \longrightarrow NaOH + 2Ag_2S\downarrow \text{（灰黑色沉淀）}$$

加入硝酸银醇标准溶液和硫化钠反应更可加速硫化银表层的形成。其反应为

$$Na_2S + 2AgNO_3 \longrightarrow 2NaNO_3 + Ag_2S\downarrow \text{（沉淀）}$$

7.12.4.5　试样中硫化氢的检测与脱除

（1）试样中硫化氢的检测。量取 5mL 试样于试管中，加入 5mL 酸性硫酸镉溶液后摇动，定性检查硫化氢的存在。若无沉淀出现，则按照以下试样的测定方法分析试样，若有黄色沉淀出现，按照如下方法脱除。

（2）试样中硫化氢的脱除。将 3～4 倍分析所需量的试样加到装有等于试样体积一半的酸性硫酸镉溶液的分液漏斗中剧烈摇动，分离并放出含有黄色沉淀的水相，再用另一份酸性硫酸镉溶液抽提，再放出水相，并用 3 份 25～30mL 水洗试样，每次洗后将水排出。

用快速滤纸过滤洗后试样，再于试管中进一步检查洗过的试样中有无硫化氢。若无沉淀出现继续进行试验，否则再用酸性硫酸镉溶液抽提，直至硫化氢脱尽。

如果测定结果不适用于仲裁目的，并且质量保证/质量控制（QAQC）规程允许，可以采用另一种检测和脱除方法，所用试剂为乙酸铅试纸和碳酸氢钠。

脱除硫化氢的化学反应方程式为：

$$H_2S + CdSO_4 \longrightarrow H_2SO_4 + CdS\downarrow \text{（黄色絮状沉淀）}$$

7.12.4.6　试样测定

（1）试样密度的测量。按照 GB/T 1884《石油和液体石油产品密度测定法 密度计法》测定试验温度下的试样密度。

（2）仪器的安装，如图7-20所示。量取或称取无硫化氢试样20~50mL，放于装有100mL滴定溶剂的具有适当大小的烧杯（200mL、250mL或300mL）中，将烧杯放置在滴定架的电磁搅拌器上，将电极下半部浸入溶剂中调节电位，将装有0.01 mol/L硝酸银醇标准溶液的滴定架固定好，使其尖嘴端伸至烧杯中液面下约25mm处。调节搅拌速率，使呈剧烈而无液体飞溅的搅拌。

（3）滴定过程。记录滴定管及电位计初始读数，加入适当少量的0.01mol/L硝酸银醇标准溶液，待电位恒定后，记录毫伏及毫升数，若电位变化小于6mV/min，即认为恒定。

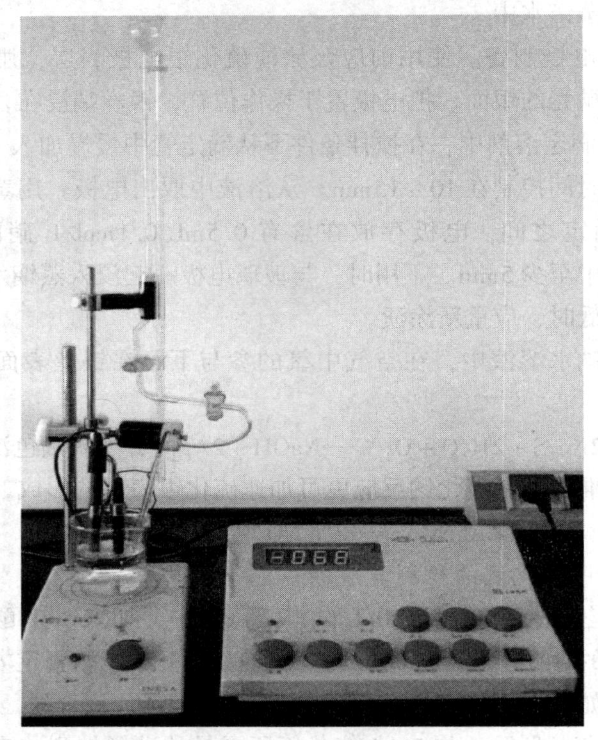

图7-20　电位滴定仪安装图

根据电位变化情况，决定每次加入0.01mol/L硝酸银醇标准溶液的量。当电位变化小时，每次加入量可大至0.5mL；当电位变化大于6mV/0.1mL时，需逐次加入0.05mL，接近终点时，经过5~10min才能达到恒定电位。虽然等待电位恒定重要，但为避免滴定期间硫化物被空气氧化，尽量缩短滴定时间，滴定不能中断。（新制备的电极，电位读数可能反复无常，这种情况通常在以后滴定过程中会消失。）

继续滴定直至电位突跃后又呈现相对恒定（电位变化小于6mV/0.1mL）为止。移去滴定管，用乙醇漂洗电极，用干净的软纸擦拭干净。在同一天的连续滴定之间，将两只电极浸在含有0.5mL 0.1mol/L硝酸银醇标准溶液的100mL滴定溶剂中或浸在100mL滴定溶剂中至少5min。

滴定至电位恒定时，通常电池电位读数接近+300mV。

7.12.4.7 空白滴定。

只要使用仪器，至少每天按照试样滴定的操作步骤，不加试样进行空白滴定。

7.12.4.8 结果处理和精密度计算

（1）结果说明。用所加0.01mol/L硝酸银醇标准溶液累计体积对相应的电池电位作图，终点选在图7-21中滴定曲线的每个“突变”最陡部分的拐点为终点，滴定曲线的形状可能随仪器的不同而变化不同，但是关于终点的说明不变。

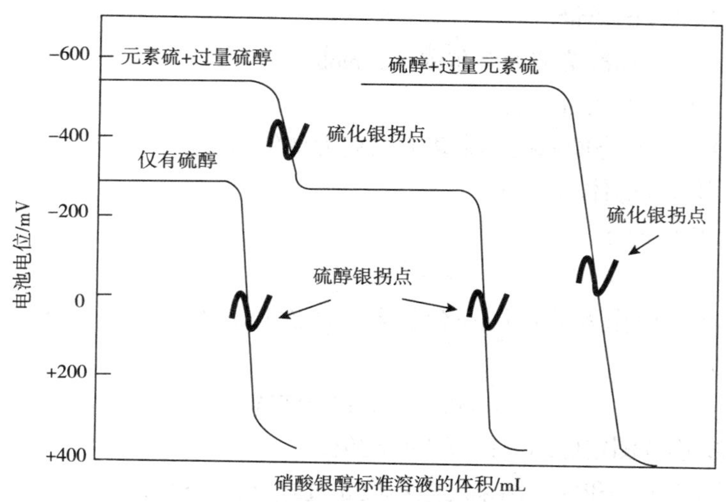

图7-21 电位滴定示意曲线

①仅有硫醇。若试样中只有硫醇，滴定产生图7-21中左面的曲线。

②硫醇和元素硫共存。若试样中元素硫和硫醇都存在，则两者之间发生相互的化学反应，因此在滴定过程中，在所使用的滴定溶剂里沉淀出硫化银（Ag_2S）。

当硫醇存在过量时：硫化银沉淀产生（电位突跃不明显）之后，接着出现硫醇银沉淀，其滴定情况显示图7-21中间的曲线。因为所有的硫化银产生于等当量的硫醇，所以必须采用直到硫醇银终点的总滴定量计算硫醇硫含量。

当元素硫存在过量时：硫化银沉淀的终点发生在与硫醇银的情况相同的区域，其滴定情况显示图7-21右面的曲线，因此应以硫化银沉淀的终点作为终点计算硫醇硫含量。

含有甲醇硫或含有甲硫醇以上的硫醇的轻汽油试样可能出现异常的结果，有必要将实验仪器冷却并保持在4℃以下，按照实验步骤滴定，如此处理能够获得更加可再现性的测定结果。

（2）结果计算。试样中硫醇硫含量X（%）按式（7-9）计算：

$$X = [D \times M (A_1 - A_0) \times 3.206] / m \quad (7-10)$$

或者

$$X = [D \times M (A_1 - A_0) \times 3.206] / (d \times V) \quad (7-11)$$

$$D = (m + I) / m \quad (7-12)$$

$$D = (V + J) / V \quad (7-13)$$

式中 A_1——试样滴定时接近+300mV达到终点所需要的硝酸银醇标准溶液体积，单位为 mL；

A_0——空白滴定时接近 +300mV 达到终点所需要的硝酸银醇标准溶液体积，单位为 mL；

d——取样温度下的试样密度，g/mL；

D——稀释系数；

I——所用稀释剂的质量，g；

J——所用试样的质量，g；

M——硝酸银醇标准溶液的摩尔浓度，mol/L；

m——所用试样的质量，g；

3.206——100 乘以每毫摩尔硫醇中硫的以克为单位的质量；

V——所用试验的体积，mL。

注：A_0 在公式中不变。

（3）精密度

①重复性。同一操作者使用同一台仪器，两次连续测定两个结果之差不应超过式（7-14）所得数值。

$$r = 0.00007 + 0.027X_1 \qquad (7-14)$$

式中　X_1——两次连续测定的结果的算术平均值,%。

②再现性：两个单一和独立结果之差不应超过式（7-15）所得数值。

$$R = 0.00031 + 0.042X_2 \qquad (7-15)$$

式中　X_2——两个单一和独立测定的硫醇硫质量分数的算术平均值,%。

7.12.5　注意事项及影响因素

（1）根据所测试样的特性选择滴定溶剂，汽油选用碱性滴定溶剂，喷气燃料、煤油、柴油使用酸性滴定溶剂。

（2）试样中的硫化氢会干扰试验结果，脱除硫化氢很关键，试验前应先进行脱除硫化氢。

（3）量取的试样应具有足够的代表性。

（4）电极制备的好坏直接影响试验灵敏度。涂渍银-硫化银电极表层时要使银丝表面必须光亮、洁净，安装时电极银丝端垂直浸入含有硫化钠溶液的滴定溶剂中，深度不能高出液面，也不能过深；滴定管滴出端要尽量与银丝靠近，但不应直接接触；滴定过程中，为了使硫化银尽快地、均匀地沉积在银丝表面上，要转动电极数次。

（5）滴定过程应注意问题。滴定过程中调节好搅拌速率，形成剧烈而无液体飞溅的搅拌。搅拌速率过小，滴定过程中试样不均匀，搅拌速率过快造成液体飞溅，均会影响试验结果；硫醇容易氧化，在滴定过程中应尽量缩短样品与空气的接触时间。

（6）正确判断滴定终点对获得试验结果准确性很关键。滴定终点的确定一般有三种方法：$E-V$ 曲线法、$\Delta E/\Delta V-V$ 曲线法 、二次微商计算法。其中二次微商计算法相对于做曲线来说对滴定终点判断比较精确，计算简便，是目前最常用的方法。

（7）标准溶液的浓度对试验结果有一定的影响，当样品中硫醇含量较高时，如果硝酸银醇标准溶液浓度太低，导致滴定时间延长，不利于获得准确的结果；当样品中硫醇含量较低时，如果硝酸银醇标准溶液的浓度太高，造成滴定过量产生误差。因此，标准溶液浓度要按照方法标准要求定期标定。

（8）滴定前调整好滴定速率的控制部件，以方便滴定速率的控制，整个滴定体系内不得有气泡，玻璃电极要略高于银－硫化银电极。

7.12.6　仪器管理

（1）酸式滴定管、移液管和量筒，检定周期为 3 年。

（2）电位滴定仪，检定周期为 1 年。

7.13　原油和液体石油产品密度实验室测定法（密度计法）GB/T 1884—2000

7.13.1　方法原理

7.13.1.1　密度与化学组成的关系

密度是石油及石油产品最基本的物理性质。石油产品的密度取决于组成它的烃类的相对分子质量和分子结构。碳原子数相同的烃类其密度大小的顺序为：芳烃 > 环烷烃 > 烷烃，异构烷烃 > 正构烷烃。同种烃类，密度随沸点升高而增大。当沸点范围相同时，含芳烃越多，其密度越大；含烷烃越多，其密度越小。一般含正构烷烃多的原油其密度较小，而含硫、氮、氧等有机化合物及胶质、沥青质较多的原油密度较大。密度不仅能直接表征油品特性，还可以间接推算其他物理性质。

7.13.1.2　测量原理

密度计法以阿基米德原理为依据：液体对浸在其中的物体的浮力等于被物体所排开的同样体积液体的重力。当密度计浸人试样中所排开试样的质量等于其本身的质量时，则密度计处于平衡状态自由漂浮于试样中。试样密度越大，密度计浸没越少，试样密度越小，密度计浸没越多。由于同一支密度计在不同密度的试样中浸没深度不同，因此，在测量时可根据密度计上的浸没分度值读出试样的密度。密度计法快速、简便，广泛用于生产和油品交接贸易中。

不同石油产品其密度不同，通过测定密度可大致确定石油产品种类。国家标准规定20℃时石油及液体石油产品的密度为标准密度，其他温度下测得的密度为视密度。根据GB/T 1885《石油计量表》，可由测得的视密度查表或者换算出标准密度。

7.13.2　目的和意义

测定密度可近似地评定石油产品的质量和化学组成情况。在储运过程中如发现石油产品密度明显增大或减小，可以判断可能是混入了重质油或轻质油，或轻馏分蒸发损失。

燃料的密度影响燃料油使用性能。发动机功率和燃料消耗率均与燃料密度有关，在油箱容积相同的条件下，燃料密度越大，装入的燃料量就越多，续航能力就越大。但密度过大时，会影响燃料的雾化性和燃烧性，因此，汽油、柴油、喷气燃料等产品标准中对密度都有要求。

我国测定石油产品密度常用方法是：GB/T 1884—2000《原油和液体石油产品密度实验室测定法（密度计法)》，其他常见的密度测定方法还有：

（1）GB/T 2013—2010《液体石油化工产品密度测定法》。标准中规定了使用密度计、U 型振动管和比重瓶测定液体石油化工产品密度的三种试验方法。

（2）GB/T 2540—1981《石油产品密度测定法（比重瓶法)》。

（3）SH/T 0604—2000《原油和石油产品密度测定法（U 形振动管法)》。

U 形振动管法测量原理是：当被测液体流经 U 形振动管时，振动管的共振频率发生变化，振动管的共振频率由液体的密度所决定，液体密度不同振动管的共振频率也不同。液体密度增加使其总质量增加，导致振动频率降低，反之则升高，通过测定振动管的共振频率可求出待测液体的密度。

比重瓶法测密度是利用已知容量的一个玻璃烧瓶，称取空瓶质量，然后放入样品后再称质量，前后质量 M_1 和 M_2 的差值为样品的质量，差值除以烧瓶的体积就可以得到样品的密度。

7.13.3　国内外对照

GB/T 1884—2000《原油和液体石油产品密度实验室测定法（密度计法)》是参照 ISO 3675：1998《原油和液体石油产品密度或相对密度的实验室测定　石油密度计法》制定的。

车用汽油、车用柴油密度也可采用 SH/T 0604《原油和石油产品密度测定法（U 形振动管法)》进行测定，在有异议时以 GB/T 1884、GB/T 1885 方法为准。

7.13.4　密度计法主要步骤

使试样处于规定温度，将其倒入温度大致相同的密度计量筒中，将合适的密度计放入已经调好温度的试样中，让它静止。当温度达到平衡后，读取密度计刻度读数和试样温度。用石油计量表把观察到的密度计读数换算成标准密度。如果需要，将密度计量筒及内装的试样一起放在恒温浴中，以避免在测定期间温度变化太大。

7.13.5　注意事项及影响因素

（1）检查密度计外观是否破损，检查密度计的基准点确定密度计刻度是否处于干管内的正确位置，如果刻度已移动，应废弃这支密度计。

（2）使密度计量筒和密度计的温度接近试样的温度。

（3）用清洁的滤纸除去试样表面上形成的所有气泡，密度计不能贴量筒壁。

（4）把装有试样的量筒垂直地放在没有空气流动的地方，整个试验期间环境温度变化应不大于 ±2℃，当环境温度变化大于 ±2℃时，应使用恒温浴以避免温度变化太大。

（5）读取密度计刻度值时，对透明液体应先使眼睛处于稍低于液面的位置，慢慢地升到表面，先看到一个不正的椭圆然后变成一条与密度计刻度相切的直线，密度计读数为液体主液面与密度计刻度相切的那一点。对不透明液体应使眼睛处于高于液面的位置观察，密度计读数为液体弯月面上缘与密度及刻度相切的那一点。见图 7-22 和图 7-23。

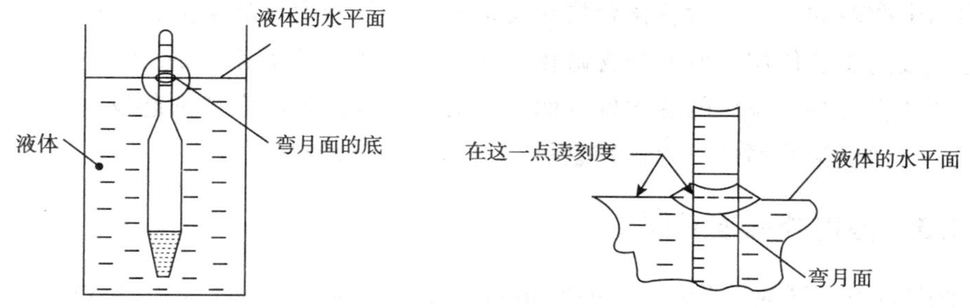

图 7-22　透明液体的密度计刻度读数

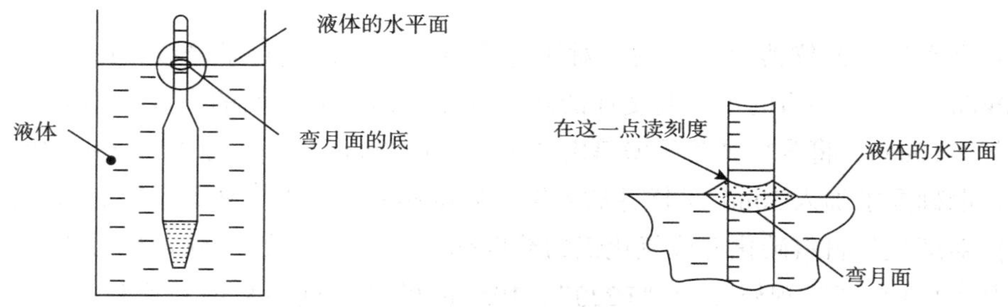

图 7-23　不透明液体的密度计刻度读数

记录密度计读数后，立即小心地取出密度计，并用温度计垂直地搅拌试样。记录温度接近到 0.1℃，如果这个温度与开始温度相差大于 0.5℃，应重新读取密度计和温度计读数，直到温度变化稳定在 ±0.5℃以内。如果不能得到稳定的温度，把密度计量筒及其内容物放在恒温浴内，再重新操作。

7.13.6　仪器管理

密度计、温度计，检定（校准）周期为 1 年。

7.14　石油产品铜片腐蚀试验法 GB/T 5096—1985（1991）

7.14.1　方法原理

将一块已磨光的规定尺寸和形状的铜片浸渍在一定量的测试样品中，使油品中腐蚀性介质（如水溶性酸、碱、有机酸性物质，特别是“活性硫”等）与金属铜片接触，并在规定的温度下维持一段时间，使试样中腐蚀活性组分与金属铜片发生化学或电化学反应，试验结束后再取出铜片，根据洗涤后铜片表面颜色变化的深浅及腐蚀迹象与腐蚀标准色板进行比较，确定该油品对铜片的腐蚀级别。

7.14.2　目的和意义

通过铜片腐蚀试验可判断燃料中是否含有腐蚀金属的活性硫化物，在一定程度上也能显示出油品中酸碱的存在。含硫化合物对发动机的工作寿命影响很大，其中的活性硫化物对金属有直接的腐蚀作用。所有的含硫化合物在气缸内燃烧后都生成 SO_2 和 SO_3，这些氧化硫不仅会严重腐蚀高温区的零部件，而且还会与汽缸壁上的润滑油起反应，加速漆膜和积炭的形成。通过铜片腐蚀可以预知燃料在使用时对金属的腐蚀。

7.14.3　国内外标准对照

《石油产品铜片腐蚀试验法》GB/T 5096—1985（1991）修改采用 ASTM D130《石油产品铜片腐蚀标准试验方法》制定，ASTM D130 新标准为 2012 版本，与旧版本主要区别如下：

（1）在铜片腐蚀仪器要求方面。对压力容器的耐压值进行了修改，由“689kPa”改为“700kPa”；对试验浴的水银温度计的水银柱露出浴介质表面的高度由不大于 25mm 修改为不大于 10mm；将观察试管的壁厚由“0.75～1.20mm”修改为“0.75～1.05mm”。

（2）明确要求加入 30mL 试样并放入铜片后试样液面至少应高出铜片上端 5mm。

（3）对磨光的材料碳化硅或氧化铝的粒度标号进行了修改，65μm 的砂纸或纱布原粒度标号为“240 粒度”现修改为“P220”，105μm 的碳化硅砂粒原粒度标号为“150 目”现修改为“P120～P150”。

（4）在压力容器步骤中，增加对车用汽油样品可选择压力容器步骤进行试验的内容；增加对 37.8℃时蒸气压大于 80kPa 的车用汽油样品如果在试验过程中试样蒸发损失较明显，建议采用压力容器步骤进行试验的内容。

（5）对柴油类样品增加可采用 100℃、3h 的替代试验条件。

（6）在结果判定中区别 2 级和 3 级中的多种彩色，明确区别 2c 级别和 3b 级别的试验结果，且对试片进行加热处理的温度由“315～370℃”修改表述为“340℃ ±30℃”。

7.14.4　主要试验步骤

7.14.4.1　试验条件

不同的石油产品采用不同的试验条件。

（1）航空汽油、喷气燃料。把完全清澈、无任何悬浮水的试样倒入清洁、干燥试管的 30mL 刻线处，将经过磨光、干净的铜片在 1min 内浸入试样中。将试管小心滑入试验弹中旋紧弹盖，将试验弹完全浸入到 100℃ ±1℃的水浴中。在浴中放置 120min ±5min 后取出

试验弹，在自来水中冲几分钟，打开试验弹盖，取出试管检查铜片。

（2）柴油、燃料油、车用汽油。把完全清澈、无悬浮水试样倒入清洁、干燥试管的 30mL 刻线处，并将经过磨光、干净的铜片在 1min 内浸入试样中。用一个有排气孔（打一个直径为 2 ~ 3mm 小孔）的软木塞塞住试管，将该试管放到 50℃ ±1℃ 的水浴中，在浴中放置 180min ±5min 后检查铜片。

溶剂油、煤油和润滑油，按上述（2）步骤进行试验，温度为 100℃ ±1℃。

7.14.4.2　铜片的检查

试验到规定时间后，从水浴中取出试管，将试管中的铜片用不锈钢镊子立即取出，浸入洗涤溶剂中，洗去试样，然后立即取出铜片，用定量滤纸吸干铜片上的洗涤溶剂。比较铜片与腐蚀标准色板，检查变色或腐蚀迹象。比较时将铜片及腐蚀标准色板对光线成 45°折射的方式拿持进行观察。也可以将铜片放在扁平试管中，以避免夹持的铜片在检查和比较过程中留下斑迹和弄脏，但试管口要用脱脂棉塞住。

7.14.4.3　结果报出

（1）结果表示。按腐蚀标准色板的分级表所示，腐蚀分为 4 级。当铜片是介于两种相邻的标准色阶之间的腐蚀级别时，则按其变色严重的腐蚀级判断试样。当铜片出现有比标准色板中 1b 还深的橙色时，则认为铜片仍属 1 级；但是，如果观察到有红颜色时，则所观察的铜片判断为 2 级。

2 级中紫红色铜片可能被误认为黄铜色完全被洋红色的色彩所覆盖的 3 级。为了区别这两个级别，可以把铜片浸没在洗涤溶剂中。2 级会出现一个深橙色，而 3 级不变色。为了区别 2 级和 3 级中多种颜色的铜片，把铜片放入试管中，并把这支试管平放在 310 ~ 370℃ 的电热板上 4 ~ 6min。另外用一支试管，放入一支高温蒸馏用温度计，观察这支温度计的温度来调节电炉的温度。如果铜片呈现银色，然后再呈现为金黄色，则认为铜片属 2 级。如果铜片出现如 4 级所述透明的黑色及其他各色，则认为铜片属 3 级。

①在加热浸提过程中，如果发现手指印或任何颗粒或水滴而弄脏了铜片，则需重新进行试验；

②如果沿铜片的平面的边缘棱角出现一个比铜片大部分表面腐蚀级还要高的腐蚀级别的话，则需重新进行试验。这种情况大多是在磨片时磨损了边缘而引起的。

（2）结果的判断。如果重复测定的两个结果不相同，应重做试验。当重新试验的两个结果仍不相同时，则按变色严重的腐蚀级来判断。

（3）结果的报出。按腐蚀标准色板分级表中的一个腐蚀级报告试样的腐蚀性，并报告试验时间和试验温度。

7.14.5　注意事项

（1）试样容器的要求。试样应贮放在不影响试样腐蚀性的合适容器中，由于镀锡容器会影响试样的腐蚀程度，不能用来贮存试样。

（2）光线对试验结果有影响，进行试验的热浴用不透明的材料制成，若试样中有悬浮水（混浊），也需在暗处进行过滤。

（3）试验用温度计应为全浸式，最小分度不超过1℃，所测温度点的水银线伸出浴介质表面应不大于25mm，以确保试验温度的准确性。

（4）试验前检查浴介质液面高度是否符合要求，能使试管浸没至浴液中100mm深度。

（5）试验所用的洗涤溶剂应对腐蚀试验结果无影响，在有争议时应该用分析纯异辛烷或标准异辛烷。

（6）试验所用的铜片的纯度和型号直接影响试验结果，应符合方法的要求。

（7）由于手上的汗渍等对腐蚀结果会造成影响，制备试片时可以用一次性手套或滤纸垫在铜片上，防止铜片与手直接接触。

（8）铜片可以重复使用，但当铜片表面出现有不能磨去的坑点或深道痕迹，或表面发生变形时则不能再用，因为凹坑和磨损会加重所在部位的腐蚀。

（9）用砂纸打磨铜片或用蘸了砂粒的脱脂棉打磨铜片的表面，磨时尽量沿铜片的长轴方向打磨。

（10）试管塞子的要求。盛装试样的试管不宜用密封塞子盖紧，要用打孔透气的塞子，防止温度过高试样受热膨胀冲出。

（11）在整个试验过程中铜片应避免接触水分。因铜片与水接触会引起变色，会对铜片腐蚀评定造成影响。

（12）试验的温度和时间会对腐蚀结果产生影响。试验温度应恒定在规定温度的±1℃范围内，试验时间应控制在规定时间的±5min内。

（13）腐蚀标准色板应避光存放并定期检查标准色板的褪色情况，如果发现任何褪色情况应及时更换色板。如果塑料板表面显示出有过多的划痕，则也应该更换色板。

7.14.6 仪器管理

计量器具及检定：全浸式温度计（最小分度1℃或小于1℃），检定周期为1年。

7.15 石油产品常压蒸馏特性测定法 GB/T 6536—2010

7.15.1 方法原理

蒸馏是使用实验室间歇蒸馏仪器，在环境大气压和约为一个理论分馏塔板的条件下进行，在一定温度范围内石油产品中可能蒸馏油品数量和温度的指标。这种蒸馏试验是条件性的，蒸馏出的数量只是相对的比较数量，而不是真正的数值，不是石油产品的真实沸点。

7.15.2 目的和意义

蒸馏试验是石油产品蒸发特性的主要指标，从馏程可以看到油品的沸程范围，也可以判断油品组成中轻质和重质成分的大体含量。在液体燃料的生产过程中，蒸馏试验常作为

重要的控制指标之一，用它作为基础来调节炼制操作条件，使产品各项指标既符合规格要求，又提高生产效率。蒸馏试验的限值要求在石油产品规格、商业合同协议及炼油厂生产控制应用中使用，也用来检验与法律规章的相符性。

7.15.2.1　指标与烃类关系

当烃类碳原子数相同时，各种烃类中芳香烃的沸点最高，环烷烃和正构烷烃次之，烯烃和异构烷烃的沸点最低。异构体分支愈多，沸点也愈低。在同一类烃类系列中，沸点随碳原子数增加而升高，见图 7-24。

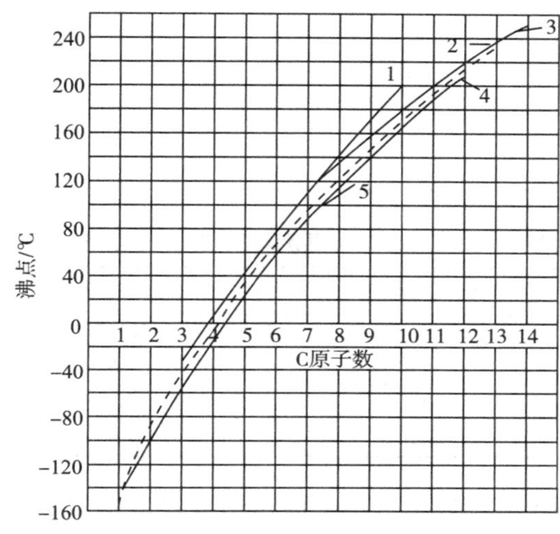

图 7-24　烃的原子数与沸点的关系

1—环烷烃；2—芳香烃；3—正构烷烃；4—烯烃；5—异构烷烃

从图 7-24 看出，同系物中含碳原子数愈多，即相对分子质量愈大，沸点也愈高，这是因为液体蒸发时必须克服分子间的范德华引力，各种烃类的结构不同分子引力也不同，引力越大时愈不易气化，沸点也愈高。在有机同系物中，分子的偶极矩相等，电离能也大致相等，所以范德华引力的大小主要决定于极化率的大小，而同系物的极化率有加和性，即相对分子质量愈大者（碳原子数愈多）极化率也越大，所以沸点也愈高。

烃类尤其对燃料和溶剂来说，其蒸馏（挥发）特性对安全和使用性能有很重要的影响。沸点范围给出了燃料在贮存和使用中组成、性质和使用性能的信息。挥发性是决定烃类混合物形成潜在爆炸性蒸气趋势的主要因素。

7.15.2.2　指标与炼油工艺的关系

目前，我国生产发动机燃料的炼化工艺中以催化裂化、催化重整、延迟焦化、催化叠合、加氢裂化等工艺为主，其产品的组分富含芳烃、烯烃等馏分，炼油厂控制切割馏分时若切割不好，易出现“头轻尾重”现象，例如在蒸馏试验中出现初馏点过低（30 ~ 34℃），终馏点过高（200 ~ 205℃）现象；在产品调合过程中馏分不均匀直接导致蒸馏试验中出现流出速率突然过快（突沸）现象。所以建议在蒸馏试验时应根据样品的属性（生产工艺）以及样品组分适当调整试验条件以满足试验方法要求，做到数据准确。

7.15.2.3 指标与车辆实际使用关系

蒸馏特性对车用汽油和航空汽油、车用柴油极为重要，轻组分和中间馏分会影响启动、升温、驾驶性能及在高温和/或高海拔条件下产生气阻的趋势，同时，高沸点组分可显著地影响燃烧沉积物的生成程度。

（1）10%馏出温度对发动机启动性的影响，见表7-11和表7-12。

表7-11 10%馏出温度与发动机冷启动关系

10%馏出温度/℃	冷启动温度/℃
54	-21
60	-17
66	-13
72	-9
79	-6

表7-12 10%馏出温度与启动时间及油耗关系

10%馏出温度/℃	环境温度/℃	启动时间/s	油耗/mL
79	0	10.5	10
	-6	45	48
72	0	8.4	0.7
	-6	29	30

由表7-11和表7-12可以看出，10%馏出温度对发动机启动性的影响及相同的环境温度下启动时间与油耗的关系。还可以通过经验公式，大致评估馏程指标与发动机实际使用环境条件的关系，公式如下所示：

①发动机冷启动最低环境温度：

$$t_B = (1/2)\ t_{10} - 50.5$$

式中 t_B——冷启动最低温度，℃；

t_{10}——汽油10%馏出温度，℃。

②气阻开始形成的温度与10%馏出温度关系：

$$t_H = 2t_{10} - 93$$

式中 t_H——气阻开始形成的环境温度，℃；

t_{10}——汽油10%馏出温度，℃。

（2）50%馏出温度与发动机加速性

50%馏出温度与混合气最低温度：

$$t_{50} = 2t_{混合气} + 16$$

式中 t_{50}——50%馏出温度，℃；

$t_{混合气}$——混合气温度，℃。

7.15.2.4 指标与社会环境关系

我国幅员辽阔，各地区的燃料实际使用温度、海拔高度相差较大，针对不同的环境使

用温度生产与之相匹配的发动机燃料。油品的初馏点、10%馏出温度、50%馏出温度过低，燃料组分过轻导致发动机外特性不良（能量密度低），车辆加速无力，油耗增高，造成发动机未能达到较佳工况，同时导致燃烧异常直接导致排放恶劣，污染环境，反之燃料的90%、95%、终馏点过高馏分过重将造成燃烧不完全，排放中CH、CO含量增高，同样造成环境污染。

7.15.2.5　指标与添加剂的关系

在成品油生产过程中为了提高油品的性能，往往会添加添加剂，添加剂选择不当或过量添加会造成蒸馏过程中出现异常。常用的添加剂有MTBE、十六烷值改进剂、抗静电剂、抗氧防腐剂、低温流动改进剂等，这些添加剂如果与基础油感受性或匹配性不好会造成试验中出现问题。

车用汽油为了提高油品的抗爆性常常调入1%～14%MTBE，MTBE沸点为55℃。由于烃类混合物旳共沸效应造成在其沸点前后蒸馏试验时可能出现突沸或加热曲线波动，从而导致蒸馏曲线在相应位置出现拐点，造成该点数据偏离。

某些添加剂的加入也可造成在试验过程中出现蒸馏烧瓶中液体颜色的明显变化，如十六烷值改进剂的加入导致柴油蒸馏试验中出现颜色变深，某些添加剂的加入还可导致全馏程数据失真，比如初馏点至终馏点改变，造成这些现象的原因可能是添加剂与基础油发生物理化学作用所致。

7.15.3　国内外对照

GB/T 6536—2010《石油产品常压蒸馏特性测定法》修改采用ASTM D86:2007a《石油产品常压蒸馏试验法》，GB/T 6536—2010与ASTM D86:2007a的主要技术差异为：

（1）GB/T 6536—2010增加了测定0组天然汽油（稳定轻烃）样品的内容。

（2）GB/T 6536—2010中蒸馏烧瓶与接收量筒的尺寸与ASTM D86:2007a相比有变化，GB/T 6536—2010中未采用ASTM D86:2007a中规定的磨口蒸馏烧瓶及相关图。

（3）GB/T 6536—2010在第1章范围后增加注的内容，说明本方法精密度建立所采用样品的残留物体积分数不大于2%，以进一步明确方法所不适用测定的样品。

（4）GB/T 6536—2010删除了ASTM D86:2007a中有关单位制的说明。

7.15.4　主要试验步骤

7.15.4.1　仪器及配件

蒸馏仪器的基本元件是蒸馏烧瓶、冷凝器和相连的冷凝浴、用于蒸馏烧瓶的金属保护屏或围屏、加热源、烧瓶支架、温度测量装置和收集馏出物的接收量筒。

手动蒸馏仪器见图7-25所示。自动蒸馏仪器除所述的基本元件外，还装备有一个测量并自动记录温度及接收量筒中相应回收体积的系统。

（1）温度测量系统。如果使用玻璃水银温度计，应填充惰性气体，棒上有刻度且有上釉的背衬，应符合GB/T 514中GB－46号和GB－47号温度计的规格要求。GB－46号温

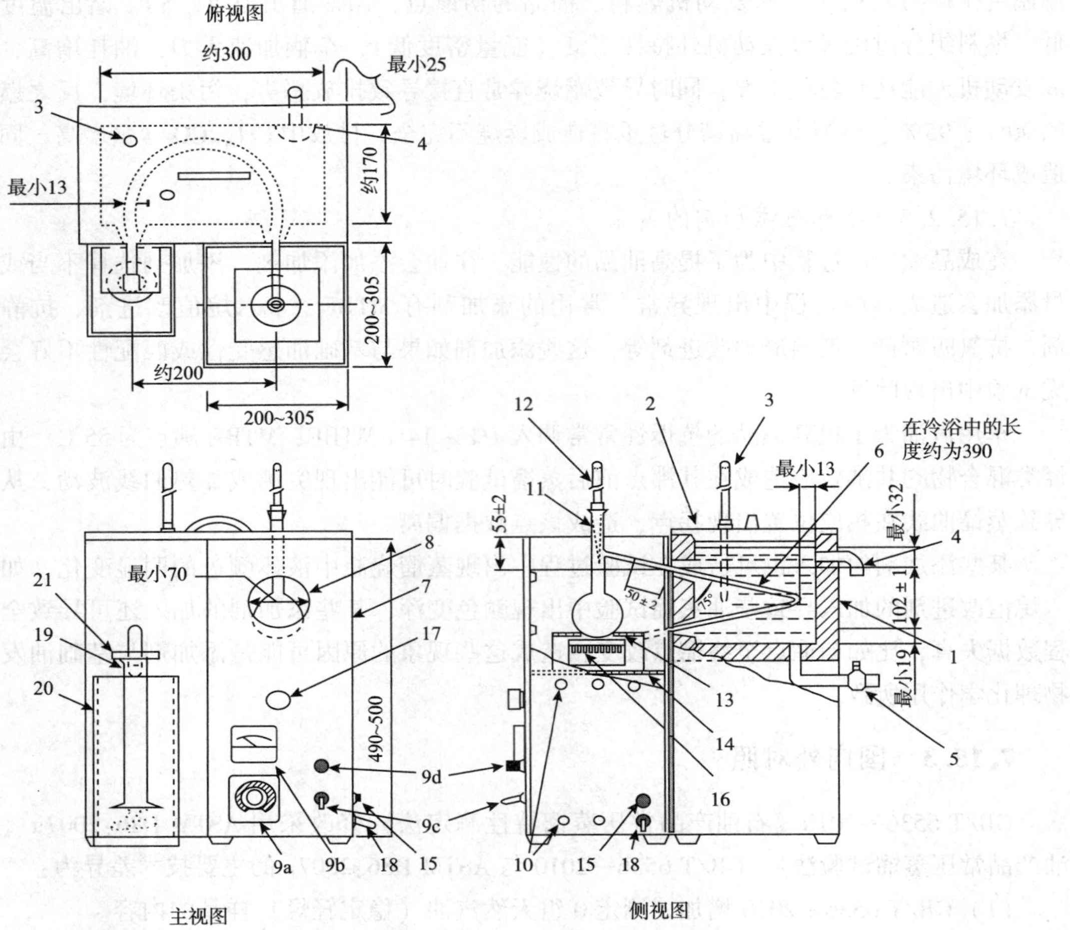

图 7－25　手动电加热型蒸馏仪器装置（单位：mm）

1—冷凝浴；2—冷凝浴盖；3—浴温传感器；4—浴溢流口；5—浴排水口；6—冷凝管；7—保护屏；8—视窗；9a—电压调节器；9b—电压计或电表；9c—电源开关；9d—电源指示灯；10—排气口；11—蒸馏烧瓶；12—温度传感器；13—烧瓶支架板；14—烧瓶支架台；15—接地线；16—电子加热器；17—调节支架台水平的操作孔；18—电源线；19—接收量筒；20—接收器冷却浴；21—接收器盖

度计是适于测定低范围的温度计，GB－47 号温度计是适合于测定高范围的温度计。

当温度计持续暴露在 370℃观测温度以上较长时间，除非对温度计进行冰点校正或按照 GB/T 514 和 JJG 50 规定的测试方法进行校验，否则温度计不能再次使用。其他温度测量系统，只要证实具有与玻璃水银温度计相同的温度滞后、露出液柱影响以及精度，则也可用于本方法。在有争议时，仲裁试验应使用所规定的玻璃水银温度计。

（2）气压计。能够测量与仪器所在实验室具有相同海平面高度的当地观测点大气压的气压测量装置，测量精度为 0. 1kPa 或更高。（警告：不能采用普通的无液气压计的气压读数，例如用于气象站或机场的气压计，由于那些读数是经预校正到海平面高度下的）。

（3）蒸馏烧瓶。烧瓶由耐热玻璃制成，蒸馏烧瓶 A 为 100mL，蒸馏烧瓶 B 为 125mL，

尺寸和公差见图 7－26 所示。

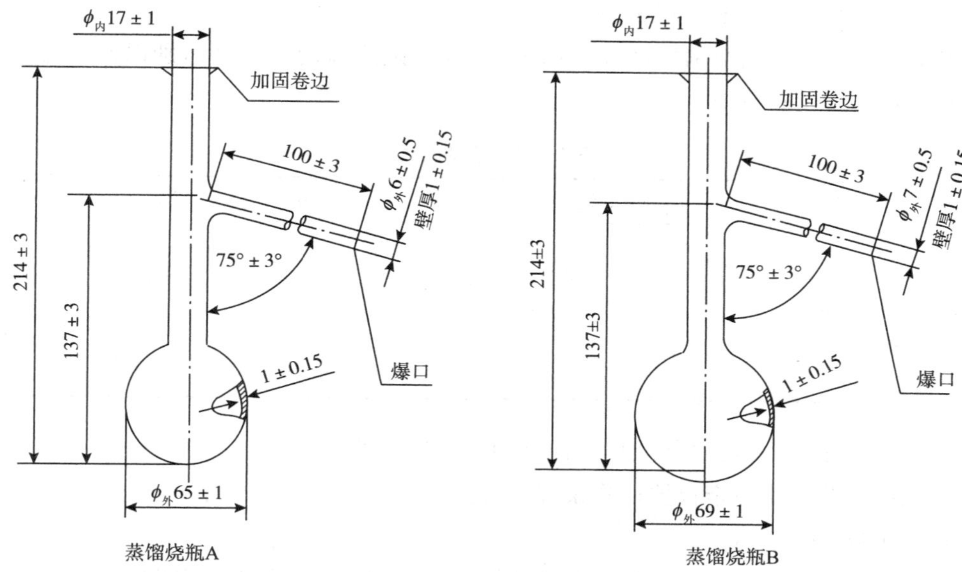

图 7－26　蒸馏烧瓶尺寸和公差（单位：mm）

（4）量筒

①接收量筒。接收量筒应能够测量和收集 100mL 样品，其底部形状应是当空量筒放置在与水平面成 13°角的台面上时不倾覆。

②残留物量筒。残留物量筒为 5mL 带刻度量筒，分度值为 0. 1mL，刻线从 0. 1mL。

（5）烧瓶支架板。烧瓶支架板由 3 ~ 6mm 厚的陶瓷或其他耐热材料制成。烧瓶支架板根据中心开孔尺寸的大小分为 A，B，C 三类，各类尺寸详见表 7－13。烧瓶支架板的尺寸应足以保证使加热烧瓶的热量仅仅来自其中心开孔，而烧瓶经受的其他部位的热量减至最小。特别注意含石棉的材料不能用于制作烧瓶支架板。

表 7－13　取样、样品储存和样品处理

项　目	0 组	1 组	2 组	3 组	4 组
蒸馏烧瓶支架板孔径/mm	A 32	B 38	B 38	C 50	C 50
样品瓶温度/℃	<5	<10			
样品储存温度/℃	<5	<10	<10	环境温度	环境温度
分析前样品处理后温度/℃	<5	<10	<10	环境温度或高于倾点 9 ~ 21℃	环境温度或高于倾点 9 ~ 21℃
取样时含水	重新取样	重新取样	重新取样	按 GB/T 6536—2010 中 6. 5. 3 规定干燥	
重新取样后仍含水	依照 GB/T 6536—2010 中 6. 5. 2 规定干燥				

7.15.4.2　主要试验步骤

（1）取样、样品储存和样品处理。

①确定被测样品所属组别的特性，见表7-14。试验前确定样品组别以选择相应的试验条件及相对应的仪器系统。

表7-14　组别特性

样品特性	0组	1组	2组	3组	4组
馏分类型	天然汽油				
蒸气压（37.8℃）/kPa（试验方法GB/T 8017）		≥65.5	<65.5	<65.5	<65.5
蒸馏特性，初馏点/℃				≤100	>100
终馏点/℃		≤250	≤250	>250	>250

②依据表7-13对样品进行取样、样品储存和样品处理。

（2）依据试验方法设定仪器操作条件及参数。

（3）记录环境大气压。

（4）开始加热蒸馏，调整加热速率使从加热开始到初馏点的时间间隔符合表7-15的规定。应使冷凝器滴液尖端不接触接收量筒壁，观察并记录初馏点，精确至0.5℃（自动法精确至0.1℃），应立即移动接收量筒以便冷凝器尖端接触到量筒内壁。

（5）调整加热速率使初馏点到5%回收体积的时间间隔符合表7-15的规定。

表7-15　试验条件

项　目	0组	1组	2组	3组	4组
冷凝浴温度/℃	0~1	0~1	0~5	0~5	0~60
接收量筒周围冷却浴温度/℃	0~4	13~18	13~18	13~18	装样温度±3
从开始加热到初馏点的时间/min	2~5	5~10	5~10	5~10	5~15
从初馏点到					
5%回收体积的时间/s		60~100	60~100		
10%回收体积的时间/min	3~4				
从5%回收体积到蒸馏烧瓶中5mL残留物的均匀平均冷凝速率/（mL/min）		4~5	4~5	4~5	4~5
从10%回收体积到蒸馏烧瓶中5mL残留物的均匀平均冷凝速率/（mL/min）	4~5				
从蒸馏烧瓶中5mL残留物到终馏点的时间/min	≤5	≤5	≤5	≤5	≤5

（6）继续调整加热速率，使5%回收体积到烧瓶中残留5mL液体时冷凝的均匀的平均速率为4~5mL/min。由于蒸馏烧瓶的结构和试验条件，若温度传感器周围的蒸气和液体

未达到热力学平衡，蒸馏速率会影响测量的蒸气温度。因此，在整个试验过程中应尽可能保证蒸馏速率均匀。

（7）在初馏点和终馏点之间，观察并记录所需的数据。这些观察到的数据可包括在规定的回收百分数时的温度读数和/或在规定温度读数时的回收百分数。

（8）当蒸馏烧瓶残留液体约为5mL时，最后一次调整加热速率。使烧瓶内5mL残余液体蒸馏到终馏点的时间在表7-15的规定范围之内。由于烧瓶中剩余5mL沸腾液体的时间难以确定，可用观察接收量筒内回收液体的数量来确定。这点的动态滞留量约为1.5mL。如果没有轻组分损失，烧瓶中5mL的残留量可认为对应于接收量筒内93.5mL的量。这个量需要根据轻组分损失进行修正。

（9）加热停止后，使馏出液完全滴入接收量筒内。当冷凝管中连续有液滴滴入接收量筒时，每隔2min观察并记录冷凝液体积，精确至0.5mL（自动法0.1mL），直至两次连续观察的体积相同，准确测量接收量筒内液体的体积。

（10）依据试验方法要求对所测数据进行处理。

（11）依据要求报出试验所测数据结果。

7.15.5 注意事项

（1）不同组别的样品，应注意样品储存与处理、仪器准备、试验条件、加热速率、精密度要求的不同。

（2）接收馏出液的量筒口要用棉花或滤纸盖好，以减少馏出物的挥发和防止水分落入量筒内。

（3）试验开始前，应注意检查冷却介质是否充足。冷却浴温要根据不同试样，调整不同温度，以达到使试样沸腾后的蒸气在冷凝管中冷凝为液体，并使其在管内正常流动，柴油凝点较高时，应设置合适的冷浴温度。

（4）试样含有水分时必须脱水，否则不但影响测定结果，严重时会发生冲油或爆炸。

（5）温度计或温度传感器的安装位置很重要，插入过浅或过深会使测定温度偏低或偏高，因此应保证温度计或传感器居中竖直，感温点位置正确，温度计毛细管的底端及蒸馏烧瓶的支管内壁底部的最高点齐平。自动仪器温度传感器底部形状类似于水银温度计，应根据仪器说明书进行安装。将蒸馏烧瓶调整到垂直位置，并使蒸馏烧瓶的支管伸入冷凝管内25～50mm。蒸馏烧瓶底部应正好位于支板孔的中间，各连接部位要密封。

（6）大气压力会影响测定结果，所以当大气压高于或低于标准大气压时，对测得的结果要进行大气压力修正。

（7）从温度计上的直观读数应先进行修正，先不修约至0.5℃，待大气压修正后，再修约至0.5℃。手动法在计算蒸发温度前，应将修正后温度修约至0.5℃再进行计算。根据手动和自动仪器的不同，试验结果应保留到0.5℃或0.1℃。

（8）自动仪器应定期校准或验证（不超过6个月），校准可采用与手动仪器比对的方式进行，或采用符合要求的甲苯（低温范围温度计）和十六烷（高温范围温度计）进行验证，由于自动温度传感器和水银温度计同时测温存在温度滞后时间差，在同一蒸馏烧瓶中同时放置自动温度传感器和玻璃水银温度计的同步测温方式，不适用于校准自动温度传感器。

(9) 高温范围温度计在超过371℃以上使用后，不经零位校正不应再次使用。

(10) 要根据产品标准的要求，报告充足的试验数据。

(11) 严格控制加热强度，以保证蒸馏各阶段的馏出速率，加热速率偏强或偏弱，会造成回收温度偏高或偏低；蒸馏速率最好始终保持均匀，最后加热强度的调整，要缓和，突然加强热会造成过热现象，使终馏点不易准确测定。

(12) 试验过程中要记录足够的信息，以保证在需要时重现试验条件。

(13) 终馏点的温度变化率，应以终馏点温度和与其最接近的95%或90%温度点之间的变化来计算。

(14) 加入合适数量的沸石，确保形成沸腾中心。

7.15.6 方法讨论

7.15.6.1 加热强度

对于1组和2组试样，最后一次调整加热速率后，试样蒸气温度或温度计读数将持续上升。建议根据前期加热速率的高低，适当调整加热强度，以使终馏点时间符合标准要求。当接近终点时，温度上升的速率将减慢并保持平稳。到达终点后，蒸气温度便开始并持续下降。如果蒸气温度开始下降后又回升，且反复升降，同时蒸气温度持续升高，则说明在最后一次调整加热强度不合适。如果出现这种情况，建议重复试验，并在最后一次调整加热强度时适当加大或减小。

对于3组和4组试样，其蒸馏特性在干点和终点方面与1组和2组试样相同。对于含有高沸点物质的试样，在出现分解点之前，可能观察不到干点或终点。

7.15.6.2 样品转移过程

样品转移中任何物质的蒸发都会引起损失。在接收量筒中的任何残留物质都会影响初馏点时观测到的回收体积。由于样品的体积受温度影响很大，准确量取100mL样品合适的油样温度至关重要，必须与方法要求相一致（接收浴温度），否则导致初馏点、终馏点、损失数据误差较大。

7.15.6.3 试验条件

对于条件试验来说试验条件的一致性和规范化极为重要，且大多试验条件多数为控制试验过程，并且只规定控制条件参数的区间，合理控制试验条件参数值才能得到符合试验方法的试验结果。所以在确定合理的试验条件参数时，要依据样品理化属性设定试验条件参数（燃料油、柴油、重馏分油和类似的馏分可能要保持冷却浴温度在38～60℃的范围）。

7.15.6.4 校正和标准化

试验相关的计量及相应的器具必须经过法定的校正和标准化程序才能保障试验数据结

果的准确有效性，所以在试验开展之前应对试验所涉及的试验环境、仪器设备、计量器具等进行校正和标准化确认程序。

7.15.6.5　动态滞留量

动态滞留量导致试验结果出现偏差，如 10% 蒸余物试验时，需考虑约 2mL 的动态滞留量，故应在馏出 88% ~89% 时停止加热。所以试验所观测到馏出温度与实际馏出温度相比偏高，但是整个蒸馏过程的动态滞留量所对应的每一点为非线性关系，有待于后期研究校正。

7.15.6.6　分解

热分解特性表现为出现烟雾和温度计读数不稳定，即使在调节加热后温度计读数通常仍会下降，而后上升至终馏点现象出现，其原因可能是热分解特征所致，导致终馏点误差。

一般采用终馏点，而不用干点。对于一些有特殊用途的石脑油，如油漆工业用石脑油，可以报告干点。当某些样品的终馏点的测定精密度不能总是达到所规定的要求时，也可以用干点代替终馏点。

7.15.6.7　露出液柱影响

在局浸条件下水银柱露出部分处在比浸没部分低的温度中，从而导致水银柱收缩，造成温度计读数偏低，同理温度计安装的位置也会造成试验结果的影响。

7.15.7　设备管理

（1）量筒检定周期为 3 年，温度计检定周期为 1 年。

（2）该自动设备无法获得检定（校准、测试）证书，为了确保仪器设备的稳定性、准确性、量值溯源，实验室可以对其进行自行校准。自校的方式建议采取与三家通过 CNAS 认可的实验室进行比对的方式，校验周期为 1 年。

（3）温度测量装置和液位跟踪器应按照方法标准的要求定期对校准予以验证。

7.16　石油产品颜色的测定 GB/T 6540—1986（2004）

7.16.1　方法原理

将试样注入带盖的试样容器，开启标准光源，旋转标准色盘转动手轮，同时从观察目镜中观察比较，以相等的色号作为该试样的色号。如果试样颜色找不到确切匹配的颜色，而落在两个标准颜色之间则报告两个颜色中较高的一个颜色，并在该色号前面加上“小于”两字。玻璃颜色标准共分 16 个色号，从 0.5 ~ 8.0 排列，色号越大，表示颜色越深。

7.16.2　目的和意义

石油产品的颜色与原油性质，加工工艺、精制程度等因素有关。直馏石油产品具有颜色主要是因为含有强染色能力的中性胶质，对于催化裂化、焦化的石油产品刚刚从装置生产出来，多半是无色透明略带黄色的液体，因含有不饱和烃类和非烃类，性质不稳定，在空气中就能氧化聚合生成胶质，使油品颜色变深，在储运过程中测定油品颜色可以衡量油品的安定性。对于同一原油的加工产品，其颜色可作为精制程度和安定性的评价标准之一。对于不同原油生产的馏分相同的产品，则不能单纯用颜色的深浅来评定油品质量的优劣。近年来，随着加氢工艺的迅速发展，加氢油品的产量大增，油品颜色的深浅也成为调节加氢深度、判断催化剂好坏的重要指标之一。

颜色是油品的一种物理性质，也可说是一种物理现象。油品组成发生化学变化（如氧化、叠合、聚合、裂解、异构等）形成带有双键的、相对分子质量大的发色团，则会使油品颜色加深。有色有机化合物一定有双键，而有双键的化合物并不一定显色，如苯、乙烯等并无颜色，显色与否还和分子的主体结构、相对分子质量大小和共轭体系的长短有关。

柴油是石油的中间馏分，由于相对分子质量不太大，即使有双键，共轭体系也不会长到足以带色，所以刚出装置的柴油馏分一般是无色的，但是这些分子受到光、热等外界条件的影响，会发生氧化、聚合反应，形成复杂的带色分子，常常既带双键又混有杂原子（包括硫、氧、氮和金属），共轭体系也增长，吸收波长向长波方向转移，有的化合物相对分子质量急剧增大，成为柴油中的胶质。

7.16.3 国内外对照

GB/T 6540—1986（2004）《石油产品颜色的测定》等效采用 ASTM D 1500—1982《石油产品颜色测定法》，目前美国实行的是 ASTM D 1500—2007《石油产品颜色测定法》版本，除年代号有更新外内容基本无差异。

7.16.4 测定方法主要步骤

7.16.4.1 准备工作

（1）用擦镜纸将试样容器仔细擦净。

（2）向一只试样容器内注入蒸馏水至 50mm 以上的深度，放入带盖容器室的右边作为参比液。

（3）向另一只试样容器内注入透明的试样至 50mm 以上的深度，放入带盖容器室的左边，盖上盖子。若试样浑浊不透明时，则需要加热至浑浊消失后注入比色管内立即测定。

（4）如试样的颜色深于 8 号标准玻璃色片时，则稀释后测定混合物的颜色。稀释的比例是试样与煤油的体积为 15∶85。

7.16.4.2 试验步骤

（1）开启光源，旋转标准色盘转动手轮，同时从观察目镜中观察。当试样的颜色与某标准玻璃色片颜色相同时，记录数字盘上的读数，作为该试样的色度。如果试样的颜色在

两个邻近的标准玻璃色片之间时，则记录小于其色号较深者，例如：小于 5.0 号，小于 7.5 号。用煤油稀释后测定的试样，在报告中应加以注明“稀释”。石油产品色度测定仪见图 7-27。

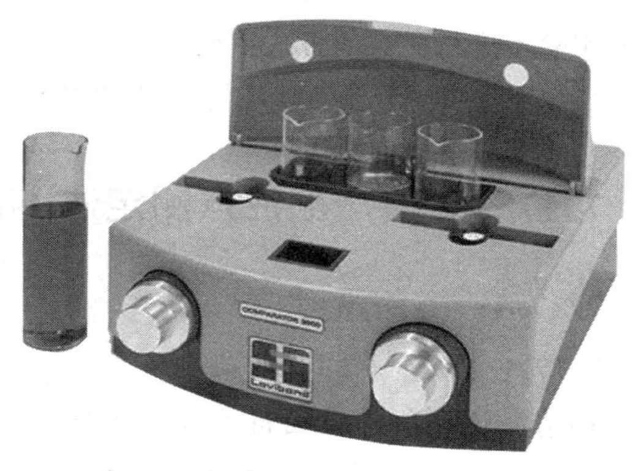

图 7-27　石油产品色度测定仪

（2）测定完毕后关闭灯源，取出比色管，洗涤干净后备用。

7.16.4.3　报告

与试样颜色相同的标准玻璃比色板号作为试样颜色的色号，例如：3.0；如果试样的颜色居于两个标准玻璃比色板之间，则报告较深的玻璃比色板号，并在色号前面加“小于”，例如：小于 3.0 号。决不能报告为颜色深于给出的标准，例如：大于 2.5 号；除非颜色比 8 号深，可报告为大于 8 号。

7.16.4.4　精密度

（1）重复性。同一操作者，同一台仪器，对同一个试样测定的两个结果色号之差不能大于 0.5 号。

（2）再现性。两个实验室，对同一试样的两个结果，色号之差也不能大于 0.5 号。

7.16.5　影响色度测定的因素和注意事项

（1）与试样颜色相同的标准玻璃比色板号作为试样颜色的色号，例如，3.0 号、5.0 号。

（2）重复性实验出现不同结果时，则报告两个颜色中较高的一个颜色，如 3.5 号、4.0 号，则报告色度为 4.0 号。

（3）如果试样的颜色居于两个标准玻璃比色板之间，则报告较深的玻璃比色板号，并在色号前面加“小于”，例如小于 3.5 号、小于 4.0 号，不能报告为颜色深于给出的标准，如大于 3.0 号、大于 4.0 号；除非颜色比 8 号深，可报告为大于 8 号。

（4）如果试样用煤油稀释，则在报告混合物的色号后加上“稀释”两字。

（5）将装有试样与蒸馏水容器放入石油产品色度测定器时，要注意两者的放置位置。

（6）每次观察颜色之前要把色号打乱（即随意调动手抡），防止因视觉颜色疲劳而引起的试验误差。如发现相邻两次所观察的试验结果不同时，让眼睛休息一下再继续观察。

7.16.6　仪器管理

（1）该设备无法获得检定（校准、测试）证书，为了确保仪器设备的稳定性、准确性、量值溯源，实验室可以对其进行自行校准。自校的方式建议采取与三家通过 CNAS 认可的实验室进行比对的方式，校验周期为 1 年。

（2）设备维护。试样容器、试验孔要保持干燥清洁。

7.17　石油产品浊点测定法 GB/T 6986—2014

7.17.1　方法原理

7.17.1.1　浊点定义

将清澈透明的液体石油产品、生物柴油及生物柴油调合燃料放入仪器中，以分级降温的方式冷却试样，通过目测观察或者光学系统的连续监控，判断试样是否有蜡晶体的形成，当试管底部首次出现蜡晶体而呈现雾状或浑浊时的最高温度即为试样的浊点。

测定浊点的目的是为了获得试样从单一的液相转变成固－液两相共存时的温度。

7.17.1.2　试验方法

GB/T 6986—2014《石油产品浊点测定法》适用于测定在 40mm 厚时透明、且浊点低于 49℃的石油产品、生物柴油和生物柴油调合燃料。

7.17.1.3　测定原理

轻质油品在低温下能呈现浑浊和析出结晶，其原因主要是油品中存在低温下易析出结晶的固态烃类（如固体正构烷烃，固体的结晶环烷烃和芳香烃等）。在常温下这些固态烃类溶于油中，当油品温度偏低时，他们的溶解度下降，达到饱和状态时形成蜡结晶，就会出现浑浊。

试样性质不同浊点出现混浊情况或结晶的大小和位置也不同。有些试样会形成大晶体簇，晶体簇与液体间透明度的差别很明显，浊点比较容易测得，比如含蜡的试样。许多试样的结晶首先出现在温度最低的试管壁四周较低处，而有些试样浊点较难观察，如环烷基、加氢和那些低温流动性已经发生变化的试样，出现浑浊很不明显，晶体变大速率很慢，透明度差别微小，晶体簇边界混淆，试样中含有微量水也会出现这种现象，所以对于难测定的试样，试验前要先脱水，以减少干扰。

油品的化学组成与浊点关联很大，石蜡基原油炼制的石油产品浊点较高，中间基原油炼制的石油产品浊点较低。油品中所含有的大分子正构烷烃和芳烃较多时，其浊点就会明显升高，燃料低温性能变差。

7.17.2　目的和意义

由于轻质油品中含有在低温下能结晶的固态烃和溶解水，它们都会恶化油品的耐寒性。当温度低时，它们便从油品中分离出来，开始呈现浑浊，继续冷却则析出晶体，破坏油品的均匀性。航空汽油和喷气燃料都是在高空低温环境下使用，如果出现

结晶就会堵塞滤油器和导油管，使燃料不能顺利输送，导致供油不足甚至中断。浊点过高的灯油在冬季室外使用，会析出细微的结晶，堵塞灯芯的毛细管，使灯芯无法吸油。

在一定的低温下，尽管燃料中的固态烃类的结晶现象不很严重，但危害却很大，因为游离水能与油中的胶质作用，在过滤网上形成一层薄黏膜，使过滤能力大大降低。当有冰晶颗粒存在时，产生的晶体一方面积聚在油管内和滤油器上，另一方面更为重要的是这些微小的晶体会作为烃类结晶的晶核，使熔点较高的烃类包裹这些晶核而迅速形成大的结晶，造成烃结晶和冰结晶，堵塞发动机燃料系统的过滤器和输油管，从而破坏正常供油甚至导致油路中断，使发动机完全停车。为了保证发动机在低温下能正常工作，需要通过测定油品的浊点来检测产品质量指标对油品低温性能的要求。

7.17.3　国内外对照

GB/T 6986—2014《石油产品浊点测定法》修改采用 ASTM D2500—2011《石油产品浊点的标准试验法》。GB/T 6986—2014 与 ASTM D2500—2011 主要差别有三点：

①增加了自动试验方法，自动方法内容参照了 ASTM D5771—2012《石油产品浊点测定法 光学检测分级冷却法》；

②增加了测试环境条件要求湿度不大于 75% 的说明；

③增加了硫酸钠脱水剂的处理过程和滤纸要求及处理步骤的内容。GB/T 6986—2014 方法中规定手动方法为仲裁方法。

7.17.4　主要试验步骤

7.17.4.1　试验仪器及要求

手动浊点测定仪如图 7-28 所示，包括组件如下：

（1）温度计。全浸式，测温范围 -80 ~ +20℃，分度值 0.5℃；局浸式，测温范围 -80 ~ +20℃，分度值 1.0℃；测温范围 -38 ~ +50℃，分度值 1.0℃。

（2）试管。平底、圆筒状，由透明玻璃制成，内径 30.0 ~ 32.4mm，外径 33.2 ~ 34.8mm，高 115 ~ 125mm，距试管内底部 54mm ± 3mm 处标有一刻线，刻线处的容积为 45mL ± 0.5mL。

（3）套管。平底的金属或玻璃材质圆筒，内径 44.2 ~ 45.8mm，高约 115mm，套管在冷浴中应能维持直立位置，高出冷却介质不能超过 25mm。

（4）垫片。软木或毛毡制成，厚 6mm，直径与套管内径相同。

（5）垫圈。环形，厚约 5mm，能紧贴试管外壁，在套管内可松动。可由软木、毛毡或其他合适材料制成，垫圈的用途是防止试管与套管接触。

（6）冷浴。能达到标准所规定的温度，且能把套管牢牢固定在垂直位置。浴温能维持在规定温度的 ±1.5℃ 范围之内。

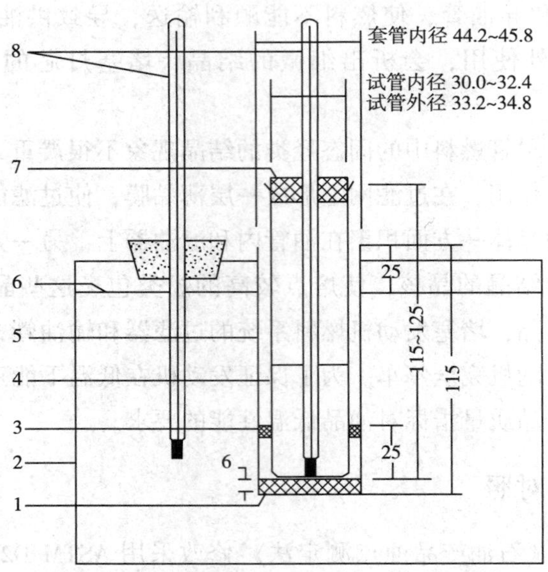

图 7-28　手动浊点测定仪

1—圆盘；2—冷浴；3—垫圈；4—试管；5—套管；
6—冷浴液面位置；7—软木塞；8—温度计

7.17.4.2　测定步骤

（1）试样制备。试样含水时要进行脱水处理，用干燥滤纸过滤，对于柴油如果出现雾状较浓时要使用无水硫酸钠脱水。

（2）根据预期浊点选取温度计。如果预期浊点高于 -36℃，选用高温范围温度计（测温范围 -38 ~ +50℃），如果预期浊点低于 -36℃，选用低温范围温度计（测温范围 -80 ~ +20℃）。

（3）取样。将试样注入试管至刻线处，用带有温度计的软木塞塞紧试管，温度计水银球刚好接触试管底部。

（4）安装仪器。垫片、垫圈和套管内都应洁净、干燥。预先将垫片和套管放入冷却介质中至少 10min，然后将垫圈套入试管，离底部约 25mm，并将试管插入套管内。

（5）观察浊点现象。冷浴保持在 0℃ ±1.5℃范围内，观察试管温度计每降低 1℃时，在不搅动试样情况下，迅速将试管取出，观察浊点，然后放入套管，完成整个过程不超过 3s。当试管温度低时，拿出试管进行浊点现象观察时，试管外壁会被薄薄的水雾笼罩，此时可用无水乙醇快速擦拭试管，以便于观察。

（6）转移冷浴。当试样冷却到 9℃还未出现浊点，则将试管移入温度保持在 -18℃ ±1.5℃的第二个浴套管中，在转移试管过程中不能转移套管。若试样冷却到 -6℃还未显示浊点，则按照表 7-16 将试管转移到 -33℃ ±1.5℃的第三个浴套管中。如果试管中的试样没有出现浊点，而试样当前使用的浴温达到了表 7-16 对应试样温度范围中的最低温度，应将试管转移至下一个冷浴。

表 7-16　冷浴和试样温度

冷却介质	浴温/℃	试样温度范围/℃
冰和水	0 ±1.5	开始 ~9
碎冰和氯化钠晶体，或丙酮或溶剂油或乙醇或甲醇中加入固体二氧化碳	-18 ±1.5	9 ~ -6
丙酮或溶剂油或乙醇或甲醇中加入固体二氧化碳	-33 ±1.5	-6 ~ -24
丙酮或溶剂油或乙醇或甲醇中加入固体二氧化碳	-51 ±1.5	-24 ~ -42
丙酮或溶剂油或乙醇或甲醇中加入固体二氧化碳	-69 ±1.5	-42 ~ -60

（7）读取浊点温度。当连续冷却的试管底部出现蜡结晶时，记录温度计读数作为浊点，读准至 1℃。

7.17.4.3　精密度

（1）重复性。同一操作者，使用同一台仪器，对同一试样测定，所得两个重复测定结果之差，不应大于表 7-17 和表 7-18 所示重复性数值。

（2）再现性。在不同实验室，不同操作者，使用不同仪器，对同一试样测定，所得两个单一和独立地结果之差，不应大于表 7-17 和表 7-18 所示再现性数值。

表 7-17　手动法的精密度

试　样	重复性（r）/℃	再现性（R）/℃
馏分燃料和润滑油	2	4
生物柴油和生物柴油调和燃料	2	3

表 7-18　自动法的精密度

试　样	重复性（r）/℃	再现性（R）/℃
馏分燃料和润滑油	2.2	3.9
生物柴油和生物柴油调和燃料	1.2	2.7

7.17.4.4　结果报出

手动法精确到 1℃，自动法精确到 0.1℃或 1℃。

报告中注明：试样是否过滤、脱水，试验结果测试采用的是自动法还是手动法。

7.17.5　注意事项

（1）含水试样必须按照方法要求脱水，否则会影响观察浊点现象。

（2）定期检查温度计是否可用，只有当温度计不浸入浴时读数为室温，而浸入冰浴时读数为 0℃ ±1℃时才可以使用。

（3）要根据预期浊点正确选取温度计，确定使用低温范围温度计还是高温范围温度计。

（4）观察浊点的过程要迅速，否则会影响浊点判定。从取出试管观察浊点到放入套管内不超过 3s，浊点较低时，为了避免水雾干扰观察，要用无水乙醇快速擦拭试管。

（5）为保证数据准确性，按照方法标准要求正确转移试管到规定浴温。

(6) 圆盘和垫圈要保证干燥无结冰结霜现象，否则会影响测定结果。

7.17.6 仪器管理

需要检定的计量器具为温度计，检定周期为1年。

7.18 石油产品蒸气压的测定 雷德法 GB/T 8017—2012

7.18.1 方法原理

7.18.1.1 术语

(1) 蒸气压。液体在任何温度下，都会蒸发而变成气体，气体所具有的压力叫蒸气压。

(2) 饱和蒸气压。在一定温度下，在气液两相达到动态平衡时液面上的蒸气所显示出来的压力，称为饱和蒸气压。

(3) 雷德饱和蒸气压。试样在37.8℃下用雷德式饱和蒸气压测定器所测出的蒸气最大压力，称为雷德饱和蒸气压。

7.18.1.2 方法原理

将蒸气压测定器的液体室充入冷却的试样，并与在浴中已经加热到37.8℃的气体室相连，将安装好的测定仪浸入37.8℃浴中，直到观测到恒定压力，此压力读数经适当校正后，即报告为雷德法饱和蒸气压。

7.18.1.3 试验方法

GB/T 8017—2012《石油产品蒸气压的测定 雷德法》

此标准又分为A法、B法、C法和D法四种方法，四种方法均采用相同容积的液体室和气体室。

(1) A法适用于测定蒸气压小于180kPa的汽油（包括仅含甲基叔丁基醚的汽油）和其他石油产品，A法的改进步骤适用于35～100kPa的汽油和添加含氧化合物汽油的试样。

(2) B法及其改进步骤采用半自动测定仪，仪器浸入水平浴中并在旋转中达到压力平衡。适用于测定A法及其改进步骤所使用的汽油及其石油产品。A法、B法蒸气压测定器如图7-29和图7-30所示。

(3) C法采用双开口液体室，适用于测定蒸气压大于180 kPa的试样。

(4) D法对液体室和气体室容积之比有更苛刻的限制，适用于测定蒸气压约为50kPa的航空汽油。

7.18.2 目的和意义

蒸气压是表示油品蒸发性能、启动性能、生成气阻的倾向及储存时损失轻质馏分多少的重要指标之一。

(1) 蒸气压是表示液体燃料蒸发性的重要指标。通过测定发动机燃料的饱和蒸气压，可以判断燃料的挥发性。发动机燃料的饱和蒸气压越大，所含的低分子烃类也越多，挥发

性也越大，与空气混合也越均匀。

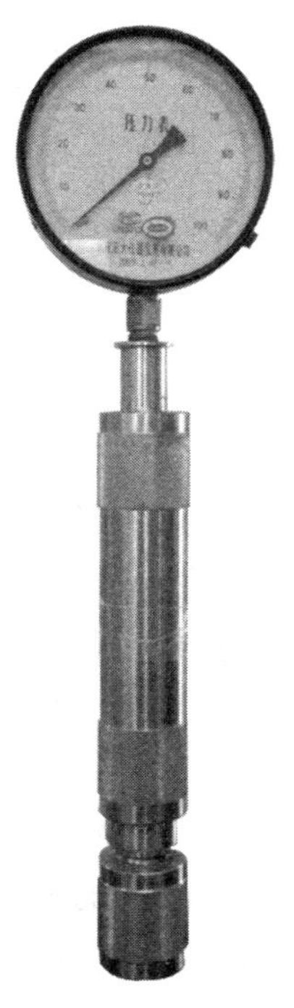

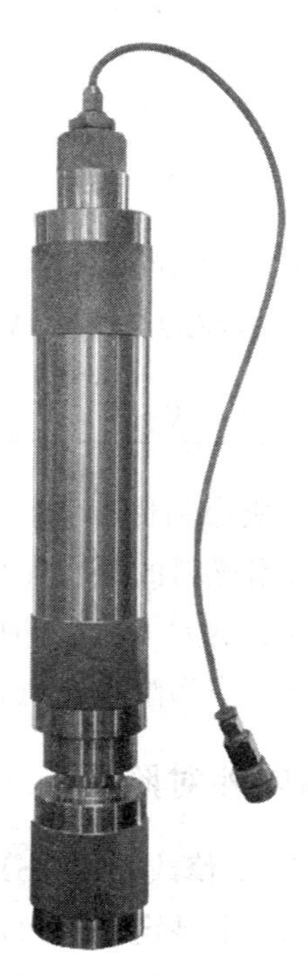

图7-29　A 法蒸气压测定器　　　图 7-30　B 法蒸气压测定器

（2）判断发动机燃料在使用时有无形成气阻的倾向。燃料的蒸气压越大，在气温高或外界气压显著降低的情况下，燃料就会产生大量的蒸气，蒸气在发动机燃料系统的油泵或输油管拐弯处聚集形成气阻。发生气阻后会影响发动机的正常供油，严重时甚至会造成供油中断，因此蒸气压对于车用汽油和航空汽油来说是非常关键的指标，其影响发动机启动、升温和高温或者高纬度操作时的气阻趋势，而蒸气压过低时燃料的轻组分减少，会影响发动机的启动性能。

《世界燃油规范》中根据环境温度不同，将油品蒸气压分别进行限制，如表 7-19 所示。在国内车用汽油标准中根据不同季节分别对油品蒸气压指标也做出要求，如表 7-20 所示。

表 7-19　世界燃油规范蒸气压要求（第五版）

分类	环境温度/℃	蒸气压/kPa
A	>15	45 ~ 60
B	5 ~ 15	55 ~ 70
C	-5 ~ +5	65 ~ 80
D	-5 ~ -15	75 ~ 90
E	< -15	85 ~ 105

表 7-20 国内车用汽油标准对蒸气压要求

产品名称	蒸气压/kPa 11月1日~4月30日	蒸气压/kPa 5月1日~10月31日
GB 17930—2016 车用汽油（Ⅴ）	45~85	40~65 广东、广西和海南全年执行此项要求
GB 17930—2016 车用汽油（ⅥA、B）	45~85	40~65 广东、广西和海南全年执行此项要求
GB 18351—2015 车用乙醇汽油（E10）（Ⅴ）	45~85	40~65
GB/T 22030—2015 车用乙醇汽油调和组分油（Ⅴ）	40~78	35~58

（3）估计发动机燃料储存和运输时的损失。当储存、灌注及运输燃料时，轻质馏分总会有蒸发损失。根据燃料的蒸气压可估计轻质馏分的损失程度，蒸气压越大，储存过程的损失也越大，同时也增大了着火的危险性，而且还污染环境。在某些地区法律规定了汽油的蒸气压最高限值，作为防止空气污染的一个重要措施。

7.18.3 国内外对照

GB/T 8017—2012 修改采用 ASTM D323:2008《石油产品蒸气压标准试验方法 雷德法》。

GB17930—2016 中规定车用汽油蒸气压的测定也可采用 SH/T 0794《石油产品蒸气压的测定 微量法》，在有争议时以 GB/T 8017 测定结果为准。

7.18.4 主要试验步骤

雷德法饱和蒸气压测定装置由蒸气压测定器、压力表或者压力传感器、水浴三部分组成。蒸气压测定器分为气体室和液体室两部分，二者的体积比 4:1，对于蒸气压超过 180kPa 的油品，采用双开口液体室的仪器。下面介绍一下采用 A 法和 B 法试验的主要步骤：

7.18.4.1 取样

（1）蒸气压的测定对试样蒸发损失和组分的变化极其敏感，所以采样、封样等步骤严格按照 GB/T 4756 进行，取样量控制在取样容器体积的 70%~80%。进行仲裁试验时，应采用 1L 容量的容器。

（2）雷德法蒸气压的测定应是采用第一次从试样容器中提取的试样，容器中剩下的试样不得用于第二次的蒸气压试验。

（3）有泄漏迹象的试样不得用于试验，应弃去此试样，并重新采样。

（4）试样容器开启之前，一定将该容器及其试样冷却到 0~1℃，并保证有充分的时间达到这一温度。

7.18.4.2 试验前准备工作

（1）确认容器中试样的装入量。当试样温度达到 0~1℃时，将试样从冷浴中取出，并用吸湿材料擦干。如果容器不是透明的，先启封，用适当的计量仪器确认液体容积为容器的 70%~80%；如果是透明容器，采用刻度尺或者适当方法确认 70%~80% 的装入量。

如果容器中试样超过 80%，则倒出一些使之在 70% ~80% 的范围之内，倒出的试样不得再返回容器；如果试样量不到容器的 70%，则不能使用。

（2）容器中试样的空气饱和。试样温度在 0 ~1℃时，将容器从冷浴中取出，并用吸湿材料擦干，快速开关试样容器盖，重新封盖后，剧烈摇动，再放回冷浴中至少 2min，注意整个过程不要让水进入。重复此步骤，盛装试样的不透明容器需做 3 次空气饱和；由于盛装试样的透明容器没有开盖确认试样装入量，所以盛装试样的透明容器需做 4 次空气饱和，盛装试样的容器在第 5 次开盖时要进行试验。

（3）液体室的准备工作。采用 A 法和 B 法试验时，将打开并直立的液体室和试样转移的连接装置完全浸入 0 ~1℃的冷浴中，放置 10min 以上使液体室和试样转移的连接装置均达到 0 ~1℃。

采用 A 法改进步骤和 B 法改进步骤试验时，将密封并直立的液体室和试样转移的连接装置完全浸入 0 ~1℃的冰箱或冷浴中，冷浴液面不要没过液体室螺旋口顶部，放置 20min 以上使液体室和试样转移的连接装置均达到 0 ~1℃。

（4）气体室的准备工作。采用 A 法试验时，将压力表和气体室连接，将气体室浸入 37.8℃ ±0.1℃的水浴中，使水浴液面高出气体室顶部至少 24.5mm，并保持 10min 以上。

采用 B 法试验时，将气体室与压力表或压力传感器连接，将其水平完全浸入 37.8℃ ±0.1℃的水浴中，并保持 10min 以上。

采用 A 法改进步骤试验时，将压力表和气体室连接，将密封的气体室浸入 37.8℃ ±0.1℃的水浴中，使水浴液面高出气体室顶部至少 24.5mm，并保持 20min 以上。

采用 B 法改进步骤试验时，将密封的气体室与压力表或压力传感器连接，将其水平完全浸入 37.8℃ ±0.1℃的水浴中，并保持 20min 以上。液体室充满试样之前不要将气体室从水浴中取出。

7.18.4.3　试验步骤

（1）严格按照方法标准要求转移试样。试样转移连接管应延伸到距离液体室底部 6mm 处；试样充满液体室直至溢出，取出移液管，向试验台轻轻叩击液体室以保证液体室不含气泡。对于 A 法改进步骤和 B 法改进步骤，应用吸湿性材料将试样容器和液体室外表面擦干，以杜绝试样转移过程中水进入试样容器和液体室内，如图 7-31 所示。

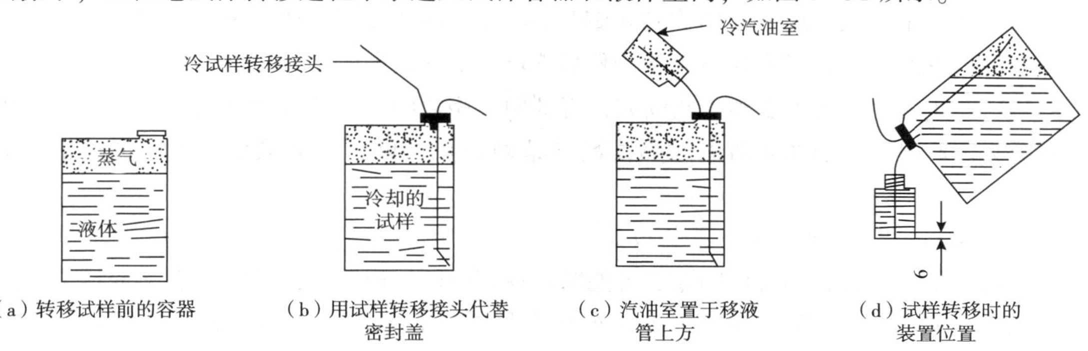

图 7-31　从试样容器转移至液体室示意图

(2) 仪器的组装。采用A法试验时，立即将气体室从水浴取出，并尽快与充完试样的液体室连接，不得有试样溅出，不得有多余动作，多余动作可能导致室温空气与气体室内37.8℃ ±0.1℃的空气对流，从气体室由水浴中拿出到与液体室完成连接的时间不得超过10s。

采用B法试验时，立即将气体室从水浴取出，然后使螺旋管在快速接头处断开，尽快将充完试样的液体室与气体室相连，连接的时间不得超过10s，不得有试样溅出，不得有多余动作。

对于A法改进步骤和B法改进步骤，将气体室从水浴取出后，迅速用吸湿材料将其外表擦干，特别注意气体室和液体室连接处干燥，并在去除气体室的密封后尽快与冲完样的液体室连接。

(3) 严格按照方法要求将仪器放入恒温浴中。采用A法试验时，将装好的蒸气压测定仪倒置，剧烈摇动8次，然后压力表向上放入37.8℃ ±0.1℃水浴中，使水浴液面高出空气室顶部至少25mm，注意检查空气室与液体室连接处是否漏气或漏液，有任何泄漏现象此试验作废。

采用B法时，仪器处于垂直状态时，立即将快速接头与螺旋管连接。让仪器翻转20°~30°达4s或5s，使试样流进气体室而又不会进入气体管内。然后将仪器组件放入37.8℃ ±0.1℃水浴中，将液体室底端连上驱动联轴节，打开运行开关转动液体室和气体室组件。试验中如果发现漏气、漏液现象此试验作废，用新试样重新试验。

(4) 添加含氧化合物汽油试样改进步骤的试样状态检查。如果使用透明容器盛装试样，在试样转移之前观察试样是否分层；如果试样装在不透明容器中，充分搅拌剩余试样，然后迅速将部分剩余试样倒入干净的透明玻璃容器中，观察试样是否出现分层或浑浊现象。如果试样出现浑浊，可继续试验，但需要在试验结果后加“H”注明；如果观察试样出现分层状态，废弃试样和剩余试样，用新试样重新试验。

(5) 正确读取蒸气压数值。采用A法试验时，将仪器放入水浴至少5min后轻敲压力表观察读数，然后取出蒸气压测定仪，倒置剧烈摇动8次，然后压力表向上放入37.8℃ ±0.1℃水浴中，在不少于2min的间隔后轻敲压力表观察读数。继续重复仪器置于浴中的步骤，直到完成不少于5次的摇动和读数，直到最后两次相邻的压力读数相同，并显示已达到平衡为止，记录最后压力（精确到0.25kPa），此数值作为未经校正的蒸气压。

采用B法试验时，仪器组件在浴中停留5min后轻敲压力表读取数据，在不少于2min的间隔中，重复轻敲压力表和观察读数，直到两次相邻的压力读数相同为止，采用压力传感器时无需轻敲，依前所述时间间隔读数（精确到0.25kPa），此数值作为未经校正的蒸气压。

7.18.4.4 雷德蒸气压结果的校正

迅速卸下压力表，不要试图除去可能窝存在表内的任何液体，将压力表（或压力传感器）与压力测量装置相连。将压力表（或压力传感器）和压力测量装置处于同一稳定的压力之下，此压力值应在记录的未经校正蒸气压的 ±1.0kPa之内，将压力表（或压力传

感器）读数同压力测量装置的读数相对照。如果在压力表（或压力传感器）与压力测量装置的读数之间观察到差值。当压力测量装置读数较高时，就把此差值加到未经校正的蒸气压上，作为试样的雷德蒸气压；当压力测量装置读数较低时，就从未经校正的蒸气压减去此差值，作为试样的雷德蒸气压。

7.18.4.5 结果报出

经过对压力表（计）和压力测量装置之间任一差异的校正后，精确到0.25kPa，报告为试样的雷德法蒸气压。

7.18.4.6 仪器的清洗。

用32℃温水冲洗空气室和液体室至少5次，对于添加含氧化合物汽油试样的试验，清洗空气室后再用干燥空气吹干，然后用石脑油冲洗气体室、液体室若干次，再用丙酮冲洗若干次，接着用干燥空气吹干。压力表采用离心法清除压力表波登管中窝存的液体。

7.18.5 注意事项

（1）雷德蒸气压的测定应是被分析试样的第一个试验。

（2）根据试样的组成不同要正确选取方法。添加含氧化合物的汽油试样要选取A法和B法的改进步骤。测定过程中应保证气体室、液体室和试样转移连接装置的内部干燥无水。

（3）取样和试样的管理对最后结果有很大影响，应严格执行标准中的规定。试样在试验前应防止过分受热，要特别小心避免试样的蒸发损失和轻微的组成变化，试验前决不能把雷德蒸气压测定器的任何部件当作试样容器使用。

（4）试验前必须对容器内试样的装入量进行确认（容积的70%～80%）。

（5）试验前严格按照方法要求做好试样的空气饱和，使试样与容器内空气达到平衡，这一步骤对试验结果很关键。

（6）试验前按照方法要求将液体室冷却到规定温度（0～1℃），气体室放入水浴中（37.8℃±0.1℃）恒温。

（7）为了避免试样挥发要严格按照方法要求转移试样。

（8）仪器安装必须按照标准方法中的要求进行，不得超出规定的安装时间（必须在10s内完成）。

（9）A法试验时必须按照标准要求剧烈摇动蒸气压测定仪，使试样与测定仪内空气达到平衡，以保证平衡状态。

（10）每次试验后都要将蒸气压读数用压力测量装置进行校正，并精确到0.25kPa，以保证试验结果的准确性。

（11）试验后必须按照方法要求彻底冲洗空气室和液体室，以保证下次试验不含前次试验的残存试样。

（12）经常对连接部位进行气密性检查，尤其快速插头部位容易漏气，必要时及时更换。

7.18.6 仪器管理

需要检定计量器具包括压力表、水银压差计的刻度尺及测量浴温的温度计，压力表的检定周期为半年，其余的为1年。

7.19 汽油氧化安定性测定 诱导期法 GB/T 8018—2015

7.19.1 方法原理

试验汽油置于100℃密闭金属氧弹中，在一定氧压下连续氧化，每15min记录一次剩余氧压，当压力降达到14kPa/15min并且下一个15min压力降不小于该值时，首次达到该压力降时的一点称为转折点，转折点处的时间为试验温度下的诱导期，通过温度修正计算，可得到100℃时诱导期。如图7-32所示，诱导期为348min。

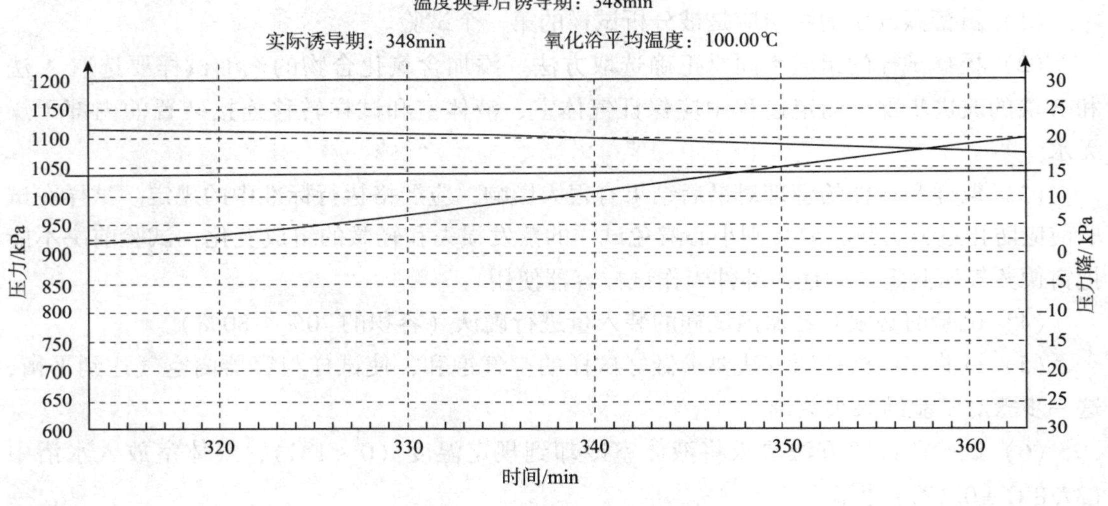

图7-32 诱导期测定中压力降转折点示意图

7.19.2 目的和意义

汽油氧化安定性反映汽油在储运过程中由于自然氧化生成胶质的倾向性。由于汽油从调合组分成为合格产品后到实际被使用往往需要经过管输、陆运或海运、各类罐体储存、销售等环节，其时间跨度可能从数日到数月不等。在储存过程中，油品不可避免地要和空气中的氧气接触而发生一定程度的氧化变质。为了保证汽油具有一定的耐储存特性即抗氧化变质的特性，需要将汽油氧化安定性作为一个重要指标来考量，汽油氧化安定性通常由诱导期的长短来表示。

诱导期越长的汽油，越不易氧化生胶，理论上可储存的周期也越长。一般汽油中烯烃含量多，尤其是共轭二烯含量多，生胶倾向性强，诱导期短。对于一些汽油，形成胶质的

过程以吸氧的氧化反应为主，诱导期可以反映其油品储存安定性，但对于形成胶质的过程是以缩合和聚合反应占优势的汽油，吸氧只占次要的地位，诱导期就不能充分反映油品的储存安定性。图 7-33 为烯烃缩合反应示意（以 1，3-丁二烯为例）。该过程并不需要氧气的参与，在烯烃不断缩合、聚合生成胶质和重质烃类的过程中，氧弹内压降并不因此过程而增加。

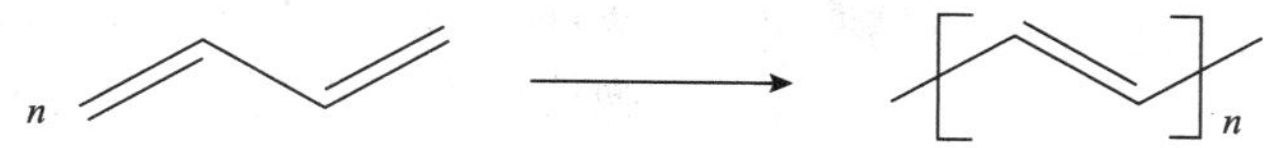

图 7-33　烯烃缩合反应示意（以 1，3-丁二烯为例）

如图 7-34 所示，一个缓慢氧化的汽油在诱导期测定时生胶反应以非耗氧烯烃缩合为主，虽然诱导期已超过 1000min，但压降始终达不到 14kPa/15min，氧压力却在缓慢下降，在压力-时间曲线上没有明显的转折点。诱导期虽长，样品胶质含量已迅速增加，油品使用性能却不好。

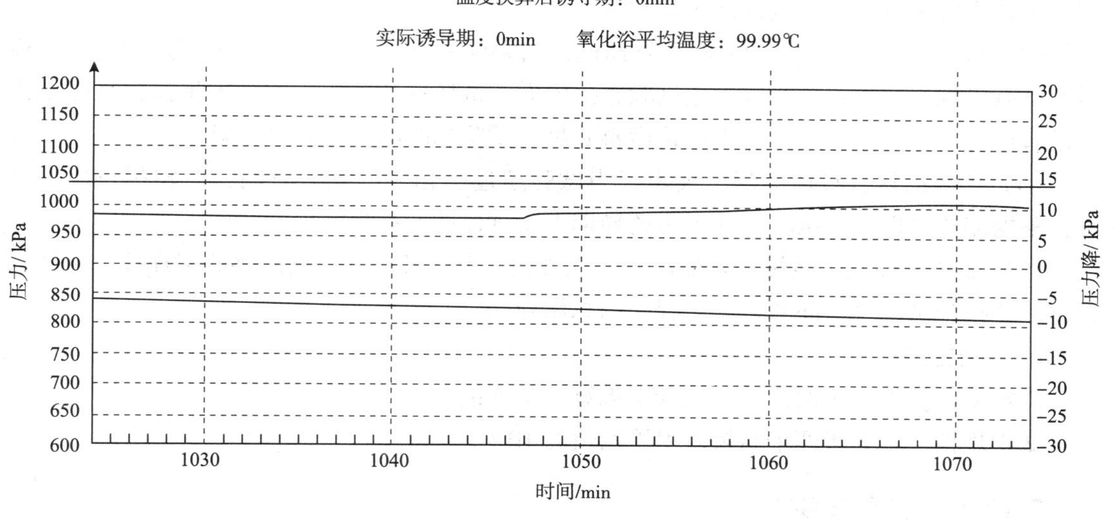

图 7-34　测定缓慢氧化的汽油诱导期时氧压力和压力降

7.19.3　国内外对照

GB/T 8018—2015《汽油氧化安定性测定法 诱导期法》修改采用美国 ASTM D525—12a《汽油氧化安定性测定法　诱导期法》制定。该方法为了测定和计算方便将英制单位进行了修改，将 10min 内压力降不大于 6.89kPa 修改为不大于 7kPa，转折点压降达到 13.8kPa/15min 修改为 14kPa/15min。

7.19.4　主要试验步骤

（1）用甲苯、丙酮等体积混合均匀配成胶质溶剂，用该溶剂对氧化瓶、瓶盖、填杆、弹柄等处进行仔细清洗。然后将样品瓶和瓶盖用水充分冲洗，最后浸泡在热的去垢清洗液

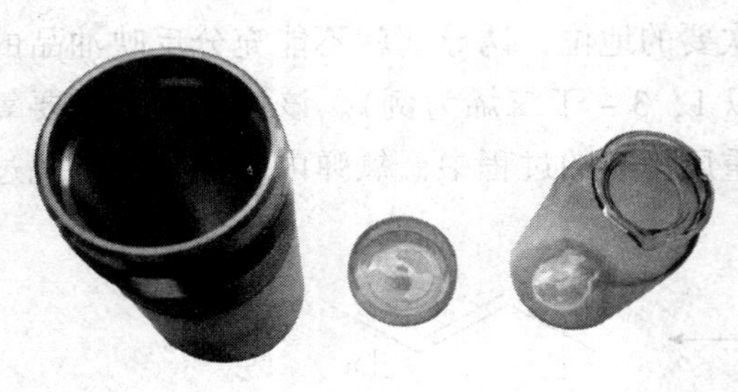

图 7-35　汽油氧化安定性测定用氧弹、氧化瓶及瓶盖

中。之后只能用镊子夹取，用自来水冲洗，再用蒸馏水冲洗，最后在 100～150℃的烘箱中干燥至少 1h。图 7-35 为氧弹、氧化瓶及瓶盖。

（2）取温度为 15～25℃间的汽油 50mL±1mL 倒入氧化瓶，带盖放入氧弹中，拧紧弹体后充压两次，充压至 690～705kPa，第一次为置换出空气，放氧时间需大于 2min，第二次为加热前试漏。

（3）当氧弹 10min 内压力降不大于 7kPa 时，将氧弹放入水浴或金属浴中，浴温控制在 98～102℃。放入浴中的氧弹压力会显著上升，为了保证高压下依然不漏气，还需进行至少 30min 的落弹后试漏。

（4）当弹体内氧气压力下降至 14kPa/15min，且下一个 15min 压降不小于 14kPa 时，记录该处为转折点，得到直读诱导期数值。

（5）经温度换算得到 100℃时诱导期值，结果保留至整数。试样时间超过相应的观察时间没有出现现转折点，可以停止试验，报告大于试样的产品规格值。如果试样氧化缓慢而没有出现转折点，报告为缓慢氧化燃料并报告试验总时间和过程总压降。

（6）如果试样有具体的规格要求，当试验超过了相应的观察时间，但转折点仍未出现，根据需要可以停止试验，报告为诱导期大于试样的产品规格值。

（7）如果试样发生缓慢氧化而没有出现方法要求的转折点，则应将此试样报告为缓慢氧化，并报告试验总时间和试验过程中的总压降。

（8）精密度

①重复性。不大于两次连续试验结果算术平均值的 5%；

②再现性。不大于两个结果算术平均值的 10%。

7.19.5　注意事项

（1）样品瓶和盖子要严格按照方法要求进行清洗，清洗以后只允许使用镊子持取，以免手上的油污带到氧化瓶上，在高温高压下一同被氧化，导致测定结果偏低。

（2）氧弹、玻璃样品瓶和盖子、附件、管线等要清洗干净。在每次试验开始前，氧弹和所有连接管线都应进行充分干燥。前次试验中形成的易挥发的过氧化物沉积在设备中，有可能会引起爆炸，所以在每次试验前要确保氧弹、玻璃样品瓶和盖子、附件、管线等中的过氧化物都清洗干净。

（3）方法规定待试验的汽油温度需达到 15～25℃，油样温度过低导致实际样品体积变大，消耗氧气过多诱导期变短；油样温度过高，导致实际样品体积变小，消耗氧气过少诱导期变长，试样的注入量为 50mL±1mL。

（4）第一次充入的氧气压力达到 690～705kPa，然后让氧弹里的气体慢慢地匀速放

出，以置换走弹内原有的空气，第二次再次充入氧气压力达到 690 ~ 705 kPa。

（5）必须维持测定用的水浴或金属浴温度在 98 ~ 102℃。浴温低于 98℃时，测定结果较实际值偏大，浴温高于 102℃时，测定结果较实际值偏小。如果试验地区大气压过低，允许往水浴里加入较高沸点的液体，如乙二醇、甘油，使水浴中沸腾的温度在 98 ~ 102℃范围内。

如果试验温度高于 100℃时，诱导期 $t = t_1 / [1 + 0.101(t_a - 100)]$；

如果试验温度低于 100℃时，诱导期 $t = t_1 / [1 + 0.101(100 - t_b)]$

式中　t——试样 100℃温度下的诱导期，min；

t_1——试验温度下的实测诱导期，min；

t_a——试验温度高于 100℃时的试验温度，℃；

t_b——试验温度低于 100℃时的试验温度，℃；

0.101——常数。

（6）当 15min 压力降一直小于 14kPa 而没有转折点出现，则应将此试样报告为缓慢氧化，并报告试验总时间和试验过程中的总压降。这种情况的精确度及偏差还没有确定。

（7）试验过程中使用的压力表和温度计要经过检定，以保证电脑中设置的压力、温度应与实际的压力、温度相符合。

（8）保证试验过程中氧气不泄漏，氧气的纯度要满足试验要求。

7.19.6　仪器管理

需要检定的计量器具有：压力表，检定周期为 1 年；温度计或温度传感器，检定周期为 1 年；50mL 或 100mL 量筒，检定周期为 3 年。

7.20　燃料胶质含量的测定 喷射蒸发法 GB/T 8019—2008

7.20.1　方法原理

发动机燃料在试验条件规定的热空气流中蒸发进行人工氧化，油中的烃类氧化、聚合、缩合生成胶质。

将两份装有 50mL 试样的玻璃烧杯置于测定装置中油浴器或金属浴的凹槽内，将加热温度控制在 160 ~ 165℃内，空气流速在 600mL/s ± 90mL/s 内。用流速稳定的热空气吹扫液面，直至轻组分挥发完毕，再测定未挥发试样残渣的质量，以 100mL 试样所含胶质表示。此时测定的是未洗胶质（即溶剂洗胶质和不挥发性添加剂组分总量）。溶剂洗胶质的测定必须将所得试样残渣用正庚烷抽提再进行检测。

7.20.2　目的和意义

胶质含量是与氧化安定性相关的重要指标，用于评定汽油在储存和使用时生成胶质的倾向。

对车用汽油来说，试验的基本目的是测定试样在试验以前或相对较缓和的试验条件下形成的氧化产物。由于许多车用汽油是人为掺进了非挥发性的油品或添加剂，所以用正庚烷将蒸发残渣中非挥发性的油品或添加剂抽提出来是非常必要的，以便测得有害的胶质物质。

燃料的化学组成与其安定性有密切的关系，是燃料氧化的内因。燃料中各种烃在液相中的抗氧化的能力各不相同，芳香烃、烷烃、环烷烃安定性好，在常温液相时均不易和空气中的氧反应，产生胶质的倾向小，储存中不易氧化变质。不饱和烃（主要是烯烃和二烯烃）在常温液相时易和空气中的氧反应，是燃料氧化变质的主要原因。燃料中如含不饱和烃则安定性差，储存中容易氧化成产生胶质的有机酸。但并不是所有不饱和烃都有剧烈的氧化和聚合的倾向，其中环烯烃较易氧化，在侧链上有双键的芳香烃更易氧化，共轭双键的二烯烃极易形成胶质，而环烷二烯烃尤其是环戊烷二烯烃最不安定，热裂化汽油在精制前含有高达30% ~40%的不饱和烃，如烯烃、环烯烃、侧链上具有双键的芳香烃、少许的二烯烃和环烷二烯烃。因此，热裂化汽油的不饱和烃含量及生胶倾向较大。直馏汽油中不含不饱和烃，一般溶剂洗胶质含量很低；加氢裂化汽油几乎不含烯烃及生胶倾向较大的不饱和烃，故安定性也高。

在储存时，当燃料中不饱和烃与空气相互作用，氧化的结果会形成胶质，所以汽油的表面与空气的接触量和空气变化的强度对胶质的形成有很大的影响，汽油罐中汽油装满的程度决定着燃油与空气的比例，空气的浓度愈大，燃油氧化生胶愈猛烈。油罐气体空间空气的交换即所谓油罐的小呼吸（小呼吸就是昼夜空气温度的变化，产生的油罐空间气体的依次排出和吸入的过程）强烈地趋向氧化，导致胶质的形成。

除了不饱和烃对燃料安定性有不利影响外，含硫或氮的化合物也能引起燃料变色或变质（产生胶质或者沉淀）降低燃料安定性。

燃料中氧化生成的胶质本身也有催化作用，会反过来加速燃料的氧化。这是因为氧化生成的胶质中含有很多不稳定的过氧化物，过氧化物分解可以引发氧化链反应，加速燃料的氧化。

一些车用汽油中加有甲基环戊二烯基三羰基锰抗爆剂（MMT），MMT受光照同样会分解生成沉淀，并引发氧化链反应，使车用汽油的辛烷值和诱导期大幅下降。

燃料的化学组成取决于原油性质和加工工艺，尤其是烯烃含量受加工工艺影响很大。直馏产品、加氢产品烯烃含量很少，安定性好，而催化重整、烷基化产品烯烃含量也少，而FCC产品烯烃量较多，安定性也较差。与此相应，不同产品因加工工艺不同，烯烃含量各不相同，安定性也有明显差异。

溶剂洗胶质通常表明燃料在使用过程中，在进气道和进气阀上生成沉积物的倾向。

7.20.3 国内外对照

GB/T 8019—2008 标准是根据 ASTM D381:2004 进行起草的。ASTM 于 2012 年发布了最新标准 ASTM D381:12《燃料胶质含量的测定 喷射蒸发法》。

ASTM D381：2012《燃料胶质含量的测定 喷射蒸发法》与 GB/T 8019—2008《燃料胶质含量的测定 喷射蒸发法》主要区别如下：

（1）在用正庚烷对未洗胶质进行洗涤时，GB/T 8019—2008 对静置时间的规定是“使混合物静置 10min”，ASTM D381：12 中规定的是“使混合物静置 10min ± 1min”。

（2）由实验室间统计测试结果得到的精密度图表不同，具体差别见图 7-36 和图 7-37。

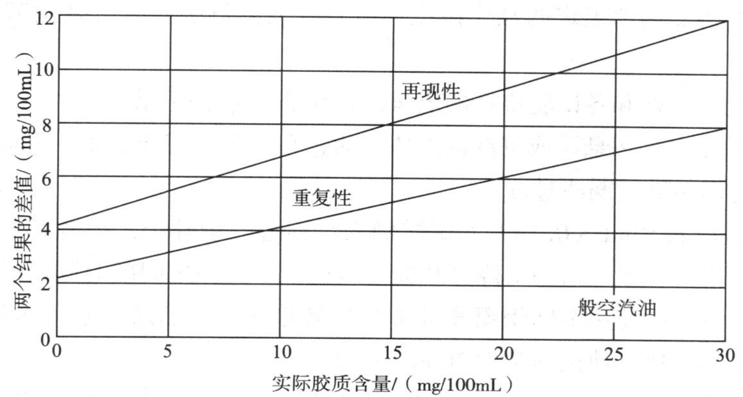

图 7-36　GB/T 8019—2008 航空燃料实际胶质精密度

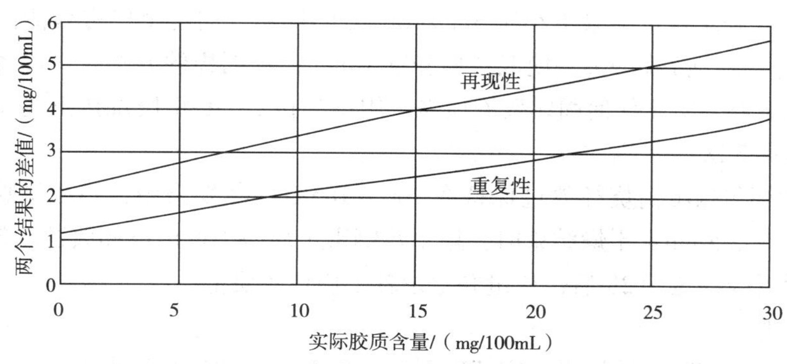

图 7-37　ASTM D381：12 航空燃料实际胶质精密度

GB 17930—2016《车用汽油》中对胶质含量的规定是：未洗胶质含量（加入清净剂前）不大于 30mg/100mL，溶剂洗胶质含量不大于 5mg/100mL。

《世界燃油规范》第五版中对胶质含量的规定是：第一类和第二类无铅汽油的未洗胶质含量（加入清净剂前）不大于 70mg/100mL，溶剂洗胶质含量不大于 5mg/100mL；第三类、第四类和第五类无铅汽油的未洗胶质含量（加入清净剂前）不大于 30mg/100mL，溶剂洗胶质含量不大于 5mg/100mL。

EN 228—2012《汽车燃料．无铅汽油．试验方法和要求》中仅对溶剂洗胶质进行了规定：溶剂洗胶质含量不大于 5mg/100mL。

7.20.4 主要试验步骤

（1）用胶质溶剂洗涤烧杯（包括配衡烧杯）直至无胶质为止，用水彻底清洗，并把它们浸泡在温和的碱性或中性的实验室去污剂清洗液中；用不锈钢镊子从清洗液中取出烧杯，在后续的操作中也只许用镊子持取，用自来水、蒸馏水依次彻底洗涤烧杯，并放在150℃的烘箱中至少干燥1h。将烧杯放在天平附近的冷却容器中至少冷却2h。

（2）把蒸发浴加热到规定的操作温度，将空气或蒸汽引入装置并调节流速至规定的流速。

（3）称量配衡烧杯和各试验烧杯的质量，称至0.1mg并记录。

（4）如果样品中存在悬浮或沉淀的固体物质，在充分混匀样品后，立即在常压下使一定量的样品通过烧结玻璃漏斗过滤。

（5）用量筒称取50mL±0.5mL的试样倒入已称过的烧杯中，把装有试样的烧杯和配衡烧杯放入蒸发浴中，放进第一个烧杯和放进最后一个烧杯之间的时间要尽可能短，当使用空气蒸发试样时，应使用不锈钢镊子放上锥形转接器。开始通入空气达到规定的流速，保持规定的温度和流速，使试样蒸发30min±0.5min。

（6）加热结束时，用不锈钢镊子或钳子移走锥形转接器，将烧杯从浴中转移到冷却器中，将冷却容器放在天平附近至少2h后称量，并记录各个烧杯的质量。

（7）对未洗胶质含量结果不小于5mg/100mL的样品，向每个盛有残渣的烧杯中加入25mL正庚烷并轻轻地旋转30s，使混合物静置10min，用同样的方法处理配衡烧杯，小心地倒掉正庚烷溶液，防止任何固体残渣损失。用第二份25mL正庚烷按上述步骤重新进行抽提，最多抽提3次。

（8）把烧杯包括配衡烧杯放进保持在160～165℃的蒸发浴中，不放锥形转接器，使烧杯干燥5min±0.5min；干燥结束时，用不锈钢镊子从浴中取出烧杯放进冷却容器中，并使其在天平附近冷却至少2h后，称量并记录各个烧杯的质量。

（9）结果报出

①对航空燃料实际胶质报出，应精确到1mg/100mL；如果结果小于1mg/100mL，报告实际胶质含量为“<1mg/100mL”。

②对非航空燃料结果报出应精确至0.5mg/100mL；对于结果小于0.5mg/100mL，报告为“<0.5 mg/100mL”，如果未洗胶质含量小于0.5mg/100mL的，不必再进行正庚烷洗涤步骤，未洗胶质含量结果报告为“<0.5mg/100mL”，溶剂洗胶质含量也报告为“<0.5mg/100mL”。

③试样在蒸发前进行了过滤步骤，在胶质含量结果的数值后注明“过滤后”。

7.20.5 注意事项

（1）如果样品中存在悬浮或沉淀的固体物质，必须充分混匀样品容器内的物质，然后立即在常压下将样品用烧结玻璃过滤漏斗过滤后再进行试验。

（2）样品放置容器材质的不同会对试验结果有一定的影响。由于金属（如铜、铝等）对燃料的氧化有催化作用，加快其氧化速率，建议使用铁制、玻璃材质的容器。

（3）放置胶质杯的干燥器不应放干燥剂。

（4）胶质杯在恒重过程中所使用的烘箱，应避免其他操作。

7.20.6　仪器管理

（1）温度计。应符合 GB/T 514 中 GB－29 号温度计的技术要求，检定周期为 1 年。

（2）带刻度量筒。容量 50mL，检定周期为 3 年。

（3）流量计。用于测量排气口流量，检定周期为 1 年。

7.21　汽油铅、锰、铁含量测定法 原子吸收光谱法

7.21.1　方法原理

7.21.1.1　原子吸收方法原理

原子吸收光谱（Atomic Absorption Spectroscopy，英文缩写 AAS），即原子吸收光谱法，是基于气态的基态原子外层电子对紫外光和可见光范围的相对应原子共振辐射线的吸收强度来定量被测元素含量为基础的分析方法，是一种测量特定气态原子对光辐射的吸收的方法。在地质、冶金、机械、化工、农业、食品、轻工、生物医药、环境保护、材料科学等各个领域有广泛的应用。该法主要适用样品中微量及痕量组分分析。

每一种元素的原子不仅可以发射一系列特征谱线，也可以吸收与发射线波长相同的特征谱线。气态自由原子通过获取电磁辐射能跃迁到更高能态，外层电子跃迁到更高能级水平，并成为激发态原子。只有特定波长的辐射可以被吸收，因为基态原子只吸收一定的能量。被选择的谱线的辐射强度对应的吸收值与吸收体积中产生吸收的原子的数量，即样品中元素的浓度有关，这种关系就是研究样品中某一元素的定量测定的基本原理。见图7－38。

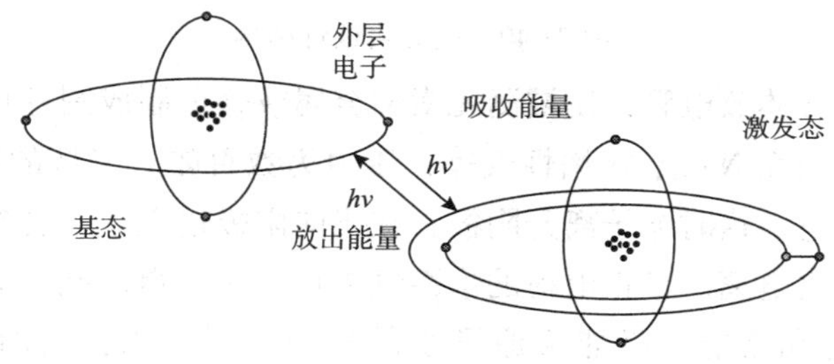

图 7－38　基态激发态原子转换示意图

吸收光谱定量分析的基本原理是朗伯－比耳（LAMBERT-BEER）定律。也就是说，吸收值 A 与原子化区的厚度 d 和待测物质的浓度 c 成正比。摩尔吸收系数 ε 是待测物质的特征量，且在一定的外部条件下是一个浓度特征常数，过去习惯用于表征待测物的种类。

$$A_\lambda = \log \frac{I_o}{I_d} = \varepsilon_\lambda \times c \times d \qquad (7-16)$$

式中　ε_λ——常数；

c——为试样浓度；

I_o——原始光源强度；

I_d——吸收后特征谱线的强度。

按上式可从所测未知试样的吸光度，对照着已知浓度的标准系列曲线进行定量分析。

7.21.1.2　原子吸收分光光度计结构

原子吸收分光光度计主要由四部分组成，即光源、原子化系统、分光系统和检测系统四个部分，如图7-39所示。

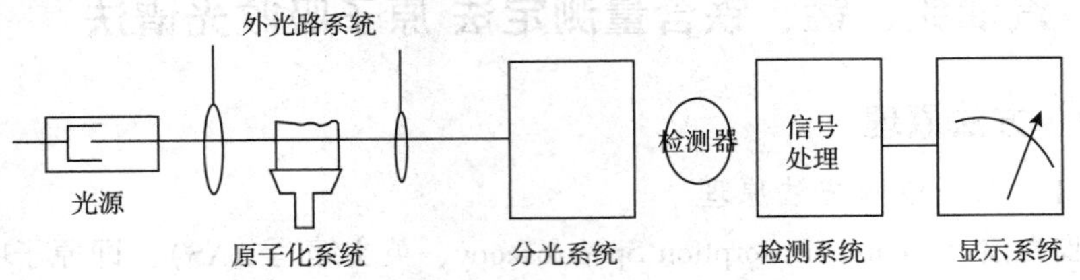

图7-39　原子吸收分光光度计结构示意

（1）光源。光源的功能是发射被元素基态原子所吸收的特征共振线。对光源的基本要求是：发射线的半宽度要明显小于吸收线半宽度，强度大，稳定性好，背景小，寿命长。空心阴极灯（又称元素灯）是能满足这些要求的锐线光源，应用很广。见图7-40。

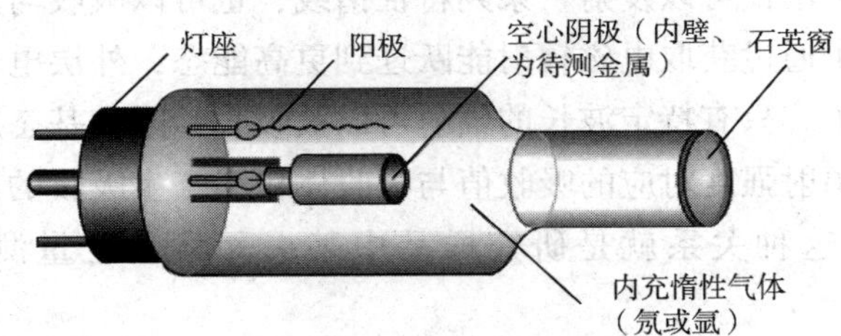

图7-40　空心阴极灯结构

它是一个封闭的气体放电管，用被测元素纯金属或合金制成圆柱形空心阴极，用钨或钛、锆做成阳极。灯内充Ne或Ar惰性气体，压力为数百帕。当灯的正负极加以400V电压时，便开始辉光放电。这时电子离开阴极，在飞向阳极过程中，受到阳极加速，与惰性气体原子碰撞，并使之电离。带正电荷的惰性气体从电场获得动能，向阴极表面撞击，只要能克服金属表面的晶格能，就能将原子由晶格中溅射出来，从而产生阴极物质的共振线。

（2）原子化系统。原子化系统的作用是将试样中的待测元素转变为原子蒸气。有火焰原子化法和无火焰原子化法。火焰原子化法具有简单，快速，对大多数元素有较高的灵敏度和检测极限的优点，因而至今使用仍最广泛。

火焰原子化系统是利用火焰的温度和气氛使试样原子化的装置。主要由喷雾器、雾化室，燃烧器和火焰四部分组成。见图 7-41。

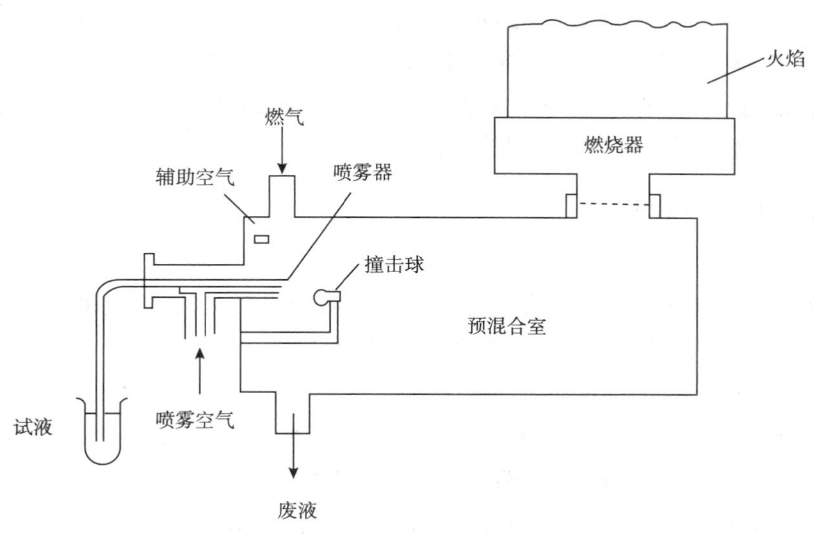

图 7-41 火焰原子化系统示意图

(3) 分光系统。作用是将待测元素的共振线与邻近线分开。组件主要有色散元件(棱镜、光栅)，凹凸镜，狭缝等。

(4) 检测系统。检测系统主要由检测器、放大器、对数变换器、显示记录装置组成。

①检测器：将单色器分出的光信号转变成电信号。

②放大器：将光电倍增管输出的较弱信号，经电子线路进一步放大。

③对数变换器：光强度与吸光度之间的转换。

④显示记录装置。

7.21.2 目的和意义

金属燃烧后的氧化物均会在发动机部件上沉积，造成喷嘴、火花塞、汽车排气催化转化器等部件堵塞，燃油消耗增加，排放中的 HC 增加，火花塞短路或失火；铅会使人体，尤其是儿童的神经系统中毒，因此严格来说汽油中应禁止加入任何含金属化合物，标准中严格限制了各类金属的含量。

烷基铅是一种以前较为常用的抗爆剂，能提高车用汽油的辛烷值，但是随着汽车排放的控制及环保的要求，从 2000 年 1 月 1 日起全国所有汽油生产企业一律停止生产含铅汽油。GB 17930—2016《车用汽油》标准中，虽然规定了铅含量最大限值 0.005g/L，但规定不得人为加入含铅的添加剂。

甲基环戊二烯三羰基锰（MMT）作为抗爆剂能有效地提高汽油辛烷值。GB 17930—2016《车用汽油》标准中，规定了国Ⅴ、国Ⅵ车用汽油锰含量最大限值 0.002g/L，车用汽油中不得人为加入含锰的添加剂。

GB 17930—2016《车用汽油》标准中，规定了不得人为加入含铁的添加剂，但是考虑到炼油及储运过程中铁的污染，铁检出限量规定不大于0.01g/L。

世界燃油规范中微量金属含量是1μg/g或是未检出，无论哪种含量都是比较低的。注解中对于微量金属是这样定义的，微量金属包括但不限于这些：Cu，Fe，Mn，Na，P，Pb，Si，Zn，还有一种不受欢迎的元素是Cl，任何一种元素的含量都不应超过1μg/g；欧盟标准EN228中规定铅含量的最大限值为5mg/L。

7.21.3 国内外对照

7.21.3.1 铅含量测定法

GB/T 8020—2015《汽油中铅含量的测定 原子吸收光谱法》，修改采用ASTM D3237—2012《汽油铅中含量的标准测定方法 原子吸收光谱法》。

7.21.3.2 锰含量测定法

SH/T 0711—2002《汽油中锰含量测定法（原子吸收光谱法）》，参照采用ASTM D 3831—1998，SH/T 0711—2002与ASTMD 3831—1998的主要技术差异见表7-21。

表7-21 SH/T 0711—2002与ASTMD 3831—1998的主要技术差异

条 目	SH/T 0711—2002	ASTMD 3831—1998
标准适用范围	适用于目前我国车用成品汽油	不适用于溴值大于20的汽油
标准物质	磺酸锰或氯化锰	磺酸锰
处理样品物质	溴-四氯化碳溶液或碘-甲苯溶液	溴-四氯化碳溶液
试样量和溶剂量	取5mL试样稀释到50mL	取1mL试样稀释到10mL
标准工作曲线的空白	试剂空白溶液	甲基异丁基酮（MIBK）

7.21.3.3 铁含量测定法

SH/T 0712—2002《汽油中铁含量测定法（原子吸收光谱法）》，无相应ASTM、ISO、EN和JIS等标准。润滑油铁含量检测方法有SH/T 0077—1991《润滑油中铁含量测定法 原子吸收光谱法》，此方法标准非等效采用联邦德国DIN 51397 T1T2—80《原子吸收光谱法测定润滑油中铁含量》。

7.21.4 主要试验步骤

7.21.4.1 《汽油铅含量测定法 原子吸收光谱法》GB/T 8020—2015

（1）配制质量浓度为1321mg/L铅标准溶液b：用10%（体积比）氯化甲基三辛基铵-MIBK溶液溶解一定量的氯化铅；

（2）按照方法要求配制质量浓度为264mg/L铅标准溶液；

（3）按照方法要求配制质量浓度为2.6mg/L、5.3mg/L、13.2mg/L、26.4mg/L铅标准溶液；

（4）配制铅工作标准溶液：用质量浓度为2.6mg/L、5.3mg/L、13.2mg/L、26.4mg/L铅标准溶液配制4个铅工作标准溶液和准备一个空白溶液；

（5）吸喷铅工作标准溶液，以测定的吸光度为纵坐标，对应的铅浓度为横坐标，绘

出标准曲线，并检查其线性关系。吸喷试样溶液，记录吸光度，测得试样溶液中的铅含量。

7.21.4.2　《汽油中锰含量测定法 原子吸收光谱法》SH/T 0711—2002

（1）配制锰标准溶液 A（264.2mg/L）；

（2）按照方法要求配制锰标准溶液 B、C、D（5.28mg/L、13.21mg/L、26.42mg/L）；

（3）配制标准工作曲线溶液（0.53mg/L、1.32mg/L、2.64mg/L）和试样溶液；

（4）依次喷入标准工作曲线溶液，以测定的吸光度为纵坐标，对应的锰浓度为横坐标，绘出工作曲线，并检查其线性关系。喷入待测试样溶液，测定其吸光度，测得试样溶液中的锰含量。

7.21.4.3　《汽油中铁含量测定法　原子吸收光谱法》SH/T 0712—2002

（1）配制铁标准溶液 A（264.30mg/L）；

（2）按照方法要求配制铅标准溶液 B，C，D（5.28mg/L、13.21mg/L、26.42mg/L）；

（3）配制标准工作曲线溶液（0.53mg/L、1.32mg/L、2.64mg/L）和试样溶液；

（4）依次喷入标准工作曲线溶液，以测定的吸光度为纵坐标，对应的铁浓度为横坐标，绘出工作曲线，并检查其线性关系。喷入待测试样溶液，测定其吸光度，测得试样溶液中的铁含量。

7.21.4.4　结果报出

结果报出精确到为0.1mg/L。

7.21.4.5　精密度

（1）重复性。Pb：R≯1.3mg/L

Mn：$r = 0.42X^{0.5}$

Fe：$r = 0.65X^{0.48}$

X 为两次试验的平均值。

（2）再现性。Pb：R≯2.6mg/L

Mn：$R = 1.41X^{0.5}$

Fe：$R = 0.55X^{0.79}$

X 为两次试验的平均值。

7.21.5　注意事项

（1）配制溶液的容量瓶、转移溶液所使用的移液管都要经过检定，以保证所配制溶液的准确度；配制溶液的容量瓶要密封良好不漏液。

（2）准确称量所用的氯化铅、磺酸锰（氯化锰）、二茂铁，按照实际纯度进行计算。要充分溶解试剂，多次冲洗配制时使用的容器，以使溶解的试剂全部可以转移到容量瓶中。

（3）容量瓶最后定容时要准确。过多，浓度偏低；过少，浓度偏高，都会对最后的结果产生影响。

(4) 配制溶液时的温度与进行试验时的温度应尽量保持一致，因为试验结果与样品体积有关，温度一致可避免温差较大使溶液体积产生变化，从而影响到溶液的浓度。

(5) 测定锰含量时，可以用磺酸锰或氯化锰。选用不同试剂，在标准工作曲线溶液制备时的步骤不同。

(6) 测定锰含量时，汽油中的甲基环戊二烯基三羰基锰（MMT）见光不稳定，样品应放在避光容器中保存，否则甲基环戊二烯基三羰基锰（MMT）见光分解导致结果偏低。

(7) 测定时先开助燃气再开燃气，保证空气－乙炔火焰处于贫燃状态。

(8) 由于吸光度可能会随着时间而发生变化，故应同时配制和测定标准工作曲线溶液和样品，样品的吸光度不宜大于0.8，吸光度过大会影响曲线线性，影响检测结果的准确性。

(9) 测定时，应保证绘制的工作曲线的良好线性，然后再进行测定。

(10) 仪器默认参数是测定无机水溶液中相应元素的最佳条件，并不完全适用于准确测定汽油中的相关元素的含量，测定时要用标准溶液选好最佳测定条件，调节好燃气流量。

(11) 经常清除燃烧头的积炭；每次试验时应开启排风装置，空气压缩机要经常排水并保持干燥。

(12) 乙炔钢瓶压力低于0.5MPa（5kg/cm^2）时需要更换，否则瓶内液体物质可能溢出堵住管路，不能点火，污染气路。

(13) 绘制工作曲线的标准溶液宜现配现用。

7.21.6 仪器管理

7.21.6.1 检定设备

原子吸收分光光度计检定周期为2年，配制标准溶液和试样溶液时所用到的容量瓶和移液管检定周期为3年。

7.21.6.2 期间核查

原子吸收分光光度计需要定期核查。

7.21.6.3 仪器设备维护

定期清除燃烧头的积炭，更换原子化系统中的橡胶垫圈。空气压缩机要定期排水并保持干燥。

7.22 液体石油产品烃类测定法 荧光指示剂吸附法 GB/T 11132—2008

7.22.1 方法原理

试样注入装有活化过的装有一薄层含有荧光染料混合物硅胶的玻璃吸附柱中，以异丙醇为脱附剂，试样中的芳烃、烯烃和饱和烃由于在硅胶中的吸附能力存在着差异，在异丙

醇持压的带动下，在吸附柱中由上而下运动，它们在硅胶吸附柱上不断反复着进行吸附和脱附，从而使试样中芳烃、烯烃和饱和烃在吸附柱上按强弱顺序得到分离。荧光染料也和芳烃、烯烃和饱和烃一起选择性分离，使芳烃、烯烃和饱和烃区域界面在紫外灯下产生红、蓝、黄、澄清不同颜色的谱带，根据吸附柱中芳烃、烯烃和饱和烃色带的区域长度，计算出每种烃类的体积百分数。

7.22.2　目的和意义

一般异构烷烃及芳烃的辛烷值较高，正构烷烃最小，烯烃居中。在生产和调合汽油时，为提高辛烷值，常加入抗爆剂和各种高辛烷值的组分。芳烃具有较高的辛烷值和热值，但在不完全燃烧中会生成致癌物苯，芳烃还对尾气中的 NO_x、HC 和炭烟的生成有影响，芳烃还能增加燃烧室的积炭。烯烃的辛烷值也较高，但烯烃是不安定组分，易聚合，在发动机进气系统形成胶质和积炭。

汽油产品标准的升级过程中，在不断地降低芳烃和烯烃含量。

7.22.3　国内外对照

GB/T 11132—2008 修改采用 ASTM D 1319—2003《液体石油产品烃类测定法（荧光指示剂吸附法）》，二者的主要差异是本标准引用标准采用了我国相应的国家标准和行业标准，注射针头型号引用我国标准。为了便于使用，本标准将重复性和再现性的文字表述按我国习惯改写。

第五版世界燃油规范中规定，第一类无铅汽油 芳烃含量不大于 50%（体积分数）；第二类无铅汽油烯烃含量不大于 18%（体积分数），芳烃含量不大于 40%（体积分数）；第三、四、五类无铅汽油烯烃含量不大于 10%（体积分数），芳烃含量不大于 35%（体积分数）。欧盟标准 EN 228—2012 中规定，烯烃含量不大于 18%（体积分数），芳烃含量不大于 35%（体积分数）。GB 17930—2016 中规定，车用汽油（Ⅴ）烯烃含量不大于 24%（体积分数），芳烃含量不大于 40%（体积分数）。

汽油烯烃、芳烃也可采用 GB/T 28768《车用汽油烃类组成和含氧化合物的测定多维气相色谱法》、GB/T 30519《轻质石油馏分和产品中烃族组成和苯的测定多维气相色谱法》，NB/SH/T 0741《汽油中烃族组成的测定多维气相色谱法》进行测定，有异议时以 GB/T 11132 方法为准。

7.22.4　主要试验步骤

（1）吸附柱安装。用脱脂棉将吸附柱末端塞住后，将固定夹置于加料段球形接头下面的位置，将吸附柱装在振动器柜架上，使其自由悬挂。

（2）装填硅胶。启动振动器，一边振动整个吸附柱，一边用玻璃漏斗逐渐向吸附柱内填充硅胶，直至分离段装到一半时，关闭振动器，填加一层 3 ~ 5mm 荧光指示剂染色硅胶。再启动振动器，继续装填硅胶，直至填紧的硅胶层进入加料段 75mm 处为止。

振动吸附柱时，需用湿布擦拭整个吸附柱，这样可以除去静电而有助于更好地填装硅胶。

硅胶填装完毕还需要继续振动吸附柱。在使用振动器的情况下，通常振动 4min 左右就可以使硅胶界面不再下降。

（3）将填装好的吸附柱小心地安装在烃类测定仪吸附柱的弹簧夹上。

（4）将试样和进样注射器冷却至 4℃以下，用注射器取 0.75mL ± 0.03mL 试样，注入到吸附柱加料段硅胶面以下 30mm 处。

（5）当试样全部被吸附后，将异丙醇注入加料段，同时将供气在 1.4kPa 压力下保持 2.5min，然后加压至 34kPa，再保持 2.5min，最后将气压调至适当压力，使液体向下进行时间约为 1h。

（6）当红色的醇、芳烃界面进行分析段 350mm 后，按以下顺序从下至上迅速标记出在紫外灯光下观察到的各烃类的界面，进行第一次测定（从下至上），对第一部分无荧光的饱和烃区域，需标记出试样的前沿和黄色荧光最先达到最强烈的的位置；对于第二部分烯烃区域的上端，标记出出现明显蓝色荧光最下的位置；对于第三部分芳烃区域的上端，标记出第一个红色或棕色环的上端，见图 7-42。

由于产品燃料中杂质的存在会使红色荧光环变得模糊，出现长度不定棕色区域，它仍作为芳烃区的一部分来计算，只有吸附柱中不出现蓝色荧光的情况下，棕色环才认作是下面另一个区域即烯烃区域。对于含氧化合物调合燃料样品，在红色或棕色醇芳界面上面可能出现另一个几厘米的区域，如图 7-43 所示，此红色应忽视，不计入烃类色带中。

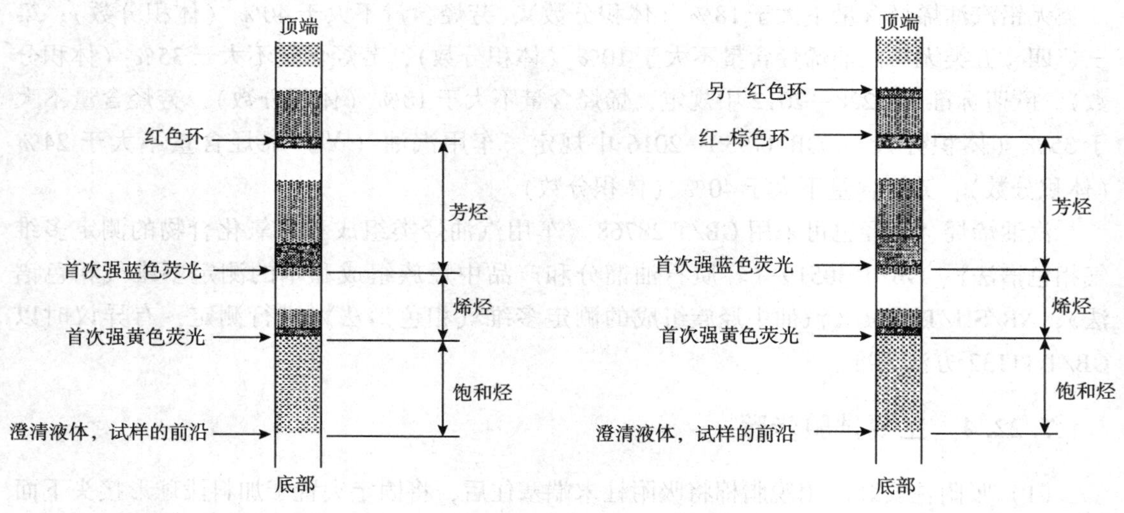

图 7-42　色层界面辨别示意图

图 7-43　含有含氧化合物调合燃料样品色层界面辨别示意图

（7）当试样中的烃类又向下进行 50mm 时，按反顺序重复标记出饱和烃、烯烃、芳烃区域，为了标记不混淆，两次标记采用两种颜色的笔进行标记。

（8）量取各烃类区域的长度，按式（7-17）~式（7-19）进行计算各烃类的含量。

$$C_a = (L_a/L) \times 100 \tag{7-17}$$

$$C_s = (L_s/L) \times 100 \tag{7-18}$$

$$C_o = (L_o/L) \times 100 \tag{7-19}$$

如果样品中含有含氧化物则按下式（7-20）以全部样品为基准进行修正。

$$C' = C \times \frac{100 - B}{100} \tag{7-20}$$

（9）结果报出。取每种烃类体积分数（若含有含氧化合物，则按全样品基准修正）的算术平均值作为试样的测定结果，精确至 0.1%，并报告样品中含氧化合物的体积分数。

7.22.5　注意事项及影响因素

（1）吸附柱装填的好坏，其紧密程度直接影响测定结果，故吸附柱内的硅胶和荧光指示剂染色硅胶层要按方法规定的步骤充填好，并注意硅胶装完后仍需继续振动吸附柱约 4min，使硅胶面不再下降。振动吸附柱时，为了除去静电，有助于更好地填充硅胶，需用湿布擦拭整个吸附柱。

（2）吸附柱内径均匀与否对测定结果有很大的影响，吸附柱有精密内径玻璃管吸附柱和标准壁玻璃管吸附柱两种类型，因为液体石油产品烃类测定法是在吸附柱上量入烃类区域段的长度来进行计算的，吸附柱内径粗细不均匀会造成烃类区域段上长度发生变化，影响分析精度和准确性。标准规定精密内径玻璃管吸附柱分析段内径为 1.60 ~ 1.65mm，且约 100mm 长的水银柱在分析段的任何部位其长度变化不应超过 0.3mm。标准壁玻璃管吸附柱外径变化不超过 0.5mm。

（3）硅胶装填不当或醇类洗脱烃类不完全，会导致测定结果不准确。使用精密内径玻璃管吸附柱时，可以从烃类区域总长判断洗脱不完全，烃类区域总长至少 500mm 才会获得较满意的分析结果；使用标准壁玻璃管吸附柱时，因每根吸附柱分析段的内径不相同，此规则不适用。

（4）荧光指示剂染色硅胶由重晶油红 AB4 和用色层吸附得到的烯烃和芳烃染料纯化部分，经特定的程序沉积在硅胶上得到的，应置于暗处在常压氮气中保存，使用寿命至少 5 年。荧光指示剂染色硅胶失效对试验结果有很大的影响，日常使用的染色硅胶最好取出一部分装在小瓶里，避免因经常取用而影响大部分的使用寿命。

（5）吸附硅胶的表面积、5% 水悬浊液的 pH 值及未通过筛分的颗粒量，都对测定结果有一定的影响，因此使用硅胶一定要符合硅胶的规格要求。

（6）使用前应严格按照方法要求活化硅胶，硅胶活化后储存在干燥器中，储存时间不宜过长。

7.22.6　仪器管理

（1）用于测量各烃类区域的长度的直尺，检定周期为 1 年。

(2) 精密内径玻璃管吸附柱：包括具有毛细管颈的加料段、分离段和分析段；分析段的内径应为1.60~1.65mm，且约100mm长的水银柱在分析段的任何部分其长度变化不应超过0.3mm。

(3) 该设备无法获得检定（校准、测试）证书，为了确保仪器设备的稳定性、准确性、量值溯源，实验室可以对其进行自行校准。自校的方式建议采取与三家通过CNAS认可的实验室进行比对的方式，校验周期为1年。

7.23 十六烷指数计算法

馏分燃料的十六烷指数计算有两个试验方法，分别为GB/T 11139—1989《馏分燃料十六烷指数计算法》和SH/T 0694—2000《中间馏分燃料十六烷指数计算法（四变量公式法）》，两个方法都是根据馏分燃料的密度和馏程数据进行计算，所用的密度温度不同、馏程数据不同，公式不同、结果报出位数不同。具体方法介绍如下。

7.23.1 馏分燃料十六烷指数计算法（GB/T 11139—1989）

7.23.1.1 方法原理

(1) 术语。①十六烷指数。表示馏分燃料在发动机中发火性能的一个计算值。可以从馏分燃料的标准密度和中沸点计算而得。②标准密度。石油和石油产品在标准温度（我国规定为20℃）下的密度（单位g/cm^3）。

(2) 中沸点。具有对称蒸馏曲线的油品在规定条件下蒸馏时，馏出50%体积的相应温度（℃）。

7.23.1.2 适用范围

十六烷指数计算法公式特别适用于直馏燃料、催化裂化原料和两者的混合物。

7.23.1.3 意义和用途

(1) 十六烷指数不能随意用来代替用标准发动机试验装置所测定的十六烷值。但是在使用十六烷指数时，如果考虑了它的局限性后，可以用来作为预测十六烷值的一种辅助手段。

(2) 在不可能用发动机试验测定十六烷值的情况下，计算十六烷指数是估计十六烷值的有效方法。

(3) 在试样量少到不足以进行发动机试验时，一般可以用计算十六烷指数作为近似的十六烷值。

(4) 当某种馏分燃料的十六烷值已经确定的情况下，只要这种燃料的原料和生产工艺保持不变，十六烷指数可以用来检验以后生产的产品的十六烷值。

(5) 十六烷值是柴油最重要的质量指标之一。十六烷指数（CI）计算所得的数值虽然不如实测（CN）准确，但简便、方便，适用于生产过程的质量控制。如有争议时，应以实测十六烷值为准。

7.23.1.4　计算方法简介

十六烷指数（CI）：

$$CI = 431.29 - 1586.88\rho_{20} + 730.97\ (\rho_{20})^2 + 12.392\ (\rho_{20})^3 + 0.0515\ (\rho_{20})^4 - 0.554B + 97.803\ (\lg B)^2$$

式中　B——试样的中沸点，℃；

ρ_{20}——试样的标准密度，g/cm³。

7.23.1.5　国内外对照

GB/T 11139—1989《馏分燃料十六烷指数计算法》参照采用 ASTM D976—1980《计算馏出燃料十六烷指数用标准试验方法》。

7.23.1.6　注意事项及结果报出

（1）十六烷指数公式计算结果和图算结果都取整数表示。当公式计算结果与图算结果有争议时，以公式计算为准。

（2）此计算公式仅适用于直馏馏分、催化裂化馏分以及这两者混合燃料或同类馏分。

（3）此计算公式不适用于加有十六烷值改进剂的燃料。

（4）此计算公式不适用于纯烃、合成燃料、烷基化物、焦化产品以及从页岩油和油砂中衍生出的馏分燃料。

（5）此计算方法适合于计算在 30 ~ 70 个单位之间的十六烷值。十六烷值大于 70 个单位，偏差会较大。

（6）计算的十六烷指数不能完全代替试验机测得的十六烷值。

7.23.2　中间馏分燃料十六烷指数计算法（四变量公式法）（SH/T 0694—2000）

7.23.2.1　方法原理

（1）本标准规定了石油中间馏分燃料十六烷指数的计算方法。本标准以术语“十六烷指数”表示“四变量公式法十六烷指数”。

（2）本标准适用于石油中间馏分燃料及含有来源于油砂和油页岩的非石油馏分的燃料；本标准不适用于含十六烷值改进剂的燃料，也不适用于纯烃以及由煤生产的馏分燃料。

①本标准主要是用大量的中间馏分燃料研究开发制定的，其中一些含有来源于油砂和油页岩的非石油馏分，而其他一些已开发的十六烷指数计算公式也许对油砂产品更为适用。

②十六烷指数并不能作为十六烷值的替代值，它是具有一定使用局限性的辅助表征值。

③当柴油燃料的十六烷值不能通过发动机试验直接测定得到或当发动机试验样品不够时，可用十六烷指数进行估算。在燃料的十六烷值已知的情况下，若燃料的来源和生产方式保持不变，也可用十六烷指数验证样品的十六烷值。

（3）本标准对燃料性质的推荐适用范围如下：

燃料性质推荐范围

十六烷值	32.5～56.5
密度（15℃）/（kg/m³）	805.0～895.0
10%回收温度/℃	171～259
50%回收温度/℃	212～308
90%回收温度/℃	251～363

对于在推荐温度内的十六烷值（32.5～56.5），已试验过的65%的馏分燃料经四变量十六烷指数计算公式计算得到的结果，其误差不大于±2个十六烷值。在推荐范围之外，燃料的十六烷指数计算结果与十六烷值的误差会较大。

7.23.2.2　主要计算步骤

（1）按照标准试验方法测定试样的15℃密度以及10%，50%和90%回收温度，利用所测得的试验数据，依据给出的公式计算试样的十六烷指数。

①按照GB/T 1884或SH/T 0604的操作步骤，及GB/T 1885方法，测定得到试样的15℃密度，精确至0.1kg/m³。

②按照GB/T 6536的操作步骤，测定得到试样在标准大气压下的10%，50%和90%回收温度，精确至1℃。

（2）按照（1）的步骤，计算试样的十六烷指数。将由①和②得到的试验数据代人式（1）中，计算试样的十六烷指数CI。

$$CI = 45.2 + 0.0892T_{10N} + (0.131 + 0.901B)\ T_{10N} + (0.0523 - 0.42B)\ T_{90N} + 0.00049\ ({T_{10N}}^2 - {T_{90N}}^2) + 107B + 60\ B^2 \tag{7-21}$$

式中　$T_{10N} = T_{10} - 215$；

$T_{50N} = T_{50} - 260$；

$T_{90N} = T_{90} - 310$；

T_{10}——试样的10%回收温度，℃；

T_{50}——试样的50%回收温度，℃；

T_{90}——试样的90%回收温度，℃；

$B = [\exp(-0.0035D_N)] - 1$；

$D_N = D - 850$；

D——试样的15℃密度，kg/m³。

（3）按照下述步骤，利用图7-44、图7-45和图7-46，采用图解法得到试样的十六烷指数CI。

利用①和②得到的试样15℃密度和50%回收温度，根据图7-44，得到试样的十六烷指数估算值。

利用①和②得到的试样15℃密度和90%回收温度，根据图7-45，得到试样的十六烷指数与平均值偏差的第一个校正系数。

利用②得到的试样10%和90%回收温度，根据图7-46，得到试样的十六烷指数与平

均值偏差的第二个校正系数。

将由图 7－45 和图 7－46 得到的校正系数与图 7－44 得到的十六烷指数估算值相加，最后得到试样的十六烷指数。

（4）图解法的使用，可参照下面的示例说明。该燃料的十六烷值为 46.80。

①测定出的燃料数据

密度（15℃）/（kg/m^3）	860.0
10% 回收温度/℃	220
50% 回收温度/℃	290
90% 回收温度/℃	340

②计算十六烷指数 CI

由图 7－44 得到的十六烷指数估算值	44.1
由图 7－45 得到的第一个校正系数	+0.4
由图 7－46 得到的第二个校正系数	+1.5/CI =46.0

7.23.2.3　国内外对照

SH/T 0694—2000《中间馏分燃料十六烷指数计算法（四变量公式法）》是等效采用 ISO 4264：1995《石油产品用四变量方程式计算中间馏分燃料十六烷指数》。

7.23.2.4　注意事项及结果报出

（1）由测得的试样 15℃密度及 10%，50% 和 90% 回收温度，计算所得的十六烷指数是精确的。

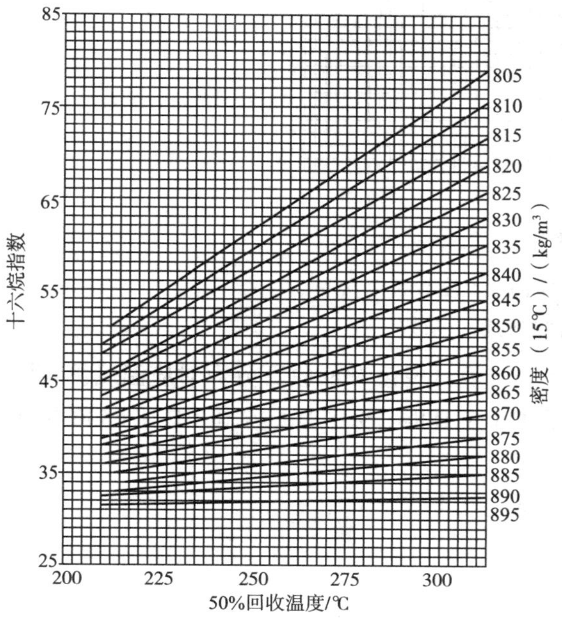

图 7－44　以密度和 50% 回收温度估算燃料的十六烷指数

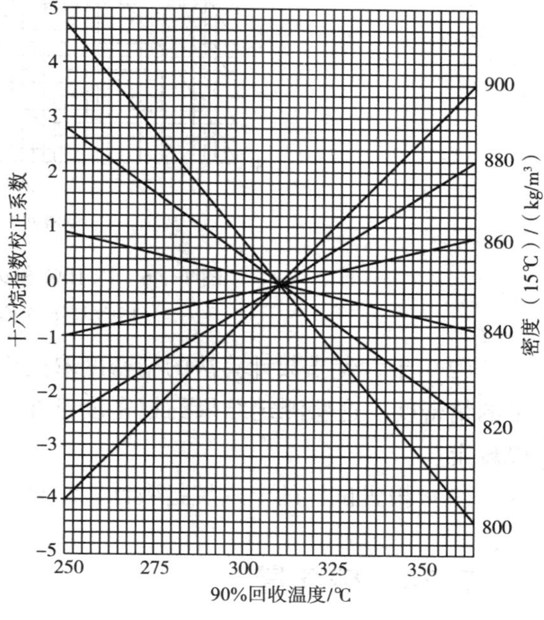

图 7－45　以密度和 90% 回收温度校正十六烷指数与平均值偏差的校正系数

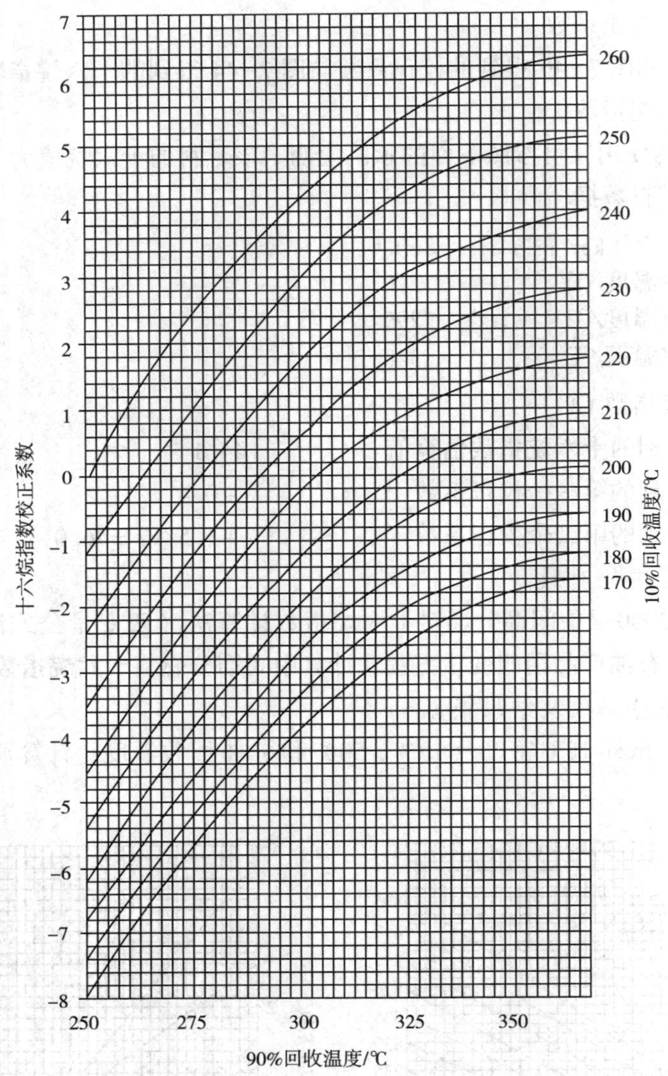

图 7-46　以 10% 和 90% 回收温度校正十六烷指数与平均值偏差的校正系数

(2) 十六烷指数计算法的精密度取决于参与计算的密度和回收百分数对应温度测定结果的精密度。这些测定结果的精密度已在方法 GB/T 1884，SH/T 0604 和 GB/T 6536 中予以规定。

(3) 报告试样的十六烷指数计算结果，精确至 0.1。

7.24　硫含量

含硫化合物是汽柴油产生异味、造成金属腐蚀的主要因素之一，油品燃烧后生成的 SO_2 会形成酸雨导致大气污染，对环境有很大的危害，同时由于硫可使汽车的催化转化器

中的催化剂中毒，使氧传感器失灵，汽车工业对燃料也提出越来越高的要求，因此汽柴油产品标准对硫含量的要求愈加严格。

下面介绍几个硫含量检测方法，分别为 GB/T 17040、SH/T 0689、GB/T 11140。

7.24.1　石油产品硫含量测定法　能量色散 X 射线荧光光谱法（GB/T 17040—2008）

7.24.1.1　方法原理

把样品置于从 X 射线源发射出来的射线束中，测量激发出来能量为 2.3 keV 的硫 K_α 特征 X 射线强度，并将累积计数与预先制备好的标准样品的计数进行对比，从而获得用质量分数表示的硫含量。

7.24.1.2　国内外对照

本试验方法是修改采用 ASTM D4294—2003《石油和石油产品硫含量的标准测定方法　能量色散 X 射线荧光光谱法》。

目前，ASTM D4294—2010 已经发布实施，ASTM D4294—2010 方法主要在硫含量测定范围、试验的重复性和再现性与本实验方法存在较大不同，其测定范围是 17μg/g ~ 4.6%，重复性 $=0.4347X^{0.6446}$ μg/g 和重复性 $=0.04347\ (Y\times10000)^{0.6446}/10000\%$；再现性 $=1.9182X^{0.6446}$ μg/g 和再现性 $=1.9182\ (Y\times10000)^{0.6446}/10000\%$。其中：$X$ 为试验结果平均值，单位 μg/g；Y 为试验结果平均值，单位%。

7.24.1.3　主要试验步骤

（1）仪器校准。预热能量色散 X 射线光谱仪，进行仪器校准，之后使用标样绘制校准曲线，检测标准检查样品，根据相对误差判断校准曲线是否可疑。

（2）试样测定。按规定取样，将试样装入样品盒容积的四分之三，然后进行分析操作。

（3）选择合适的曲线。如果测定的试样硫含量不在校准曲线的范围内，需要选择合适的校准曲线进行检测。

7.24.1.4　注意事项

（1）能量色散 X 射线光谱仪使用前需要预热 30min 以上，定期用标样校验，试验过程中如果环境条件（如温度、湿度、更换气体、窗膜种类和厚度等）有较大变化，应重新校验。

（2）需要气体保护的仪器，试验过程中应保持气体压力稳定。

（3）根据不同试验要求可选择不同的计数时间，时间越长，试验结果精密度越好，对于硫含量较小试样测试时间要相对长一些；对于需要在较短时间内得到试验数据的，可选择较短计数时间，但是试验结果精密度可能受一定的影响。

（4）添加试样到规定深度，装样的最小深度为 4mm，试样装入样品盒的四分之三就足够，保证试样在窗口和液体间没有气泡。

（5）试验用的聚酯膜材质厚度应均匀，安装时要平整，避免出现褶皱。

(6) 样品盒上方有个小孔，防止分析挥发性样品时窗口膜变形，必须保证小孔不被堵塞。

(7) 试样要均匀和有代表性；要根据试样的硫含量，选择合适的标准曲线。

(8) 注意检查二次窗口膜是否有油渍，要避免试样溢漏在分析仪器内。

(9) 每测定一个试样都要重新更换聚酯膜，防止污染试样。

(10) 标准样品和质量控制样品在不用的时候都要存放在带有玻璃或其他惰性材料塞的棕色或用不透明材料包裹的玻璃瓶中，放在黑暗和温度低的地方。发现标样有沉淀或浓度有变化，这个标准样品就要报废。

(11) 数据以质量百分数形式报出结果，修约至三位有效数字。

7.24.1.5 仪器管理

(1) 设备校验。为保证仪器的检测数据准确有效，建议采取与三家通过 CNAS 认可的实验室进行比对的方式校验仪器，校验周期为 1 年。

(2) 期间核查。仪器设备及仪器所使用的标准物质需要进行期间核查，期间核查可采取几种方式进行：在同一个实验室使用两套标准物质对同一样品进行比对试验；用性质相对稳定的样品验证标准物质；用新购置的标准物质验证被核查标准物质；在多个实验室之间对同一样品进行比对试验等。

期间核查周期建议在标准物质有效期内进行，或在储存标准物质的环境条件发生变化时及时核查。

(3) 维护保养

①注意保持仪器的干净，及时清理试验过程中的样品，避免样品渗漏，污染仪器检测设备。

②能量色散 *X* 射线光谱仪使用前应预热 30min 以上，定期用标样校验，试验过程中如果环境条件（如温度、湿度等）有较大变化，应重新校验。

③根据不同试验要求可选择不同的计数时间，时间越长，试验结果精密度越好；如果需要较短的时间得到试验数据，可选择较短计数时间，但是试验结果精密度可能受一定的影响。

④能量色散 *X* 射线荧光光谱法测定硫含量，在仪器性能稳定没有人员操作失误的情况下，试验误差主要来源于样品的代表性和样品的制备方法。例如样品的不均匀、样品盒有气泡等。

7.24.2 轻质烃及发动机燃料和其他油品的总硫含量测定法 紫外荧光法（SH/T 0689—2000）

7.24.2.1 方法原理

将烃类试样直接注入裂解管或进样舟中，由进样器将试样送至高温燃烧管，在富氧条件下，硫被氧化成二氧化硫（SO_2），试样燃烧生成的气体在除去水后被紫外光照射，二氧化硫吸收紫外光的能量转变为激发态的二氧化硫（SO_2^*），当激发态的二氧化硫返回到

稳定态的二氧化硫时发射荧光，并由光电倍增管检测，由所得信号值计算出试样的硫含量。

当样品被引入到高温裂解炉后，样品发生裂解氧化反应，其反应过程如式（7-22）所示。

$$R—S + R—N + O_2 \longrightarrow CO_2 + H_2O + SO_2 + {}^*NO + RO_x \qquad (7-22)$$

SO_2 受到特定波长的紫外线照射，硫元素一些电子吸收射线后，跃迁到激发态。当电子返回基态后释放出光量子，由光电倍增管按特定波长进行检测。其反应过程如式（7-23）所示。

$$SO_2 + h\nu^* \longrightarrow SO_2{}^* \longrightarrow SO_2{}^\circ + h\nu'' \qquad (7-23)$$

7.24.2.2　国内外对照

本试验方法是修改采用 ASTM D5453—1993《轻质烃及发动机燃料和其他油品的总硫含量测定法 紫外荧光法》。目前国外 ASTM D5453—2012 已经发布实施，ASTM D5453—2012 主要在试验方法的重复性和再现性上有较大的修改，其中：

（1）当硫含量小于 400μg/g 时，重复性 $=0.1788X^{0.75}$，再现性 $=0.5797X^{0.75}$；

（2）当硫含量大于 400μg/g 时，重复性 $=0.02902X$，再现性 $=0.1267X$。其中 X 为两次试验结果的平均值。SH/T 0689 方法为汽柴油硫含量检测仲裁方法。

7.24.2.3　主要试验步骤

（1）试验前准备步骤

①先打开开载气和助燃气体。

②打开仪器参数显示、风扇、进样器等，最后打开计算机中试验操作软件。

③查看气体是否已接通，气流量是否满足要求。

④打开仪器氧化炉开关，使氧化炉温度升到规定温度。

（2）打开试验操作软件，对仪器进行校准，对曲线进行校准，根据样品预测硫含量范围选取相应的标准曲线进行检测。

（3）关机步骤

①先关控制炉温开关。

②在操作软件中观察到炉温下降到 300℃ 左右时，关闭仪器、计算机、风扇等开关，之后关闭载气和助燃气。

（4）结果报出

对硫含量小于或等于 10μg/g 的结果报出质量分数时，保留 5 位小数；大于 10μg/g 的结果报出质量分数时，保留 4 位小数。报出单位为 μg/g 时，报出保留小数点后一位。

7.24.2.4　注意事项

（1）试验前仪器氧化炉温度设定不能超过 1100℃，防止烧坏燃烧管或减少燃烧管的使用寿命。

（2）因为本方法是高温操作，虽然有隔热层，还是要避免在仪器附近放置易燃品，如试样、试剂等。

（3）本方法使用的惰性气体（氩气或氦气）纯度必须大于或等于 99.998%；氧气纯

度不小于99.75%。

(4) 用注射器取试样或标样时，要用待取的试样或标样反复清洗注射器，取样时一定要将气泡排出。

(5) 应根据所测油品硫含量的大小选择合适的进样量，进样量过大，会污染燃烧管，使测试结果不准确；进样量过小也会造成测试结果不准确。

(6) 要根据待测试样硫含量的大小选择合适的标准曲线。

(7) 进样后，要等基线稳定后，立即开始分析，当基线重新恢复到稳定后取出注射器。

(8) 测试得出结果的单位是mg/L，报出的结果是μg/g，所以报出结果时应将测试结果除以测试温度下该试样的密度。

(9) 本方法得出一个试验结果，最少要重复测定六次，每三次得一个试验结果，将两个试验结果经过方法精密度公式计算，符合其要求后，才能将两个结果的平均值作为试验结果报出。

(10) 试验结束后，待氧化炉温度降到规定的温度后才能关机。

(11) 试验时注射器应该注意进行回抽（针头空白），进样不能有气泡，否则曲线有拖尾，重复性不好。为避免系统漏气，进样垫一般100针左右要更换。

(12) 建立标准曲线时，首尾倍数差最好在10倍以内，调节高压避免出现平头峰，仪器的高压不要超过限值，这样有利于提高紫外灯的使用寿命。反标曲线时发现不在浓度范围，不能靠调节高压来达到范围，要重新建立曲线。

(13) 除去反应产物中的水蒸气，可采用膜式干燥器利用选择性毛细管除去水。

7.24.2.5 仪器管理

(1) 设备自校

为保证仪器的检测数据准确有效，建议采取与三家通过CNAS认可的实验室进行比对的方式校验仪器，校验周期为1年。

(2) 期间核查

仪器设备及仪器所使用的标准物质需要进行期间核查，期间核查可采取几种方式进行，在同一个实验室使用两套标准物质对同一样品进行比对试验；用性质相对稳定的样品验证标准物质；用新购置的标准物质验证被核查标准物质；在多个实验室之间对同一样品进行比对试验等。

期间核查周期建议在标准物质有效期内进行，或在储存标准物质的环境条件发生变化时及时核查。

7.24.3 石油产品硫含量测定 波长色散X射线荧光光谱法（GB/T 11140—2008）

7.24.3.1 方法原理

试样受X射线照射后，被测元素的原子内层电子被激发，电子发生能级跃迁而发射出

该元素的特征X射线（即X-荧光），通过探测器测量元素特征X射线的波长和强度与元素浓度的比例关系进行检测。

使用的仪器称为波长色散荧光光谱仪，仪器包含分光系统，探测器系统、真空系统和气流系统等部分。在波长色散光谱仪中，由试样发射出的若干条X射线光谱线，在进入探测器之前按其波长通过晶体衍射进行空间色散，探测器一次只接受一种波长。根据化学元素二次激发所发射的X射线谱线的波长和强度测量进行定性和定量分析。

7.24.3.2　国内外对照

GB/T 11140—2008《石油产品硫含量测定 波长色散X射线荧光光谱法》修改采用ASTM D2622—2007《X射线荧光光谱测定石油产品硫含量的标准试验方法》。

国际上测量石油产品硫含量的方法还有ASTM D7039《单色波长色散X射线荧光光谱法测定汽油和柴油燃料中硫的标准试验方法》。

7.24.3.3　主要试验步骤

（1）仪器设置。按波长色散X射线荧光光谱仪说明书将仪器设定好，对光谱仪进行质量控制检查，检查测角仪安装位置，分析空白样品，以便测定系数F'，用无硫样品（如基体物质）来测定适当硫峰强度和背景角度。

（2）将样品皿装样至容量的三分之二以上。样品皿应开一个小的排气孔，将试样放入仪器中，进行X射线束照射，使X射线光程达到平衡。

（3）通过在此波长的精确角度位置进行计数率的测定，测定0.5373nm波长下硫K_n辐射的强度。

（4）在先前选择并固定的角度位置，接近硫K_α峰强度下测量背景计数率。

（5）计算变异系数。

（6）测定校正计数率，并且计算试样的硫含量。

（7）计数率超过校准曲线的范围时，使用基体物质进行稀释，直至硫计数率在校准曲线的限量范围内。

（8）进行重复测定，要更换新的试样进行测定。

7.25　中间馏分油中脂肪酸甲酯含量测定　红外光谱法GB/T 23801—2009

7.25.1　方法原理

7.25.1.1　红外光谱原理

红外光谱（IR）是根据物质吸收辐射能量后引起分子振动的能级跃迁，记录跃迁过程而获得该分子的红外吸收光谱。根据待测化合物的红外光谱特征吸收频率（波数），可以初步判断化合物类型，然后查找该类化合物的标准红外谱图，将待测化合物的红外光谱与标准化合物的红外光谱相比较，找到一致的谱图，即两者光谱吸收峰位置和相对强度基本一致，则可判定出待测化合物的组成。

7.25.1.2　红外光谱图的表示方法

红外光谱图如图 7-47 所示，横坐标为吸收波数（cm^{-1}）或吸收频率；纵坐标为透过率。

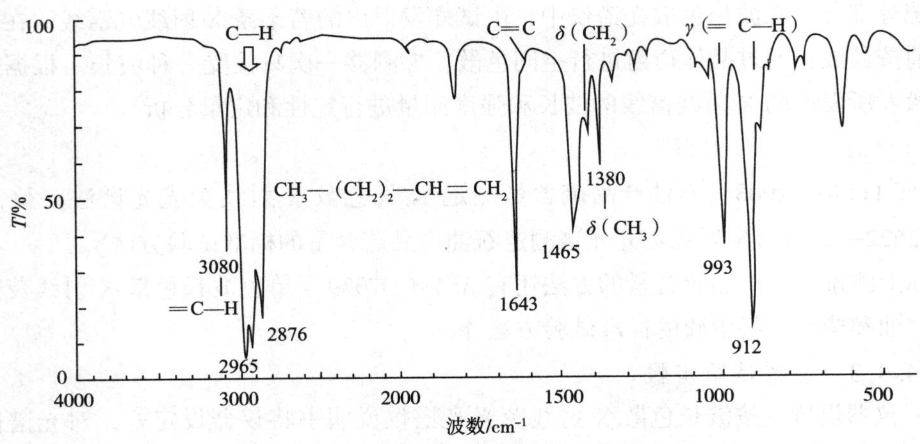

图 7-47　红外光谱图

7.25.1.3　傅里叶变换红外光谱仪（FTIR）

傅里叶变换红外光谱仪是基于对干涉后的红外光进行傅里叶变换的原理而开发的红外光谱仪，主要由红外光源、光栅、干涉仪（分束器、动镜、定镜）、样品室、检测器以及各种红外反射镜、激光器、控制电路板和电源组成。

7.25.1.4　方法测试原理

将试样用环己烷稀释到适合浓度，记录所测定的红外吸收谱图。测量其在约 1745cm^{-1}位置的最大峰值吸收，并通过由已知脂肪酸甲酯（FAME）浓度的标准溶液得到的校准公式（$A/L=a\times q+b$）计算出 FAME 含量。见图 7-48。

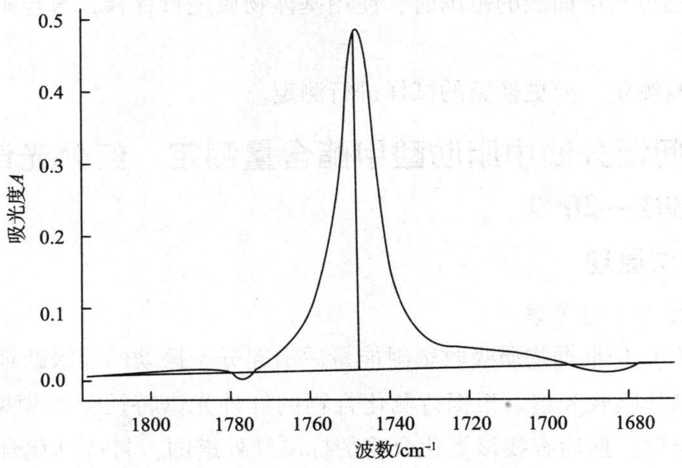

图 7-48　环己烷稀释后的柴油机燃料中 FAME 的典型红外光谱图

7.25.2　目的和意义

脂肪酸甲酯主要由 C_{16} ~ C_{18} 组成，其分子式为 CH_3OOCR_1、CH_3OOCR_2 和 CH_3OOCR_3（R_1 为 C_{16}，R_2 为 C_{17}，R_3 为 C_{18}）。柴油中脂肪酸甲酯对油品及发动机有如下影响：

（1）脂肪酸甲酯提高柴油润滑性。

（2）脂肪酸甲酯易生成老化产物及过氧化物，会造成发动机滤网堵塞和喷射泵结焦，并导致排烟增大、启动困难；老化酸，会造成发动机金属部件腐蚀；过氧化物，会造成橡胶部件的老化变脆而导致燃料泄漏。

（3）脂肪酸甲酯同时易生成不溶性聚合物（胶质和油泥），其可在发动机中形成树脂状物质，可能会导致熄火和启动困难。

因此，车用柴油和普通柴油标准均要求脂肪酸甲酯含量不大于 1.0%。生物柴油 B5 标准中要求脂肪酸甲酯含量为 1.0% ~5.0%。

7.25.3　国内外对照

目前，欧洲标准规定脂肪酸甲酯含量限值为 7.0%（体积分数），我国现行车用柴油和普通柴油国标规定脂肪酸甲酯含量为不大于 1.0%（体积分数）。

GB 19147—2016《车用柴油》中国Ⅴ、国Ⅵ质量标准的车用柴油使用 NB/SH/T 0916《柴油燃料中生物柴油（脂肪酸甲酯）含量的测定　红外光谱法》作为仲裁方法。NB/SH/T 0916 修改采用 ASTM D7371《柴油燃料中生物柴油（脂肪酸甲酯）含量的测定 红外光谱法》制定，适用于测定柴油燃料中体积分数为 1% ~20% 的脂肪酸甲酯含量，测定含有脂肪酸乙酯（FAEE）的生物柴油会产生负偏差。

GB 252—2015《普通柴油》中使用的方法为 GB/T 23801。

国际上测定脂肪酸甲酯含量的方法有 ASTM D7371 和 EN 14078。ASTM D7371—2012 和 EN 14078—2003 不同之处，见表 7-22 所示。

表 7-22　方法 ASTM D7371—2012 和 EN 14078—2003 的比较

方法号	样品池	样品温度/℃	空白样品	峰位置/cm^{-1}	结果报出/%
ASTM D7371—2012	ZnSe/ATR	15 ~27	空气/N_2	1745	0.01
EN 14078—2003	KBr/NaCl/CaF_2	—	环己烷	1745 ±5	0.1

GB /T 23801—2009 参照 EN 14078—2003 修订，但与 EN 14078—2003 相比也有不同：

（1）红外光谱法测定柴油机燃料中脂肪酸甲酯体积含量约为 1.7% ~22.7%。

（2）校准用脂肪酸甲酯（FAME）中“甲酯质量分数大于或等于 96.5% 的脂肪酸甲酯，或色谱纯油酸甲酯”。

7.25.4 主要试验步骤

7.25.4.1 校准溶液的准备

通过将校准用FAME称重并置入适当容量瓶中，注入环己烷至刻度线的方式配置制一系列（至少5个）已知FAME精确浓度的环己烷标准溶液。5个标准溶液的FAME溶液应选择在约1745cm^{-1}的最大吸收峰处的吸光度在0.1～1.1（可使用用市售已配好的FAME的环己烷标准溶液）。

对于光程为0.5mm的样品池，校准溶液浓度为1，2，4，6，10g/L。测定系列FAME校准溶液的吸光度，并以吸光度A为因变量，以质量浓度q为自变量进行线性回归或作图。

校准公式：

$$A/L = a \times q + b \tag{7-24}$$

式中 A——测定所得吸光度；

L——所用样品池的光程，cm；

q——FAME质量浓度，g/L；

a——回归线的斜率；

b——回归线在y轴的截距。

如回归线的关联系数（R_2）低于0.99，应重新校准程序。校准和测量应选用同样的样品池进行相同条件操作。

7.25.4.2 试验过程

（1）开机时，首先打开仪器电源，稳定0.5h，使得仪器能量达到最佳状态。开启电脑，并打开仪器操作平台软件，运行菜单，检查仪器稳定性。

（2）将试样溶液注入样品池中，并以环己烷谱图为背景记录其IR谱图，测量在约1745cm^{-1}处的最大峰值吸收的吸光度，基线范围为1670～1820cm^{-1}。

（3）如试样溶液的吸光度没有落在校准吸光度范围内，应重新对试样使用环己烷进行适当稀释后再分析。对于FAME质量浓度小于100g/L（体积分数11.4%）的试样，稀释比率最低为1∶10（体积比）；对于FAME质量浓度大于100g/L（体积分数11.4）并且小于200g/L（体积分数22.7%）的试样，稀释比率最低为1∶20（体积比）。

7.25.4.3 结果报出

报告试样的FAME体积分数，修约至0.1%。

由同一操作者、采用同一仪器、对同一试样进行重复性测定所得到的两个实验结果之差的绝对值不应超过0.3%。

结果小于0.1%，报告未检出。

7.25.5 注意事项

（1）保持红外光谱仪内部干燥，应每周检查一次仪器内干燥剂的状态，干燥剂变红色即为失效，应及时更换。干燥剂烘完后应冷却后再放入仪器中，热硅胶容易损害干

涉仪。

（2）红外光谱仪试验环境为室内温度 18～25℃，相对湿度≤60%。实验室保持抽湿状态，以维持空气干燥。

（3）保持实验室安静和整洁，不得在实验室内进行样品化学处理，实验完毕即取出放置在仪器内的样品。

（4）样品的浓度和测试厚度应适宜。一般使红外谱图中大多数吸收峰透射比处于 10%～60% 范围为宜。样品太稀、太薄会使弱峰或光谱细微部分消失，但太浓、太厚会使强峰超出标尺。

（5）样品应不含水分，包括游离水和结晶水。因为水不仅会腐蚀吸收池盐窗，还会干扰样品分子中羟基的测定。

（6）样品池使用后应用环己烷反复清洗，通过将其注满环己烷并记录红外光谱谱图来检验是否清洗干净。如红外谱图与参照的环己烷谱图精确符合，则说明样品池已清洗干净。

7.25.6　仪器管理

红外光谱仪检定周期为 1 年，两次检定周期之间可用任意一个标样对仪器进行期间核查。

7.26　石油产品和烃类溶剂中硫醇和其他硫化物的检测　博士试验法 NB/SH/T 0174—2015

7.26.1　方法原理

根据亚铅酸钠溶液与试样中的硫醇反应，形成铅的有机硫化物，该物质再与硫元素反应形成深色的硫醇铅，来定性地检测试样中是否存在硫醇类物质。其反应为：$Na_2PbO_2 + 2RSH \longrightarrow (RS)_2Pb + 2NaOH$。硫醇铅以溶解状态存在于试液中，通常呈现的颜色并不明显，因硫醇相对分子质量的不同，使试验溶液呈现微黄色。向上述溶液中加入少量的硫黄粉，硫醇铅遇到硫黄粉则生成硫化铅深色沉淀，其反应为：$(RS)_2Pb + S \longrightarrow RSSR + PbS\downarrow$（黑色）。

由于反应生成黑色 PbS 沉淀，使界面间硫黄粉变色。但变色情况不尽相同，随试油中 RSH 含量多少而异，呈橘红色、棕色或黑色则有 RSH 存在。颜色越深，RSH 含量越多。如果试样中含有 H_2S，则在试油中加入亚铅酸钠后即反应生成黑色 PbS，这时要使硫醇定性试验顺利进行，需除去 H_2S。除去的方法是用新的一份试样，加入占体积 5% 的氯化镉溶液一起振荡，使 H_2S 反应生成硫化镉而除去。分离处理后的试样再加亚铅酸钠试验。

如果试样中含有过量的过氧化物，则在试油中加入亚铅酸钠后会生成棕色沉淀。

为确证过氧化物的存在，可另取一份试样，加入占试样体积20%的碘化钾溶液，几滴乙酸和几滴淀粉溶液一起振荡，如水层中出现蓝色，说明过氧化物存在，试验结果无效。

7.26.2 目的和意义

油品中含有元素硫及硫化物，硫化物通常包括硫化氢、硫醇、硫醚、二硫化物、噻吩等。其中硫醇、硫醚等多含于轻质油品中。硫醇类一般呈酸性，有强烈的恶臭，低分子硫醇溶于碱性溶液形成重金属盐，在空气中易被氧化而生成二硫化物。二硫化物是无色的，其沸点比相同碳数烷基的硫化物高，大多数二硫化物的—S—S—键极易被还原剂切断，分解为—SH。

硫醇主要腐蚀镉和青铜，在常温下不腐蚀钢、铝等合金。有硫化氢存在时，硫醇的腐蚀作用加剧。硫醇腐蚀金属后，生成难溶于燃料的黏稠胶状沉淀物，聚集在燃料系统的金属表面，堵塞喷嘴、过滤器和喷气发动机油泵的调节机构，破坏发动机的正常工作。硫醇还会与某些人造橡胶起作用，破坏橡胶油箱的缝合胶，引起漏油。在石油炼制过程中，硫及硫化物会腐蚀炼油装置，各种含硫有机化合物分解后均可部分生成硫化氢，硫化氢一旦遇水将对金属设备造成严重的腐蚀。硫及硫化物会污染石油加工过程中使用的催化剂，它们与重金属催化剂中的金属元素形成硫化物，使催化剂降低或失去活性，造成催化剂中毒。

7.26.3 国内外对照

（1）《石油产品和烃类溶剂中硫醇和其他硫化物的检测 博士试验法》NB/SH/T 0174—2015修改采用ISO 5275：2003《石油产品和烃类溶剂——硫醇和其他硫化物的检验——博士试验法》。

（2）国外还采用ASTM D 4952—2012《燃料和溶剂中活性硫种类的定性分析试验法 博士试验》测定硫醇硫，该方法的适用范围是发动机燃料、煤油及相近的石油产品。

7.26.4 主要试验步骤

7.26.4.1 初步试验

（1）酚类物质。如果怀疑有酚类物质，将10mL试样和5mL质量分数为10%的氢氧化钠溶液放入混合量筒，剧烈振荡混合量筒15s，观察混合溶液显色情况。如果未出现有意义的颜色，则按照方法要求继续试验，如果出现有意义的显色，则停止试验。

（2）硫化物和过氧化物。将10mL试样和5mL亚铅酸钠溶液放入混合量筒，剧烈振荡混合量筒15s，观察混合溶液显色情况。按表7-23进行试验。

表7-23 “博士试验”变化表

观察外观变化	判 断	说 明
立即生成黑色沉淀	有硫化氢存在	需要去除硫化氢，再进行试验
缓慢生成褐色沉淀	可能有过氧化物存在	需要另做试验加以确认，若确实有过氧化物存在则不必进行试验
在摇动期间溶液变成乳白色，然后颜色变深	有硫醇和元素硫存在	进行加入硫黄试验
无变化或黄色	可能存在硫醇	进行加入硫黄试验

7.26.4.2 可能有过氧化物存在

另取10mL试样，并加入2mL碘化钾溶液、几滴乙酸溶液和几滴淀粉溶液，用力摇动。如果在水层中出现蓝色，则证明有过氧化物存在。

7.26.4.3 有硫化氢存在

重新取20mL试样，加入1mL的氯化镉溶液，剧烈摇动15s，除去硫化氢。分离处理后的试样，重新试验。如果没有黑色沉淀生成，就按试验规定继续试验。如果还有黑色沉淀生成，就再用0.5mL氯化镉溶液重新处理，直到无黑色沉淀为止，然后按规定进行试验，如果使用碳酸氢钠溶液去除硫化氢，具体步骤也应严格按照方法要求进行。

7.26.4.4 硫醇

硫化物和过氧化物试验中后得到的混合溶液中，加入少量的硫黄粉（加入量不可太多，只要能覆盖试样和亚铅酸钠溶液之间的界面即可），摇动此混合物15s，静置1min，立即观察量筒中的混合物有褐色或黑色沉淀生成，有沉淀则表示存在高于本标准硫醇检测临界值的硫醇。

7.26.5 结果表示

如果试样存在酚类物质，则报告试验无效——存在干扰物质。

如果存在过氧化物，则报告试验无效——存在过氧化物。

如果试样和亚铅酸钠溶液混合振荡后立即有黑色沉淀生成，则报告阳性（不通过）——存在硫化氢。

如果脱除硫化氢后加入硫黄后有黑色或者褐色沉淀生成，则报告阳性（不通过）——存在硫化氢和硫醇。

如果试样和亚铅酸钠溶液混合振荡后变成乳白色，然后颜色逐渐变深，则报告阳性（不通过）——存在硫醇和/或元素硫。

如果试样和亚铅酸钠溶液混合振荡后变成乳白色，加入硫黄后混合物有褐色或黑色沉淀生成，则报告阳性（不通过）——存在硫醇。

如果试样和亚铅酸钠溶液混合振荡后无沉淀生成，颜色不变化，或者只是变成浅黄色，加入硫黄后混合物不生成沉淀，则报告阴性（通过）；如果混合物生成沉淀，则报告阳性（不通过）。

7.26.6 注意事项

（1）试验中的硫黄粉必须是升华且干燥的粉状硫黄，应储存在密闭的容器中。

（2）配制的亚铅酸钠溶液要求无色、透明，储存在密闭的容器中。使用前，如不清澈，应进行过滤。

（3）硫黄粉的用量要保证覆盖在试样界面上薄薄一层，不要过多或过少，过多会导致结果不通过，过少有可能导致结果通过，形成误报；为了使反应完全，按照方法用力摇动15s，静置1min，仔细观察变化情况。

（4）试样中若有硫化氢，一定将硫化氢除去后才能进行试验。

（5）严格按照标准中“博士试验”的变化表及试验方法逐步进行操作。

（6）博士试验一般对高级大分子硫醇的灵敏度要比低级小分子硫醇高，在汽油中硫醇硫含量一定的条件下，高级大分子硫醇越多，博士试验硫醇硫的检出限量越低，博士试验就越不容易通过；反之博士试验就越容易通过。

（7）大分子硫醇更容易使铜片产生腐蚀，尤其对于乙醇汽油。

7.27 馏分燃料油氧化安定性测定法 加速法 SH/T 0175—2004

7.27.1 方法原理

由于用催化裂化等二次加工工艺生产的柴油中含有大量的硫、氮、氧的非烃类化合物及不饱和烃。不饱和烃特别是二烯烃是烃类中最易氧化的组分，在微量非烃化合物的引发下容易氧化缩合成不溶性的胶质和沉渣。非烃类化合物尤其是非碱性氮化合物如吡咯类、四氢咔唑等性质也很不稳定，容易氧化生成过氧化物并引发烃类氧化。碱性氮化合物如吡啶类、喹啉类在与非碱性氮化合物共存时具有氧化催化作用，能加速过氧化物生成和烃类氧化。

7.27.2 目的和意义

柴油的热氧化安定性反映了柴油在受热和溶解氧的作用下发生变质的倾向。柴油发动机运转时，油箱中温度可达60~80℃，由于油箱中柴油剧烈的震荡，而与空气充分接触，使柴油中溶解氧达到饱和程度。柴油进入燃油系统后，温度继续升高，并在金属的催化作用下，使其中不安定组分与溶解氧急剧氧化，生成氧化缩合产物。这些产物以漆状沉积在喷油嘴针芯上，严重时造成喷嘴针芯黏死，中断供油；沉积在喷嘴周围呈积炭状的缩合物能破坏燃料供应，使喷雾恶化；沉积在燃烧室壁及气门部位的积炭，会使设备磨损加剧。烃类的氧化还会造成柴油颜色变深，柴油中硫、氮类化合物越多颜色变深越快。因此，评

定柴油的安定性是非常必要的，安定性好的柴油便于储存、运输和使用。安定性差的柴油，在长期储存中，所生成的不可溶胶质和沉积物堵塞发动机的燃料系统，甚至影响正常供油，还会增加机械磨损。通过本方法可反应在规定条件下 90% 回收温度低于 370℃ 的中间馏分燃料油固有的安定性能，可预示其在储运过程中生成沉淀物和胶质的趋势。

7.27.3　国内外对照

SH/T 0175—2004《馏分燃料油氧化安定性测定法》修改采用 ASTM D2274—2001《馏分燃料油氧化安定性测定法 加速法》，SH/T 0175—2004 与 ASTM D2274—2001 的主要技术差异见表 7-24 所示。

表 7-24　SH/T 0175—2004 与 ASTM D2274—2001 的主要技术差异

项　目	SH/T 0175—2004	ASTM D2274—2001
样品储存温度	样品储存温度不应高于 10℃，5 号柴油和 10 号柴油样品储存温度可提高到不高于 15℃	样品储存温度不应高于 10℃
样品氧化过程	氧化管放入加热浴中后，依次装好通氧管和冷凝管，接通冷凝水和氧气，调节氧气流量，确保试样避光	增加内容：当试验用氧化管的数量少于氧化浴中孔的数量时，将装有 350mL 类似于试验燃料的液体的氧化管放入未用的孔中

《世界燃油规范》对于柴油氧化安定性指标的规定为：无论哪一级别的柴油，氧化总不溶物的量均不大于 $25g/m^3$，换算单位后相当于 2.5mg/100mL。GB 252《普通柴油》和 GB 19147《车用柴油》对于氧化安定性的规定为氧化总不溶物的量不大于 2.5mg/100mL；欧盟标准 EN 590 中规定氧化总不溶物的量不大于 $25g/m^3$，换算单位后相当于 2.5mg/100mL。

7.27.4　主要试验步骤

（1）按要求清洗氧化管和玻璃容器，并把氧化管和蒸发容器按要求烘干待用。氧化管参见图 7-49 氧化管及通氧管规格。

（2）在过滤仪器（装置）上放好一张滤膜，连接抽真空系统（真空度约 80kPa），过滤约 400mL 试样，过滤装置参见图 7-50 过滤装置。

（3）将 350mL ± 5mL 已过滤的试样装入干净的氧化管内，并将此氧化管放入已恒温至 95℃ ± 0.2℃ 的加热浴中，装好通氧管和冷凝器，接通冷凝水和氧气，氧化 16h ± 0.25h。

（4）氧化结束后，将氧化管依次取出，放在通风的暗处冷却至接近室温。

（5）测定可过滤不溶物，测定黏附性不溶物，可过滤不溶物的量和黏附性不溶物的量之和为总不溶物的量。

（6）报告结果取一位小数，单位为 mg/100mL。

（7）重复性：$r = 0.54X^{0.25}$，再现性：$R = 1.06X^{0.25}$，X 为两次总不溶物测定结果的平均值，mg/100mL。

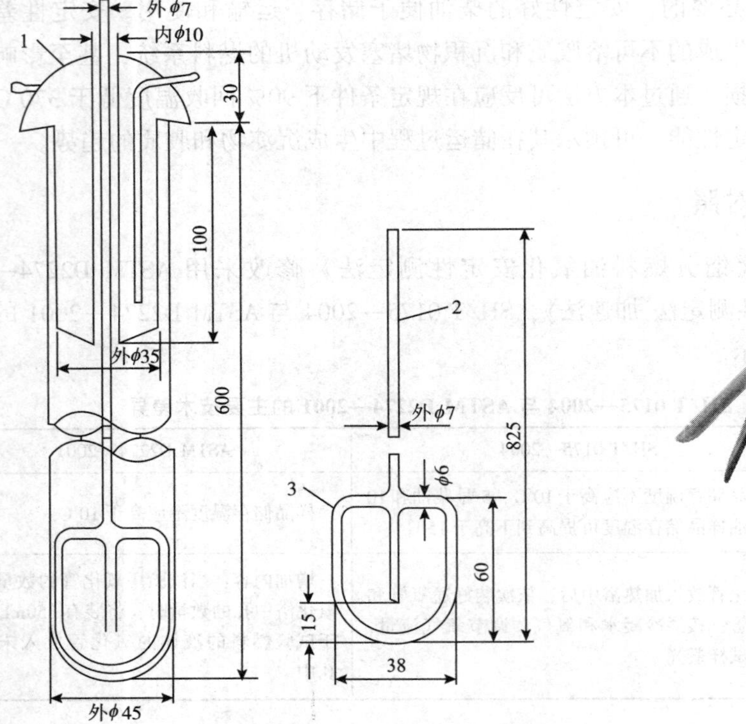

图 7-49 氧化管及通氧管规格（单位：mm）

1—玻璃冷凝管；2—通气管（硬质玻璃管）；3—硬质玻璃棒

图 7-50 过滤装置

7.27.5 注意事项

（1）试样应避光保存，不高于10℃，不低于浊点，过滤前温度要达到室温。

（2）试验所用器具按要求洗涤和冲洗。不得使用铬酸洗液清洗氧化管及其他玻璃仪器。铬能够催化氧化反应，使生成不溶物的量增加。

（3）试验前必须要通过称重挑选合适的两张滤膜，质量之差宜小于0.0002g。

（4）取样及试验过程中样品应全程避光，试样暴露于紫外光下，会造成总不溶物的量增加。

（5）试验前检查温度浴液面是否符合要求，放入浴中的氧化管底部能浸入加热介质液面下约350mm。

（6）试验过程中使用的异辛烷应经过滤膜过滤。所用试剂为分析纯或纯度更高的试剂。如果三合剂中使用了纯度不够的试剂，会造成黏附性不溶物的量增加。操作过程中氧化管中柴油未洗净可能造成安定性结果偏大。

（7）本试验操作使用的三合剂（含有丙酮、甲苯、甲醇）有毒性，需要有相应的防护措施，要穿戴必要的防护用具（口罩、手套），最好戴上防护眼镜。

7.27.6　仪器管理

需要检定器具及检定周期：量筒检定周期为 3 年，温度计、浮子流量计检定周期为 1 年。

7.28　轻质石油产品中水含量测定法　电量法 SH/T 0246—1992 (2004)

7.28.1　方法原理

SH/T 0246《轻质石油产品中水含量测定法 电量法》适用于测定轻质石油产品，测定水含量的范围从 1μg/g ~ 90%。

以三氯甲烷、甲醇和卡氏试剂为电解液，用 2 ~ 5mL 试样可定量的检测出 1μg/g 含量的水。电量法测定微量水的原理，是基于在含恒定碘的电解液中通过电解过程，使溶液中的碘离子在阳极氧化为碘：阳极：$2I^- - 2e \longrightarrow I_2$

所产生的碘又与试样中的水反应：$H_2O + I_2 + SO_4 + 3C_5H_5N \longrightarrow 2C_5H_5N \cdot HI + C_5H_5N \cdot SO_3$，生成的硫酸吡啶又进一步和甲醇反应：$C_5H_5N \cdot SO_3 + CH_3OH \longrightarrow C_5H_5N \cdot HSO_4CH_3$，反应终点通过一对铂电极来指示，当电解液中的碘浓度恢复到原定浓度时，电解即自行停止。根据法拉第电解定律即可求出试样中相应的水含量。

7.28.2　目的和意义

测定油品中所含有的水分，在油品计量时可以准确计算出油品的实际数量，即对容器内液体油品检尺后，减去水量就能得到油品数量。测出油品中的水分，可根据其含量的多少，确定脱水的方法，以防止在使用运输中产生如下危害：油品中水分蒸发时要吸收热量，会使油品发热量降低；轻质石油产品中的水分会使燃烧过程恶化，并能将溶解于水中的盐带入气缸内，生成积炭，增加气缸的磨损；在低温情况下，发动机燃料中的水分会结冰，堵塞发动机燃料导管和滤清器，妨碍发动机燃料系统的正常供油；石油产品中含有水分时，会加速油品的氧化和生胶；润滑油中有水时不但会引起发动机零件的腐蚀，而且水和高于 100℃的金属零件接触时会变成水蒸气，破坏润滑油薄膜；轻质油品密度小，黏度小，油水容易分离，而重质油品则相反，不易分离。

进入常减压蒸馏装置的原油要求含水量不大于 0.2% ~0.5%；成品油的规格标准要求车用汽油、煤油不含水，车用乙醇汽油（E10）水分含量不大于 0.2%，车用甲醇汽油水分含量不大于 0.15%，柴油水分含量不大于痕迹；各种润滑油、燃料油都有相应的控制指标。

7.28.3　主要试验步骤

7.28.3.1　仪器部分

（1）库伦滴定仪。能供给 50mA 电解电流，并有延时开关、正负补偿电路、桥流调节等装置。

（2）电解池。见图7－51。电解池外壳为一直经60mm、高70mm的玻璃圆筒，上部分别焊接一个19号和一个14号标准磨口，供定装电极之用。在19号阴磨口下焊接一个直径为18mm的玻璃管，下部用5号磨砂玻璃封闭。在紧靠磨砂玻璃上面焊接一个铂丝网作为电解阴极，在磨砂玻璃下面焊接一个同样大小的铂丝电极网作为电解阳极。阴极室和阳极室通过半透明相隔离，半透明可防止溶液特别是碘的扩散，但能使电子通过。14号阳磨口瓶下平行焊接两个面积为0.7cm^{2}的铂片，间距为0.5～1cm，作为指示电极。

（3）取样瓶。见图7－52，容量为250mL。

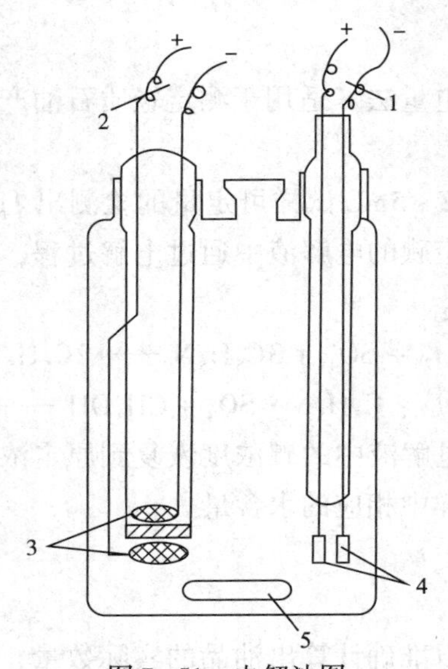

图7－51　电解池图

1—指示电极；2—电解电极；3—铂网；4—铂片；5—搅拌棒

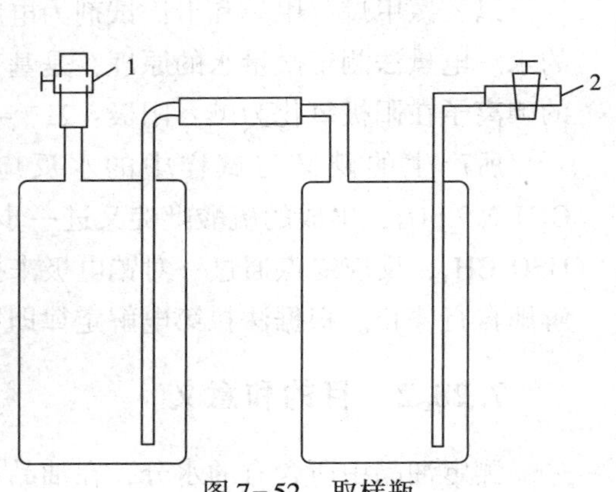

图7－52　取样瓶

1，2—螺旋夹

7.28.3.2　卡氏试剂及电解液的配制

（1）甲液。将50g碘溶于80mL吡啶中不停摇动，使碘全部溶解。然后加入260mL无水甲醇，此时溶液出现橙色结晶物。

（2）乙液。在40mL吡啶中通入经干燥后的二氧化硫，总体积为120mL的橙色溶液。

在冰浴中将乙液慢慢滴入甲液中，此时甲液结晶物慢慢溶解即得到深褐色卡氏试剂。待溶液冷却到室温后再塞紧瓶塞保持在干燥器内，稳定24h后方可使用。

（3）电解液的配制。阳极电解液：按三氯甲烷: 甲醇: 卡氏试剂＝3∶3∶1的比例混合均匀装入具塞棕色瓶中保存。若溶液呈浅黄色或显示含过量水，可适当加入浓卡氏试剂以消耗溶剂中带入的水分。但卡氏试剂的用量不得超过20mL，否则需重新选择含水较少的溶剂或浓卡氏试剂配制的电解液。阴极电解液与阳极电解液相同。

7.28.3.3　操作步骤

（1）试验前准备工作

①将电解液按照标准要求分别加到阳极室和阴极室内，盖好滴定池帽，在磨口处均涂以真空润滑脂以防止吸湿，使电解池处于密闭状态以备使用。

②按照仪器说明书指示将仪器调试到稳定状态。

③在装置上取样时，至少用500mL 试样冲洗取样瓶，再直接取试样至取样瓶中，待试样完全充满容器后，立即旋紧螺旋夹。

④由于试样中的水遇冷会析出，造成结果偏低。为此，在分析前应仔细观察试样和容器，若发现乳化现象，或瓶壁有微小水珠析出，则必须按方法附录要求用乙二醇抽提法进行分析。

（2）试验过程

①用注射器取样，进样前先用待分析试样清洗注射器 5 ~7 次，然后参照表 7-25 的进样量迅速通过电解池进样口橡胶塞将试样注入到电解池内。

表 7-25　试样含水量、取样量、电解量程范围关系

试样含水量/（μg/g）	取样量/mL	电解量程范围/mA
0 ~ 10	2 ~ 5	2.5
10 ~ 100	1 ~ 2	2.5 ~ 5
100 ~ 1000	0.1 ~ 1	5 ~ 10
>1000	<0.1	10 ~ 50

②开始运行仪器，电解池进行反应，待到预定时间后，开始电解，到终点后微安表指针回到预定位置，数值停止跳动。此后，若仪器能稳定 1min，即可认为到达分析终点。记下显示的毫库伦数。

有些自动仪器预先输入试样质量，当反应完毕后，能直接计算出试样的含水量。

（3）计算和结果报出

①试样水含量 X（μg/g）计算公式为：

$$X=\frac{\frac{18}{2}\times\left[Q_1-\left(\frac{Q_2}{t_2}\times t_1\right)\right]\times 10^3}{96500\times V\times\rho}=\frac{\left[Q_1-\left(\frac{Q_2}{t_2}\times t_1\right)\right]\times 10^3}{10722\times v\times\rho}$$

式中　Q_2——试样消耗电量，mC；

Q_1——空白试验消耗电量，mC；

V——试样体积，mL；

ρ——取样时试样的密度，g/mL；

t_1——试样分析消耗时间，s；

t_2——空白试验消耗时间，s；

18——水的相对分子质量；

2——水的当量数；

96500——1 克当量水消耗的电量数，mC。

②结果报出。取重复测定两个结果的算术平均值，作为测定结果，以 μg/g 或% 表示。

（4）精密度。重复性：重复测定两个结果与算术平均值之差，不应大于下列数值。

水含量/（μg/g）	重复性/（μg/g）
1～10	1
>10～50	算术平均值的10%
>50	算术平均值的5%

7.28.4 注意事项

（1）验证仪器稳定性和电解池电解效率。若结果偏高或偏低检查电解池是否密闭，对仪器及电解液分别进行校验和检查。

（2）建议每周更换一次阴极室电解液，当每次的分析时间过长时，也需更换电解液。

（3）为避免电解液稀释造成电解液导电性能下降、电解效率降低，导致误差增大，在分析轻质石油产品时，一般最多分析30～50mL试样就需要更换电解液。

（4）当出现黑色沉淀后，可将电极取出放在酒精灯上灼烧除去。阴极液可重新更换，也可加入卡氏试剂，有时加入少许四氯化碳会有所改善。

（5）在滴定过程中，发现有吸湿现象造成终点长时间不能稳定需要较大的补偿电流时，可检查排气孔分子筛干燥管和磨口是否泄漏。假使需要，应重新更换干燥剂和磨口真空润滑脂。

（6）为了减少含水的阴极室电解液通过半透膜扩散到阳极室，而引起吸湿现象发生，试验时，尽量使阴极室电解液和阳极室电解液保持在同一水平面上，或者阴极室液面略低于阳极室的液面。同时，也可以在试验一段时间后，向阴极室加入几滴浓卡氏试剂，至溶液呈浅棕色，以消耗掉试剂中可能存在的水分，这会改善仪器稳定性。

（7）在操作过程中有时还会出现过终点现象，这种现象多是空气中的氧氧化碘离子成碘所致。这种明显的“过碘”现象和光照及试剂组成有关，有时可通过调整一下电解液的组成，减少一些二氧化硫的含量，或在电解池外罩上一层黑纸来改进。

（8）对于水含量小于10μg/g的试样，最好用注射器从装置馏出口直接取样分析。一般在取样过程中应用试样反复冲洗注射器5～10次，进样时应带棉纱手套，严禁用手接触柱塞和针头以防污染。

（9）在测定过程中并不要求每次分析试样搅拌速率均相同，但搅拌速率的变化反映为测量讯号的改变。因此，在测定空白值之后就不要再随意改变搅拌器的转速和电解池的位置，以保证结果的精密度。

（10）醛和酮对分析有干扰，洗涤电解池和注射器时禁止使用。

（11）清洗电解电极不要用力触碰电极，否则容易使电极断路。

（12）阴极室和阳极室所有磨口处均应涂密封脂或使用密封胶带。

（13）进样口注射次数多，针孔就会较大，应及时更换进样口密封圈。

（14）干燥硅胶稍有变色就应当更换。

（15）电解液要放置在干燥器内保存，干燥器底部放有尽量多的干燥剂。电解液具有特殊的臭味和腐蚀性，同时具有毒性。因此更换电解液和溶剂时，均应在通风橱内操作。严格防止吸入体内和接触皮肤。另外，由于试剂易挥发和具有毒性，对使用过的试剂和废

电解液倒入密闭的瓶内集中处理，以防污染环境。

（16）试验时要注意仪器单次最大电解水量的设置。

7.28.5　仪器管理

库伦滴定仪，建议校准周期为 1 年。建议每 6 个月进行 1 次期间核查，期间核查样品可以使用标准物质，或者已知水含量的稳定试样。

7.29　柴油和民用取暖油冷滤点测定法 SH/T 0248—2006

7.29.1　方法原理

本标准修改采用英国能源研究会 IP 309/99《柴油和民用取暖油冷滤点测定法》标准。其基本原理是：在 200mm 水柱抽力和规定的冷却条件下，20mL 试样油不能在 60s 内流过网孔尺寸为 45μm（330 目）的标准滤网或切断压力情况下试样不能完全自然回流到试杯中的最高温度，以℃（按 1℃的整数）表示。

7.29.2　目的和意义

冷滤点是指在规定条件下，20mL 试油流过过滤器的时间大于 60s 或试样不能完全流回试杯的最高温度；凝点是指试样在规定条件下冷却至停止流动时的最高温度，二者均是反应柴油低温使用性能的重要指标。由于冷滤点测定仪是模拟柴油在低温下通过过滤器的工作状况而设计的，因此冷滤点比凝点更能反映柴油的低温使用性能，它是保证柴油输送和过滤性能的指标，并且能正确判断添加低温流动改进剂（降凝剂）后的柴油的质量。

由于车辆燃料系统的差异，操作条件的不同，冷滤点与实际使用的最低温度不是完全吻合的。尽管在实际使用中冷滤点与操作使用的最低温度存在着一定的偏差，但冷滤点指标是具有较好的参考价值，它能正确判断柴油的低温使用性能。一般情况下，实际使用的界限温度都出现在冷滤点之下。

7.29.3　国内外对照

SH/T 0248—2006 标准是根据英国能源研究会 IP 309/99《柴油和民用取暖油冷滤点测定法》标准起草的，二者主要区别是：

（1）SH/T 0248—2006《柴油和民用取暖油冷滤点测定法》所引用的标准均采用我国相应的国家标准。

（2）SH/T 0248—2006《柴油和民用取暖油冷滤点测定法》取消了 IP 309/99 中附录 A《温度计技术条件》，改为符合 GB/T 514《石油产品试验用玻璃液体温度计技术条件》中要求的 GB—36 和 GB—37 两种温度计。

（3）SH/T 0248—2006《柴油和民用取暖油冷滤点测定法》保留了 SH/T 0248—1992

《馏分燃料冷滤点测定法》中试样放入冷浴前应使试样温度达到30℃ ±5℃的规定。

我国《车用柴油》GB 19147—2016 中对车用柴油（Ⅴ）冷滤点的规定，见表7-26。

表7-26　GB 19147—2016 车用柴油（Ⅴ）的规格值

项目		规格值					
		5号	0号	-10号	-20号	-35号	-50号
冷滤点/℃	不高于	8	4	-5	-14	-29	-44

《世界燃油规范》第五版对冷滤点的规定是："最大值必须等于或者小于最低环境温度期望值"，备注中补充说明："若能满足冷滤点（CFPP）要求，冷滤点与浊点差值不超过10℃"，在后文的技术背景中对其进行了说明："CFPP测试根据汽车的运行数据开发，并显示了市场燃油和汽车的可接受相关性。然而，CFPP不能很好地预测北美燃油的低温流动性能。CFPP会受到低温流动添加剂的影响。如果使用CFPP来检测低温流动性能，最高允许温度必须等于或低于预期的最低环境温度，此时，浊点温度不得高于规定的CFPP温度10℃以上。"

7.29.4　试验步骤

（1）试样准备。室温下（温度不能低于15℃），将50mL试样在干燥的无绒滤纸上过滤。

（2）冷浴设置。冷浴初始温度设置为-34℃ ±0.5℃。

（3）预热试样。将装有温度计、吸量管（已预先与过滤器连接）的塞子塞入盛有45mL试样的试杯中，然后将试杯置于热水浴中，使油温达到30℃ ±5℃。

（4）安装装置。将准备好的试杯垂直放入置于已冷却到预定温度冷浴中的套管内，将真空系统与吸量管上的三通阀用软管连接好，接通真空源，调节空气流速为15L/h，U型管水位压差计应稳定指示，试样冷却到浊点5℃以上进行测定，或者插入套管后立刻开始试验。当试样温度达到合适的整数度时，转动三通阀，开始进行试验。试样通过过滤器进入吸量管进行抽吸，同时开始计时。当试样上升到吸量管20mL刻线处，关闭三通阀，并停止计时，转动三通阀，使吸量管与大气相通，试样自然流回试杯。

（5）确定冷滤点。每降低1℃，重复测定操作，直至60s通过过滤器的试样不足20ml或者在没有压力情况下，吸量管中的液体不能完全自然流回试杯中，记下此时的温度即为试样冷滤点，在此过程中，需要注意，当试样温度降到-20℃时，仍未达到其冷滤点，应迅速将试杯移到-51℃ ±1℃冷浴中；当试样温度降到-35℃时，仍未达到其冷滤点，应迅速将试杯移到-67℃ ±2℃冷浴中；当试样温度降到-51℃时，则可停止试验。

（6）结果报出

①结果报出，精确至1℃。

②当试样温度降到-51℃时，仍未达到冷滤点，则应停止试验，结果报出为"-51℃时未堵塞"。

7.29.5　注意事项

（1）确保抽滤系统处于平稳状态，避免试验仪器台面震动，防止试样受到扰动，对蜡结晶的形成产生影响。

（2）抽滤时，不要将试样吸进软管，否则会造成连接装置密封不严，真空度下降，使测定结果偏高。

（3）如果在同一个冷浴孔内降温，浴温应能在 2.5min 内降到下一温度点，如不能满足要求，则要换到另一已达到合适温度的冷浴孔内降温。

（4）根据被测样品的冷滤点，选择合适的温度计，如高范围温度计（GB/T 514 中 GB—37）：温度范围 -38 ~ 50℃，用于测定冷滤点高于 -30℃（含 -30℃）的样品；如低范围温度计（GB/T 514 中 GB—36）：温度范围 -80 ~ 20℃，用于测定冷滤点低于 -30℃ 的样品。

7.29.6　仪器管理

需要检定计量器具：温度计，检定周期为 1 年。

手动仪器和自动仪器自校可使用有证标准物质，或者已知冷滤点的标准物质，或者采取与三家通过 CNAS 认可的实验室进行比对的方式校验仪器，校验周期为 1 年。

7.30　中间馏分烃类组成测定法　质谱法 SH/T 0606—2005

7.30.1　方法原理

7.30.1.1　质谱简介

质谱法是将样品分子置于高真空中，在高速电子流或强电场等作用下气态、固态或液态分子受到一定能量的作用，生成分子离子或准分子离子；同时，化学键发生某些有规律的裂解，生成各种碎片离子。这些带电荷的离子通过质量分析器，按质荷比的大小分开，排列成谱，记录下来，即为质谱。

7.30.1.2　质谱仪构成

质谱仪由以下几部分构成：真空系统、进样系统、离子源（见图 7-53）、质量分析器（见图 7-54）、检测器、数据处理及输出系统。

7.30.1.3　GC-MS 提供的信息

色谱与质谱联用（GC-MS）可以对复杂混合物进行定性定量分析。在质谱图（见图 7-55）中，横坐标表示离子质荷比 m/z，纵坐标表示离子的强度 I。

由图 7-55 可以得到样品元素组成、相对分子质量、结构、原子的同位素比等相关信息。

图 7-53　离子源

图 7-54　四级杆质量过滤器

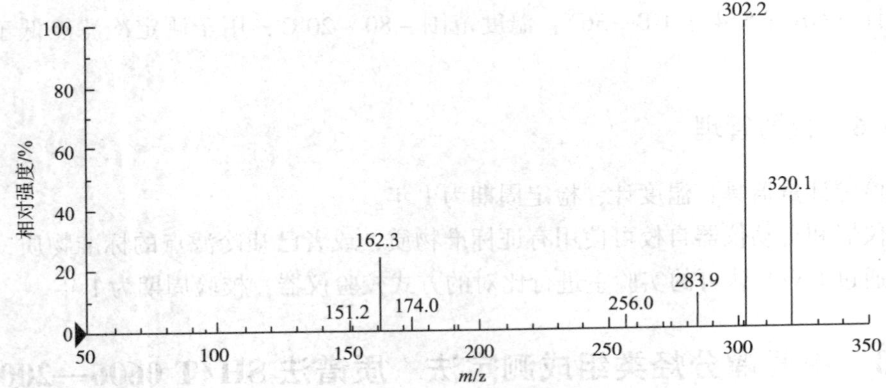

图 7-55　质谱图

7.30.1.4　方法概述

质谱分析多环芳烃原理是用特征离子峰来代表某类化合物，然后根据各类化合物的断裂模型和灵敏度系数所确定的矩阵系数，建立方程组，求解得到饱和烃、单环芳烃、双环芳烃、三环芳烃和/或 C_nH_{2n-18} 烃组成。

SH/T 0606《中间馏分烃类组成测定法 质谱法》是将试样分离成饱和烃和芳香烃馏分后分别进行质谱测定，进而得到各烃类浓度。该方法适用于馏程范围为 204 ~ 365℃（用 GB/T 6536 测定 5% ~95% 体积分数的回收温度）的中间馏分，也可分析链烷烃平均碳数在 C_{12} 到 C_{16} 之间的样品。见图 7-56。

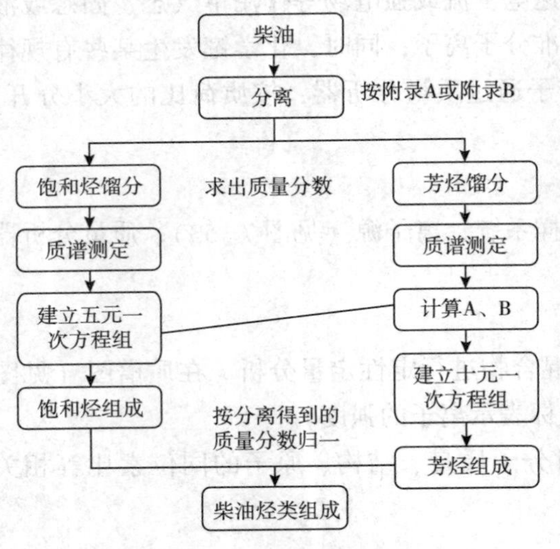

图 7-56　质谱分析流程

7.30.2　目的和意义

多环芳香烃，也称稠环芳烃，相对于常

见的单环芳烃苯、甲苯而言，为分子中含有两个或两个以上苯环结构的烃类化合物。多环芳烃普遍存在于原油及汽油、柴油、煤油、燃料油等常见的成品油中，尤其大量存在于石油产品的重质组分中。多环芳烃及其衍生物还是石油沥青质的主要成分。图7-57为石油和石油产品中典型的几种多环芳烃。

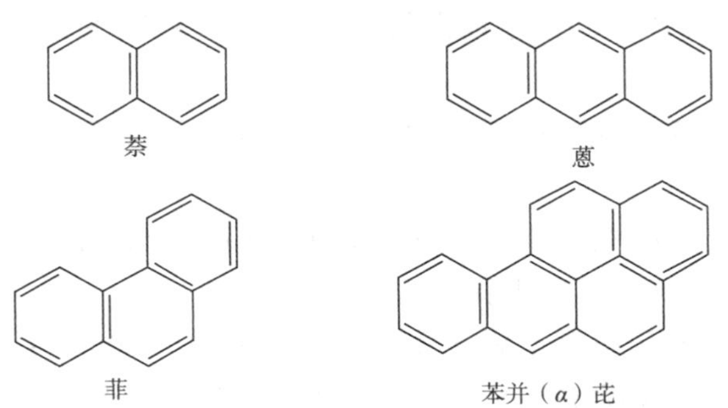

图7-57　石油和石油产品中典型的几种多环芳烃

柴油中适当加入含较多多环芳烃的重质调合组分，可适当增加柴油密度，使柴油体积热值增大，耐烧。多环芳烃组分也往往具有较好的抗磨性能。在当今柴油低硫化、无硫化趋势下，柴油润滑性能下降的弊端逐渐显现，适当调入含多环芳烃的馏分油，可在一定程度上改善柴油润滑性能，甚至可以无需添加其他柴油抗磨助剂也可达到标准要求。

但是柴油组分中对多环芳烃的限制与测定，在排放、环保、健康领域有着重要的意义。首先，多环芳烃分布广泛，在大气、土壤、河流、植物、矿藏等诸多自然环境中，有着不同程度的分布，但主要存在于煤、石油、焦油和沥青中，也可以由含碳氢元素的化合物不完全燃烧产生。

其次，多数多环芳烃化合物具有致癌性。流行病学研究表明，多环芳烃可以通过皮肤、呼吸道、消化道被人体吸收，有诱发皮肤癌、肺癌、直肠癌、膀胱癌等作用，而长期呼吸含多环芳烃的空气，则会造成慢性中毒。

第三，柴油中的芳烃含量是影响柴油机排放的一个主要因素。多环芳烃含量增加导致柴油机在正常工况下燃烧室工作温度增加，直接带来排出尾气中氮氧化物（NO_x）和颗粒物（PM）增加。长期使用高多环芳烃的柴油的车辆，不但容易产生气门黏结、积炭，喷嘴结焦，还会对尾气系统如催化转化器带来较大负荷，加速其损坏。

第四，通常油品组分中辛烷值较高组分十六烷值较低，反之亦然。芳烃化合物往往有着较高的辛烷值，换言之，多环芳烃含量较高时，柴油的十六烷值往往较低，使得柴油着火性能难以达标。另外，多环芳烃为柴油中较重组分，含量过高时易导致馏程不合格。

7.30.3　国内外对照

国际上测定多环芳烃含量的方法有ASTM D2425《中间馏分烃类组成质谱测定标准试验方法》和EN 12916《石油产品．高效液相色谱法折射率检测．在中间馏分芳烃类的测定》。目前，欧洲柴油标准规定多环芳烃含量限值为 8.0%，我国现行国标规定多环芳烃含量为不大于 11%。

SH/T 0606—2005《中间馏分烃类组成测定法 质谱法》是根据 ASTM D2425—2004 建立的，但两者也有不同：

（1）ASTM D2425—2004 适用于馏程范围为 204～343℃；SH/T 0606—2005 标准修改为适用于馏程范围 204～365℃。

（2）SH/T 0606－2005 增加附录 B“中间馏分饱和烃和芳烃分离和测定法 固相萃取法气相色谱法”。

（3）SH/T 0606－2005 在干扰中补充：如果样品中烯烃含量较高（质量分数大于 5.0%）将影响各类饱和烃的测定结果。

GB 19147—2016《车用柴油（Ⅴ）》标准中规定 SH/T 0806《中间馏分芳烃含量的测定 示差折光检测器高效液相色谱法》是检测柴油中多环芳烃含量的仲裁方法，SH/T0806 参照 ASTM D6591《带检测折光指数的高效液相色谱法测定中间馏分中芳香烃类型的标准试验方法》制定，此方法应用高效液色谱法测定柴油的单环芳烃、双环芳烃、三环以上芳烃和多环芳烃含量。

7.30.4 主要试验步骤

7.30.4.1 样品预处理

（1）向分离柱（上装适配器）中加 0.5mL 正戊烷润湿。

（2）待正戊烷被固定相完全吸附后，用 0.25mL 注射器吸取 0.15mL 试样滴入分离柱中的筛板上。

（3）在分离柱的样品出口下端放入 25mL 锥形瓶，用 2mL 正戊烷冲洗样品，从用不带针头的注射器缓慢对柱子内加压，使柱内液体滴在锥形瓶中，冲洗速率为 2mL/min，当柱内液面达到筛板位置，停止加压；向柱子内加入 0.5mL 二氯甲烷，洗脱至液面达到筛板，即得到样品中的饱和分。

（4）更换分离柱下端的 25mL 锥形瓶，以相同方法用 2mL 二氯甲烷冲洗萃取柱内组分，最后，可适当增大洗脱压力，将萃取柱内剩余溶剂全部吹入锥形瓶中，即得到试样中的芳烃分。

（5）用 1mL 移液管分别向接收有饱和烃和芳烃冲洗液的两个 25ml 锥形瓶中准确加入 1.00mL 内标溶液摇匀；分别转移到色谱瓶中，为了区分可在色谱瓶上分别标上 S（饱和烃）和 A（芳烃）。

（6）把装有含内标的饱和烃和芳烃冲洗液的色谱瓶放到仪器的自动进样器中。

7.30.4.2 样品分析

打开机器，进行预热，待仪器条件达到标准要求后，进行样品分析检测。

7.30.4.3 数据处理

将检测数据通过工作软件进行数据处理，从而得到检测结果。

7.30.4.4 结果报出

精确至0.1%。

7.30.5 注意事项

（1）固相萃取柱的品质对分离结果有着重要影响，应将待用萃取柱保存在干燥器中，在空气中放置会因吸潮或污染而失效，直接影响对柴油饱和烃和芳烃的分离效率。

（2）萃取分离的操作熟练程度对分离效率亦有直接影响。如果最后计算结果时饱和烃中烷基苯的含量大于5%，或芳烃中链烷烃和环烷烃加和大于5%，则说明分离效率不佳，建议重新分离。

（3）为保证饱和烃和芳烃溶液中加入相同体积的内标液，应用移液管准确量取内标溶液。

（4）色谱进样口汽化室要保持清洁，使用分流衬管进样垫使用约100次进行更换，衬管约使用500次进行更换，在调谐过程中如果出现异常，考虑更换进样垫，拧紧色谱柱与质谱接口螺帽。

（5）夏季往往气温较高，在GC－MS自动进样器抽取样品后进样前，二氯甲烷与样品、内标物就可能一同挥发殆尽，导致最后谱图上芳烃不出峰。此时，可用1∶9无水乙醇和苯代替二氯甲烷，降低溶剂挥发性，其他条件保持不变，再次进行分离，即可正常出峰。

（6）一般情况下真空启动半小时后才能打开灯丝，如真空度不好时打开灯丝，会加快灯丝消耗，如果真空漏气会加快灯丝的氧化和消耗。

7.30.6 仪器管理

气相色谱质谱联用仪检定周期为2年，两次检定之间可用其中任意一个标样进行期间核查。

7.31 色谱

7.31.1 色谱简介

7.31.1.1 色谱法

色谱法或色谱分析也称之为色层法或层析法，是一种物理分离方法，他利用混合物中各物质在两相间分配系数的差别，当溶质在两相间做相对移动时，各物质在两相间进行多次分配，从而使各组分得到分离。

7.31.1.2 色谱分类

色谱分类通常是按照下述三种方法。

（1）按照固定相和流动相的状态分类，分为液相色谱、气相色谱；

（2）按照固定相形式分类，分为柱色谱、纸色谱、薄层色谱；

（3）按照色谱分离机理分类，分为吸附色谱、分配色谱、离子交换色谱、凝胶色谱、亲和色谱等。

7.31.1.3　气相色谱

（1）分离原理。在色谱分析过程中，载气带着试样流经色谱柱，试样中各组分接触固定液时就溶解在固定液中。由于载气不断流过，溶解的组分又挥发出来跟着载气继续前进；在色谱柱中就不断地发生了溶解、挥发、再溶解、再挥发的过程。溶解和挥发的过程要进行很多次，因而试样中各组分将因溶解度的微小差异而彼此分离。

（2）气相色谱组成。气相色谱组成包括：气路系统（载气及流速控制装置）、进样系统、分离系统、温控系统、检测系统（检测器）、数据处理系统（工作站）。图7-58为气相色谱流程示意。

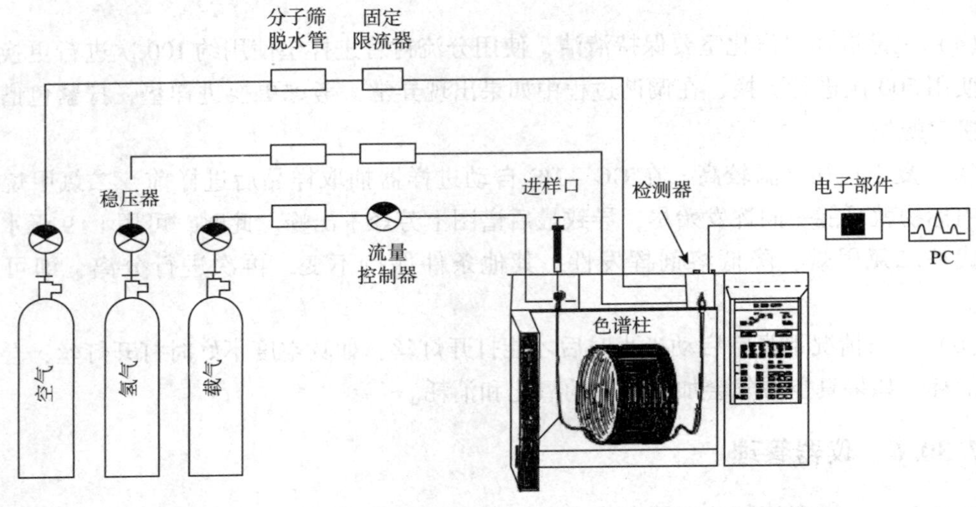

图7-58　气相色谱流程示意

①气路系统。气路系统的作用是让载气连续运行通过分离系统，要求管路密闭，载气流速稳定，流量计量准确。常用载气有 H_2、N_2、He、Ar。

气源包括气瓶和气体发生器，气瓶推荐使用纯度是99.99%～99.999%，可以加装脱水管和脱氧管（ECD检测器一定加装脱氧管）。气体发生器使用时应及时更换硅胶，添加蒸馏水，保持一定的压力和流量。气体净化管安装位置位于气源出口与气相色谱仪进样口之间，安装顺序为气源、水分净化器、烃类净化器、氧气净化器、GC仪器。

②进样系统。进样系统的组成包括进样装置和气化室，作用是将液体或固体试样瞬间气化，使样品以一种可重复、可再现的方式进入到气相色谱柱中。被引入的样品应具有代表性，除特殊要求外样品引入过程不应发生任何化学反应，迅速定量地转入色谱柱中。

进样口类型包括分流/不分流进样口、隔垫吹扫填充柱进样口、冷柱头进样口、程序升温汽化进样口、挥发进样口。

③分离系统。色谱柱的分离效能由柱中填充的固定相决定，种类包括填充柱、毛细管

柱（分离效率高、分析速度快）。色谱柱类型见图 7-59。

④温控系统。温控系统的作用是设定、控制、测量色谱柱箱、气化室、检测室三处温度。温度影响色谱柱的选择性、分离效率、检测器的灵敏度及稳定性等。一般气化室温度应使试样瞬间气化而又不分解，应比柱温高 10～50℃，检测室温度略高于柱温，防止组分冷凝。

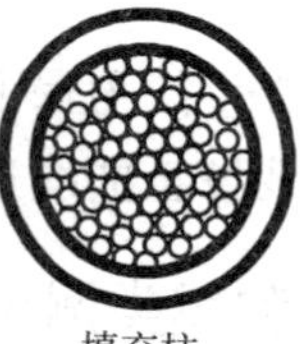

图 7-59　色谱柱类型

⑤检测系统。检测系统包括热导检测器（TCD）、氢火焰检测器（FID）、氮磷检测器（NPD）、电子捕获检测器（ECD）、硫化学发光检测器（SCD）、原子发射光谱检测器（AED）。

检测器不同对气体、色谱柱、分析样品以及溶解样品的溶剂都有不同的要求，在使用前一定要仔细阅读说明书。最常用的检测器是 TCD 和 FID，检测器的温度一般都高于柱温。

⑥数据处理系统。数据处理系统可以是工作站或者积分仪，可以完成数据处理工作。

7.31.1.4　气相色谱使用注意事项

（1）使用一段时间后，色谱峰保留时间会有所漂移，需要及时调整或进行再校正。

（2）色谱仪器开机应该先开气、后开机；关机时应该先关机、后关气。仪器关机时应使柱温降至较低温度再切断电源，尤其是毛细管柱，如果在较高温度下将载气关闭，会减少柱子的使用寿命，而且由于试验温度较高，在试验过程中也不允许打开柱箱。

（3）色谱中使用热导检测器要求所用参比气、尾吹气、载气必须是同一种类型的气体，最好出自同一气源。使用时应该先通气，再加热，再加电流。

（4）气相色谱分析中进样的方法：每次进样前应用试样清洗微量注射器至少三次，进样时注意排空注射器内的气泡。进样速度必须快，使试样进入色谱柱后仅占柱端的一小段，这样有利于分离。如果进样速度慢，试样原始宽度变大，半峰宽变宽，甚至使峰变形，影响分离效果。一般进样时间应在 1s 内。

（5）进样针每次使用后应及时清洗，以减少杂质的沉积，延长使用寿命。

（6）不同材质的进样垫有不同的使用寿命。进样垫在使用一段时间后会产生漏气，并且会产生一定的碎屑，不及时更换，碎屑会进入色谱柱系统引起柱效下降，因此进样垫在使用一定次数后需更换。

（7）进样口温度不要超过所用隔垫的最高使用温度，尽量使用针尖锋利的注射器以延长进样垫的使用寿命。检测器的使用温度一般都高于柱温。

（8）色谱柱使用前和使用一段时间后以及长期未使用需要进行老化，老化是为了消除残余的溶剂及低相对分子质量物质和挥发物，老化温度要比使用温度高 20～30℃，但要低于色谱柱的最高使用温度。

（9）毛细管色谱柱大多使用分流进样系统，是因为毛细管柱柱体积较小，柱容量较低，进样量太多会引起柱负载过大，所以大多使用分流进样系统，使极小量样品进入色谱柱内。

7.31.1.5 仪器管理

气相色谱仪检定周期为2年。为保证该仪器检测数据的准确有效，建议在检定周期内根据使用情况定期对该仪器及校正曲线进行期间核查。

7.31.2 汽油中醇类和醚类测定法 气相色谱法 NB/SH/T 0663—2014

7.31.2.1 方法概述

将内标物（如乙二醇二甲基醚DME）加到样品中，然后将此样品装入气相色谱仪中，样品首先流入TCEP预切柱，先将轻烃冲洗放空，并保留含氧化合物及较重的烃组分（按照极性分离同沸点范围内的轻烃和含氧化合物）。在甲基环戊烷之后，但在二异丙醚（DIPE）和甲基叔丁基醚（MTBE）从预切柱流出之前，将阀切换至反吹位置，让含氧化合物进入WCOT分析柱。在任何重烃类组分流出之前，先让醇类和醚类从分析柱上冲洗出来（分析柱则是按照沸点大小进行分离）。待苯和叔戊基甲基醚（TAME）从分析柱流出以后，将柱切换阀切回到起始位置，以便反吹重烃组分。通过检测器检测流出的组分，记录与组分浓度成比例的检测器相应值、测定峰面积、参考内标计算每个组分的浓度。分析流程见图7-60。

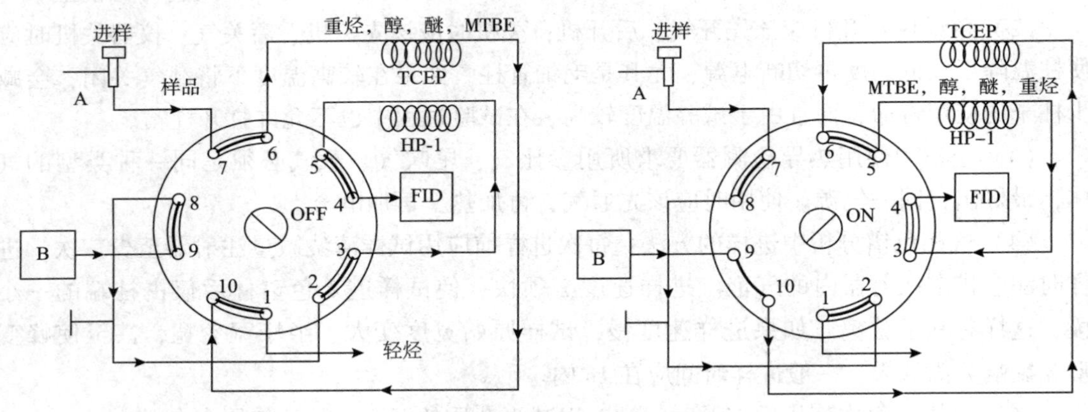

图7-60 分析流程

7.31.2.2 目的和意义

在汽油中加入醇类、醚类和其他含氧化合物可以提高辛烷值，同时提供氧，可以降低尾气CO的含量，减少排放。由于醇醚类含氧化合物的热值低于烃类，过多的添加对汽油的动力性能也有一定的影响。

在汽油产品标准中对氧含量规定为不大于2.7%；组分油标准中“有机含氧化合物”含量不大于0.5%；乙醇汽油标准中“其他有机含氧化合物”含量不大于0.5%。

7.31.2.3 国内外对照

本标准NB/SH/T 0663—2014使用重新起草法修改采用ASTM D 4815—2013《汽油中甲基叔丁基醚，乙基叔丁基醚，叔戊基甲基醚，二异丙基醚，叔戊醇及C_1～C_4醇类的气相色谱测定法》，二者的主要差异是本标准将标准名称修改为《汽油中醇类和醚类含量的测定气相色谱法》，以简化并符合我国标准名称的编写要求；将 ASTM D4815—2013 表 1 中各组分 15.56℃的相对密度变更为 20℃密度，根据 ISO 3838:1983 标准方法，本标准在表 1 中补充了水的 20℃密度，因我国标准密度为 20℃密度；以氮气取代氦气作为载气，以适合我国的载气使用情况。

第五版世界燃油规范中规定，第一、二、三、四、五类无铅汽油氧含量不大于 2.7%（质量分数）。欧盟标准 EN 228—2012 中规定，氧含量不大于 2.7%。GB 17930—2016 中规定，车用汽油（Ⅳ、Ⅴ、Ⅵ）氧含量不大于2.7%（质量分数），甲醇含量不大于0.3%（质量分数）。

7.31.2.4 试验步骤

（1）样品制备。用一支移液管将 0.5mL 内标物转移到一个称过瓶重和瓶帽重的 10mL 容量瓶中。称量盖上瓶帽的容量瓶，记录称量至 0.1mg 的结果。记录所加内标的净质量（W_s）。让样品装满容积为 10mL 的容量瓶，盖上瓶帽，称重容量瓶，并记录所加样品的净质量（W_g），称至 0.1mg。将溶液完全混合，并取样注入气相色谱仪中。如果使用自动进样器，那么转移一部分溶液到一个气相色谱用 GC 玻璃样品瓶中。用有聚四氟乙烯衬垫的铝帽密封 GC 玻璃样品瓶。如果不立即分析此样品，则应将其在低于 5℃下储藏。

（2）色谱分析。按校正分析所用的相同技术和样品量，将有代表性的样品，包括内标，一起导入色谱仪。分流比为 15 : 1 时，进样量在 1.0 ~ 3.0μL 为好。记录和积分装置的启动要与样品的导入同步。获得一张谱图或峰积分报告，或显示每个被测组分峰的保留时间及积分面积的报告。

（3）谱图分析。将样品分析所得的组分保留时间与那些校正分析结果进行比较，来对存在的含氧化合物进行定性。

（4）结果报出。所报告的每种含氧化合物质量分数（%），精确至0.01%。浓度小于或等于 0.20% 的报告为“未检出”。

报告的每种含氧化合物体积分数（%），精确至0.01%。

报告汽油中氧的总质量分数（%），精确至0.01%。

7.31.2.5 注意事项

（1）含量小于0.2%的含氧化合物不参与计算和结果报出。

（2）应通过含氧化合物的标样确定准确的反吹时间。反吹时间过小，C_5 和较轻的烃类进入分析柱，并且在 C_4 醇类处出峰，会干扰结果判定，且杂质峰较多谱图较乱；如果反吹时间过大，部分醚类（尤其是 MTBE）被放空，影响试验结果。

（3）本方法使用的是内标标准曲线法定量分析方法。所以在进行样品分析时，所有仪器条件及参数都应与绘制标准曲线时条件一致；方法中所使用的为一次线性标准曲线，截距应尽量的小，回归系数 R^2 越接近 1 越好。

7.31.3 汽油中芳烃含量测定法 气相色谱法［SH/T 0693—2000（2004）］

7.31.3.1 方法概述

（1）第一次分析：测定苯和甲苯含量

切换时间 T_1：苯从预柱流出前的时间，此时小于 C_{10} 的非芳烃从预柱放空。此时切换阀，将保留的组分导入分析柱。

反吹时间 T_3：内标物 2－己酮从分析柱流出后的时间。此时重置阀，反吹分析柱，将剩余的组分（C_8 以上重芳烃和 C_{10} 以上非芳烃）反吹出色谱柱进入检测器。

（2）第二次分析：测定乙苯、间/对－二甲苯、邻二甲苯和 C_9 以上重芳烃

切换时间 T_2：乙苯从预柱流出前的时间。小于 C_{12} 的非芳烃、苯、甲苯经预柱放空。此时反吹阀，将 C_8 以上芳烃导入分析柱。

反吹时间 T_4：邻二甲苯从分析柱流出的时间。此时立即反吹分析柱（WCOT），将 C_9 以上芳烃反吹出色谱柱进入检测器。

醇醚化合物均不干扰测定，醚类化合物从预柱与非芳烃一起放空；其他含氧化合物先于苯和芳烃流出。汽油中芳烃分析的色谱系统流程见图 7－61。

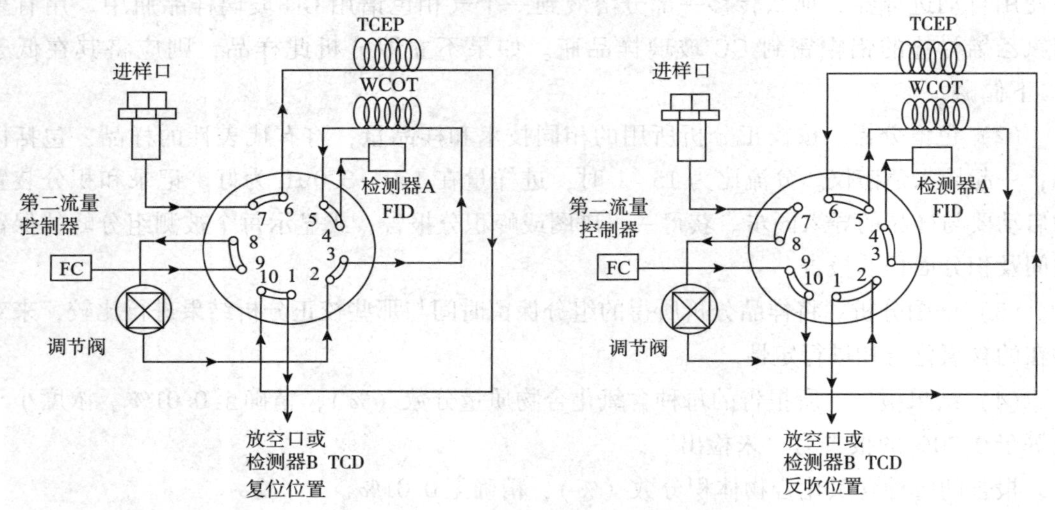

图 7－61 汽油中芳烃分析的色谱系统流程

7.31.3.2 目的和意义

车用汽油产品标准中有苯和芳烃含量的限值要求，因此有必要建立测定汽油中苯和芳烃组分含量的标准方法，以控制产品的质量。

7.31.3.3 国内外标准对照

SH/T 0693—2000 等效采用 ASTM D 5580—2013《成品汽油中苯、甲苯、乙苯、对/间－二甲苯、邻二甲苯、C_9 和 C_9 以上芳烃及总芳烃含量的气相色谱测定法》，二者的主要差异是标准名称进行了简化修改，原名为《成品汽油中苯、甲苯、乙苯、对/间－二甲苯、邻二甲苯、C_9 和 C_9 以上芳烃及总芳烃含量的气相色谱测定法》，改为《汽油中芳烃

含量测定法 气相色谱法》；引用标准采用我国的国家标准和石油化工行业标准；新增加了一种极性预柱和一种分析柱，并增加了一种可供选择的内标物，同时增加了相应两柱的分析条件；在将芳烃组分质量分数换算为体积分数时，采用了20℃时密度代替ASTM D 5580—2013中15.6℃下的密度；ASTM D 5580—2013第10章中新增"注1—'约'是指为了进一步优化系统应尽可能接近规定的流量值"，其中涉及到的章节有10.3.1"调节进样口的流量约为10mL/min"、10.3.2"使用流量调节器调节分流出口流量约为100mL/min"和10.3.4"使检测器A（FID）出口流量约为10mL/min"。

第五版世界燃油规范中规定，第一类无铅汽油苯含量不大于5.0%（体积分数）；第二类无铅汽油苯含量不大于2.5%（体积分数）；第三、四、五类无铅汽油苯含量不大于1.0%（体积分数）。欧盟标准EN 228—2012中规定，苯含量不大于1.0%（体积分数）。GB 17930—2016中规定，车用汽油（Ⅳ、Ⅴ）苯含量不大于1.0%（体积分数），车用汽油（Ⅵ）苯含量不大于0.8%（体积分数）。

7.31.3.4 试验步骤

（1）样品制备。用移液管将1mL内标物（W_s）转移到已称重的10mL容量瓶或具小瓶中。记录加内标物的净质量，精确至0.1mg。重新称量容量瓶或具塞小瓶，向容量瓶或小瓶中加入9mL冷却样品并加盖，记录所加样品的净质量（W_g），使完全混合均匀。如果使用自动进样器，转移一部分溶液到气相色谱用玻璃小瓶中，使用有聚四氟乙烯衬垫片的铝帽密封气相色谱用玻璃小瓶。如果不立即分析此样品，应将其在0～5℃下保存。

（2）色谱分析。按校正分析所用的相同进样技术和进样量，将有代表性的样品（含有内标物）导入色谱仪。分流比为11∶1时，合适的进样量为1.0μL。对样品进行两次色谱分析，并按确定的时间进行阀切换，第一次分析采用时间T_1和T_3反吹和复位阀，第二次分析采用时间T_2和T_4。

（3）谱图解释。将样品分析所得的组分保留时间与那些校正分析结果比较，以对芳烃组分进行定性。从第一次分析确认苯、甲苯和内标物。从第二次分析确认内标物、乙苯、对/间二甲苯、邻二甲苯和C_9以上芳烃。

（4）结果报出。报告苯、甲苯、乙苯、对/间二甲苯、邻二甲苯、C_9和C_9以上芳烃组分的质量分数，结果精确至0.01%。

报告苯、甲苯、乙苯、对/间二甲苯、邻二甲苯、C_9和C_9以上芳烃组分的体积分数，结果精确至0.01%（体积分数）。

7.31.3.5 注意事项及影响因素

（1）反吹时间的影响。第一次分析反吹时间设定值过大，部分苯随轻烃放空，使苯含量测定结果偏低；第二次分析反吹时间设定值过大，部分乙苯随轻烃放空，使C_8芳烃含量测定结果偏低，设定值过小，部分重非芳烃未能完全放空，使C_9以上芳烃测定结果偏高。

（2）本方法需要进样两次完成分析，第一次进样得到苯和甲苯的含量，第二次进样得到乙苯、二甲苯、C_9和C_9以上芳烃含量，通过两次分析的加和得到汽油总芳烃含量。

7.31.4 车用汽油和航空汽油中苯和甲苯含量的测定 气相色谱法（SH/T 0713—2002）

7.31.4.1 方法概述

样品和内标物一起在预柱上按照沸点顺序分离，当沸点小于 C_9 的组分全部进入分析柱后，立即反吹阀（反吹时间 T_1），将大于 C_9 的组分反吹出色谱柱，组分在极性分析柱上按非芳烃、苯、内标、甲苯的顺序分离。图 7-62 为色谱气路系统示意图。

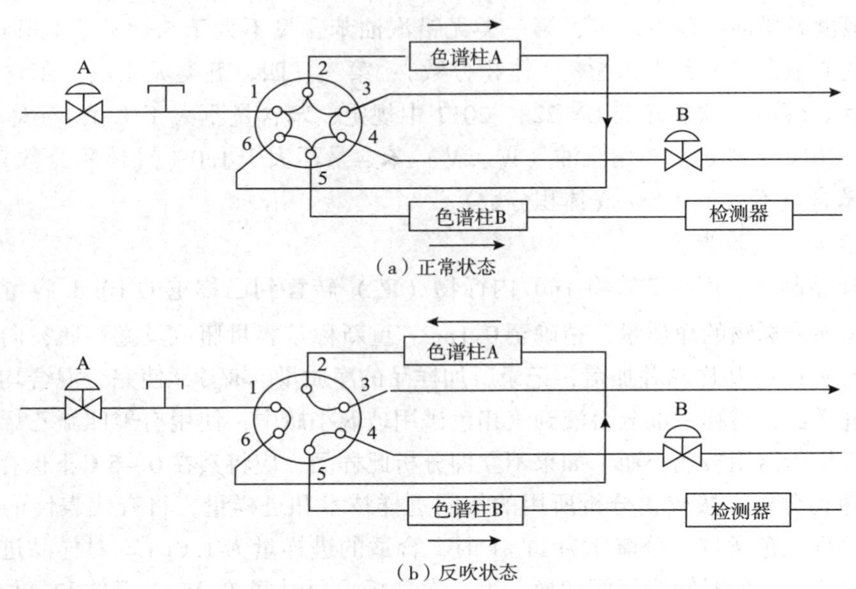

图 7-62 色谱气路系统示意

7.31.4.2 目的和意义

苯为有毒类物质，测得其浓度有助于判断在处理及使用汽油时可能对人体健康造成的危害，但本试验方法并不试图评价此类危害。

7.31.4.3 国内外标准对照

SH/T 0713—2002 等效采用 ASTM D3606—2010《车用汽油和航空汽油中苯及甲苯含量的气相色谱测定法》，二者的主要差异是 SH/T 0713—2002 采用我国相应的国家标准；在 ASTM D3606—2010 提供的色谱方法条件外，根据我国的情况增加了可供选择的色谱系统和色谱条件，对于采用改性聚乙二醇（FFAP）毛细管柱作分析柱的系统，甲醇和乙醇对测定的干扰不明显；在将测定结果由体积分数换算为质量分数时，根据我国情况采用了20℃时的密度；新增了附录 X1 解决乙醇对苯的干扰。

《世界燃油规范》第五版中规定，第一类无铅汽油苯含量不大于 5.0%（体积分数）；第二类无铅汽油苯含量不大于 2.5%（体积分数）；第三、四、五类无铅汽油苯含量不大于 1.0%（体积分数）。欧盟标准 EN 228—2012 中规定，苯含量不大于 1.00%（体积分数）。GB 17930—2016 中规定，车用汽油（Ⅳ、Ⅴ）苯含量不大于 1.0%（体积分数），

车用汽油（Ⅵ）苯含量不大于0.8%（体积分数）。

7.31.4.4　主要试验步骤

（1）试样的制备。精确量取1.0mL丁酮（采用FFAP毛细管柱时为4－甲基－2－戊酮），倒入25mL的容量瓶中，并加待测样品至刻线，使其充分混合。

（2）色谱分析。按规定的反吹时间和注射技术对试样进行色谱分析。六通阀必须在确定的时间切换到反吹状态，以阻止不必要的组分进入色谱柱（B）。

（3）图谱解释。按照标样的保留时间确定苯、甲苯和内标物的峰。使用所述的OV－101和TCEP色谱柱时，出峰顺序为非芳烃、苯、丁酮（或4－甲基－2－戊酮）和甲苯。

（4）峰面积测量。用常规方法测量芳烃峰和丁酮峰面积。

（5）报告苯和甲苯含量的体积分数，精确到0.1%。

7.31.4.5　注意事项及影响因素

（1）对填充柱系统，$C_1 \sim C_4$ 醇类化合物除丁醇外的色谱峰均会干扰苯、甲苯和内标物三者中其中之一的色谱峰，影响测定结果；对毛细管柱系统，甲醇、乙醇、异丙醇和正丁醇的影响不十分明显，所以对于含有 $C_1 \sim C_4$ 醇类的样品使用填充柱系统进行苯含量测定有一定的干扰。

（2）本方法使用的是内标标准曲线法定量分析方法。所以在进行样品分析时，所有仪器条件及参数都应与绘制标准曲线时条件一致；方法中所使用的为一次线性标准曲线，截距应尽量的小，回归系数 R^2 越接近1越好。

7.31.4.6　SH/T 0693和SH/T 0713的比较

SH/T 0693和SH/T 0713方法比较见表7－27。SH/T 0693和SH/T 0713结果比较见表7－28。

表7－27　SH/T 0693和SH/T 0713方法比较

项　目	SH/T 0713	SH/T 0693
等效标准	ASTM D3606	ASTM D5580
进样口	填充柱进样口	分流/无分流进样口
色谱柱系统	填充柱	微填充柱＋毛细管柱
切换阀	六通阀或压力反吹	十通阀
预切柱切割	按照沸点	按照极性
测定范围	苯和甲苯	苯、甲苯和总芳烃（需两次进样）
测定结果单位	体积分数	质量分数
测定含醚汽油	可以	可以
测定乙醇汽油	需改造	可以
系统配置要求	低	高
系统维护要求	低	高
兼顾SH/T 0663	不可以	仪器条件允许时可以

表 7-28 SH/T 0693 和 SH/T 0713 结果比较

SH/T 0693	SH/T 0713
结果：质量分数	结果：体积分数
换算：体积分数 $V_i = W_i \times (D_f/D_i)$ D_f——试样 20℃下的密度 D_i——组分 20℃下的密度	换算：质量分数 $W_i = V_i \times (D_i/D_f)$ D_f——试样 20℃下的密度 D_i——组分 20℃下的密度
结果精确至 0.01%	结果精确至 0.1%

7.31.5 汽油中烃族组成的测定 多维气相色谱法（NB/SH/T 0741—2010）

7.31.5.1 方法原理

多维气相色谱测定汽油烃族组分和苯含量的分析原理见图 7-63，系统及柱连接示意图见图 7-64。汽油样品进入色谱系统后首先通过极性分离柱（BCEF 柱）使脂肪烃组分和芳烃组分得到分离，由饱和烃和烯烃构成的脂肪烃组分通过烯烃捕集阱时烯烃组分被选择性保留，饱和烃组分则穿过烯烃捕集阱进入氢火焰离子化检测器（FID）检测。待饱和烃组分通过烯烃捕集阱后，此时芳烃组分中的苯尚未到达极性分离柱的柱尾，通过六通阀切换使烯烃捕集阱暂时脱离载气流路，此时苯通过旁路进入检测器检测；苯洗脱检测后，通过切换另一个六通阀对非苯芳烃组分进行反吹，非苯芳烃组分进入检测器检测，待非苯芳烃检测完毕后，再次通过阀的切换使烯烃捕集阱置于载气流路中，在适当的条件下使烯烃捕集阱中捕集的烯烃完全脱附并进入检测器检测，检出的色谱峰依次为饱和烃、苯、非苯芳烃和烯烃。

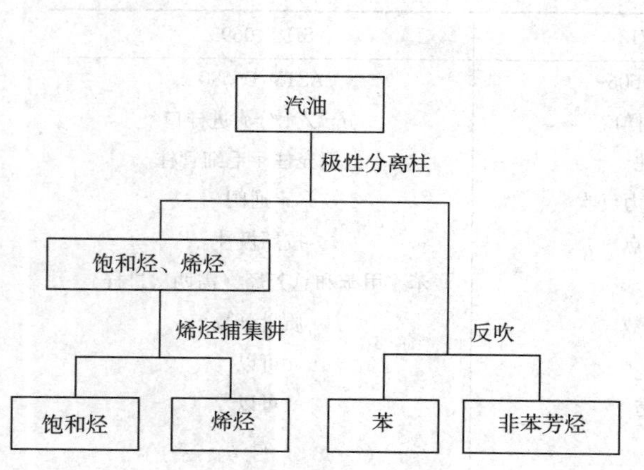

图 7-63 多维气相色谱分析汽油烃族组成和苯含量的原理

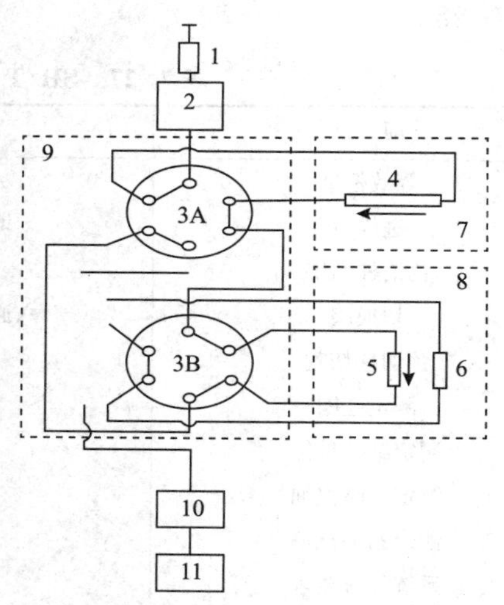

图 7-64 多维气相色谱仪及分离系统示意

1—进样器；2—汽化室；3A、3B—六通切换阀；4—极性分离柱；5—烯烃捕集阱；6—平衡柱；7—色谱柱箱；8—烯烃捕集阱温控箱；9—阀温控制箱；10—火焰离子化检测器；11—记录与数据处理单元

样品不需预处理直接进样，采用参比样品确定各烃族组分的保留时间。按确定步骤测量汽油试样中各烃族组分的色谱峰面积，采用校正的面积归一化方法定量，计算试样中各烃族组分的体积分数或质量分数。一个汽油样品的色谱分析时间约12min。

7.31.5.2 目的和意义

汽油中的烯烃、芳烃和苯含量是汽油产品标准中的重要质量指标，这些数据对监控有关炼油装置的工艺状况提供了重要手段，对确定汽油的调合比例、了解不同汽油的质量特征非常重要。

色谱方法分析结果精度较高，分析周期较短，有利于改善试验环境、减轻劳动强度、降低试验成本。

7.31.5.3 主要试验步骤

（1）样品采集与准备：按照GB/T 4756方法采样。

（2）分析系统准备：开机后，检查分析系统的参数设置是否准确，为净化分析系统，分析样品前需按样品的分析步骤将仪器空运行一遍，以去除色谱柱和烯烃捕集阱中的残留杂质。

（3）取约0.1μL有代表性的试样在准备就绪的气相色谱系统上进样，试样首先通过极性分离柱，在极性分离柱上脂肪烃与芳烃组分完全分离，由极性分离柱中分离出的饱和烃与烯烃的混合物组分进入烯烃捕集阱，在烯烃捕集阱中烯烃组分被选择性保留而饱和烃则通过烯烃捕集阱并进入FID检测；在苯流出极性分离柱前，切换六通阀（3B）使烯烃捕集阱脱离载气流路并密封，此时从极性柱中分离出的苯通过平衡柱进入FID检测，待苯出峰完毕后，切换另一六通阀（3A），使C_7（含C_7）以上的非苯芳烃反吹出极性柱并进入FID检测。在非苯芳烃反吹的同时，开始升高烯烃捕集阱的温度，待非苯芳烃组分完全洗脱后，再次切换六通阀（3B）使烯烃捕集阱重新进入载气流路，此时烯烃由烯烃捕集阱中脱附进入FID检测。得到的色谱图经色谱工作站及相应的分析软件处理，计算各组分的质量分数（%）或体积分数（%）。

（4）结果报出。报告试样中饱和烃、烯烃、芳烃的体积分数（或质量分数），精确至0.1%，芳烃含量为非苯芳烃含量和苯含量之和。报告苯的体积分数（或质量分数），精确至0.01%。

7.31.5.4 注意事项及影响因素

（1）样品采样后如不立即分析，为防止轻组分挥发，应密封后保存在冰箱中。分析前使试样温度恢复到室温。

（2）开机后检查分析系统的参数设置是否准确，分析样品前需按样品的分析步骤将仪器空运行一遍，净化分析系统去除色谱柱和烯烃捕集阱中的残留杂质。

（3）如发现烯烃捕集阱有烯烃逃逸现象，调整操作条件，如果需要可以更换烯烃捕集阱。

7.31.6 轻质石油馏分和产品中烃族组成和苯的测定 多维气相色谱法（GB/T 30519—2014）

7.31.6.1 方法原理

样品进入色谱系统后首先通过极性分离柱（简称 BCEF 柱），使脂肪烃组分和芳烃组分得到分离。由饱和烃和烯烃构成的脂肪烃组分通过烯烃捕集阱时烯烃组分被选择性保留，饱和烃组分则穿过烯烃捕集阱进入 FID 检测。待饱和烃组分通过烯烃捕集阱后，此时芳烃组分中的苯尚未到达极性分离柱的柱尾，通过六通阀切换使烯烃捕集阱暂时脱离载气流路，此时苯通过旁路进入检测器检测；苯洗脱检测后，通过切换另一个六通阀，对 C_7^+ 芳烃组分进行反吹，C_7^+ 芳烃组分进入检测器检测，待 C_7^+ 芳烃检测完毕后，再次通过阀的切换使烯烃捕集阱置于载气流路中，在适当的条件下使烯烃捕集阱中捕集的烯烃完全脱附并进入检测器检测，检出的色谱峰依次为饱和烃、苯、C_7^+ 芳烃和烯烃。

样品不需预处理直接进样，采用参比样品确定各烃族组分的保留时间。按确定步骤测量试样中各烃族组分的色谱峰面积，采用校正的面积归一化方法定量计算试样中各烃族组分的体积分数或质量分数。一个汽油样品的色谱分析时间约为12min，溶剂油分析时间约为9min。

7.31.6.2 方法标准

GB/T 30519 方法是在 NB/SH/T 0741 基础上制定的，分离原理和操作步骤与其相近。

7.32 柴油润滑性评定法 高频往复试验机法 SH/T 0765—2005

7.32.1 方法原理

将标准钢片水平安装于钢制油槽中，用螺丝在两侧固定。固定钢球安装于钢球夹具中，垂直加载于钢片上。钢球与钢片的接触界面完全浸于待测样品中，在规定频率、冲程同时满足温度、湿度条件下往复运动。往复振动完成后，在显微镜下测量所得的磨斑直径，经温度、湿度校正后所得校正磨斑直径，表征试验油样的润滑性能，以 WS1.4 表示，单位为 μm。图 7-65 为试验用钢球、钢片、钢球夹具和油盒。图 7-66 为该试验各部件组装示意图。

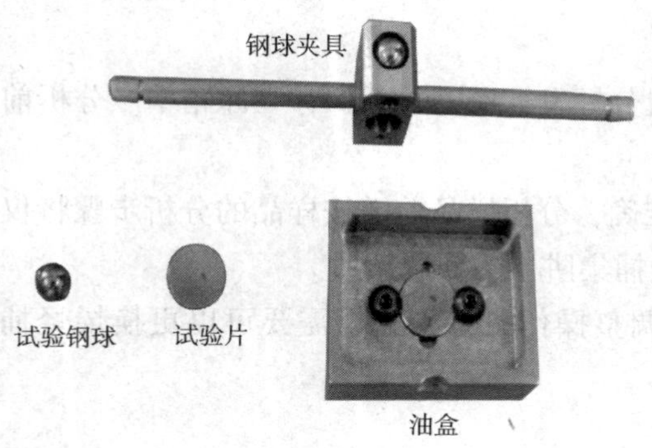

图 7-65 试验用钢球、钢片、钢球夹具和油盒

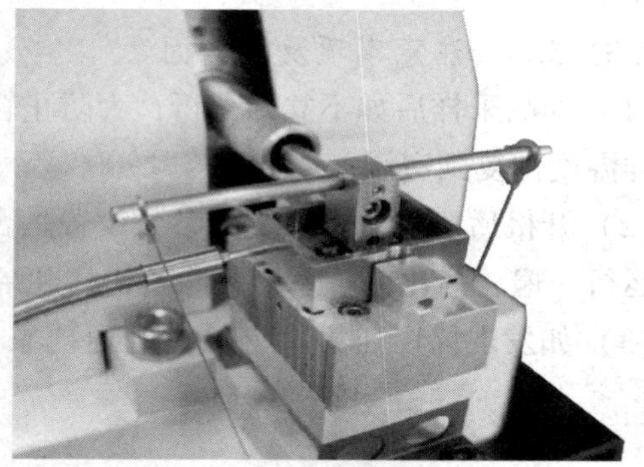

图 7-66 柴油润滑性试验各部件组装示意图

7.32.2　目的和意义

7.32.2.1　高压共轨喷射技术简介

在柴油机中，高速运转时柴油喷射过程仅有数毫秒，在喷射过程中高压油管各处的压力会随时间和位置的不同而变化。由于柴油的可压缩性和高压油管中柴油的压力波动，使实际喷油状态与喷油泵规定的柱塞供油规律有着较大的差异。油管内的压力波动有时还会在主喷射之后，使高压油管内的压力再次上升，达到令喷油器的针阀开启的压力，将已经关闭的针阀又重新打开产生二次喷油现象，由于二次喷油不可能完全燃烧，于是增加了烟度和碳氢化合物（HC）的排放量，油耗增加。此外，每次喷射循环后高压油管内的残压都会发生变化，随之引起不稳定的喷射，尤其在低转速区域容易产生上述现象，严重时不仅喷油不均匀，而且会发生间歇性不喷射现象。为了解决柴油机这个燃油压力变化的缺陷，现代柴油机采用了一种称为共轨的技术。

高压共轨喷射技术是指高压油泵、压力传感器和ECU组成的闭环系统中，由高压油泵把高压燃油输送到公共供油管，通过对公共供油管内的油压控制实现精确供油，使高压油管压力大小与发动机的转速无关，可以大幅度减小柴油机供油压力随发动机转速的变化，因此也就减少了传统柴油机的缺陷。ECU控制喷油器的喷油量，喷油量大小取决于燃油轨（公共供油管）压力和电磁阀开启时间的长短。高压共轨喷射技术是将喷射压力的产生和喷射过程彼此完全分开的一种供油方式。

近年来，随着柴油机技术的不断革新，高压共轨喷射技术在柴油机和柴油车辆上的应用日趋广泛。该系统在欧系中高端轿车和越野车辆中较为常见，以其热效率高、噪音小、动力输出强、污染物排放少、燃油经济性好而备受青睐。然而，随之而来的是要求柴油润滑性能的提高。图7-67为柴油车高压共轨喷射系统示意图。

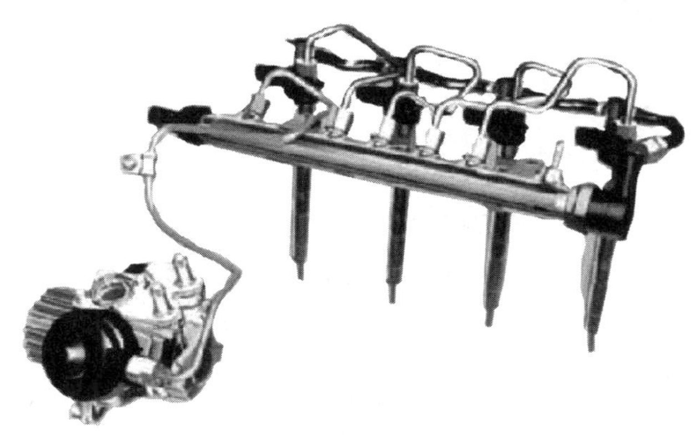

图7-67　柴油车高压共轨喷油系统示意图

7.32.2.2　柴油润滑性指标的意义

高压共轨喷射系统与传统柴油车喷油系统最大的不同是它将柴油喷射压力从不到10MPa提高至100MPa，部分型号柴油机甚至可以超过200MPa。极高的压力使柴油在流经高压共轨管，喷油嘴，油泵等部件时，产生的磨损成倍增加，成为发动机部件磨损的主要原因，而润滑油难以到达这些部件，需要依赖柴油自身进行润滑。我国柴油在质量升级过程中，由于深度加氢脱硫，加氢脱氮，加氢脱芳烃，总硫含量在降低的同时，部分多环芳烃及其衍生物被裂解，导致这些润滑性能优良的极性组分一同被脱除。润滑性差的油品极易造成上述部件磨损加剧，即使对于普通非高压共轨柴油车辆，这种磨损也不容忽视。无论对于普通柴油还是车用柴油均需要进行润滑性指标评定，柴油自身组分润滑性不足时需添加润滑改进剂，确保其具有规定的润滑抗磨性能。

7.32.2.3　柴油组分与润滑性的关系

柴油组分中包括烃类和非烃类，烃类主要为烷烃、环烷烃和芳烃，非烃类主要包括含S，N，O化合物。目前一般认为，饱和烃中的链烷烃、环烷烃对润滑起负作用，也就是加剧磨损；非饱和烃则对降低磨损有贡献；通常认为芳烃有着较好的润滑性能，多环芳烃又比单环芳烃对提高柴油的润滑性贡献大。

7.32.2.4　润滑改进剂

润滑改进剂种类较多，大致可分为酯类及其衍生物、脂肪胺盐或酰胺类、长链脂肪酸、脂肪酸酯、生物柴油几种。图7-68为几种常见的润滑改进剂分子结构示意。

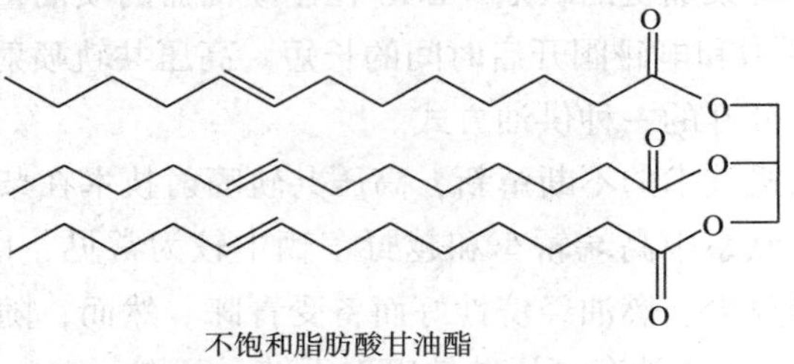

不饱和脂肪酸甘油酯

脂肪胺类

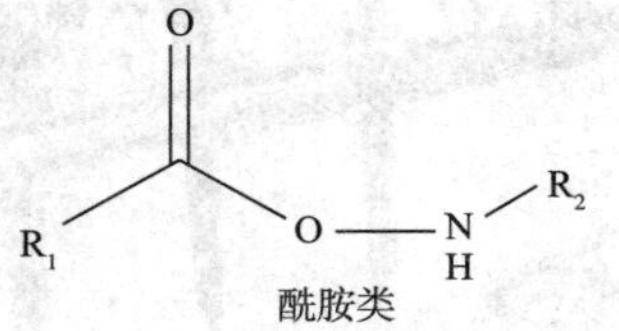

酰胺类

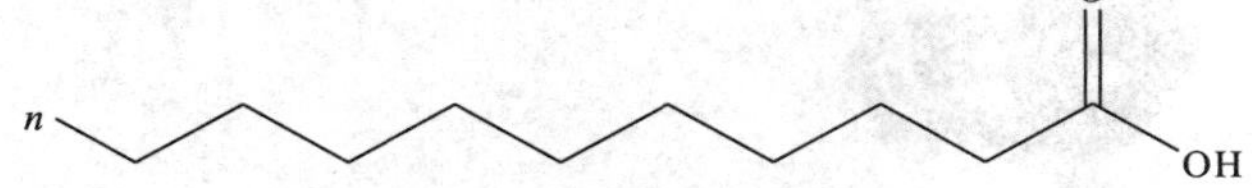

长链脂肪酸

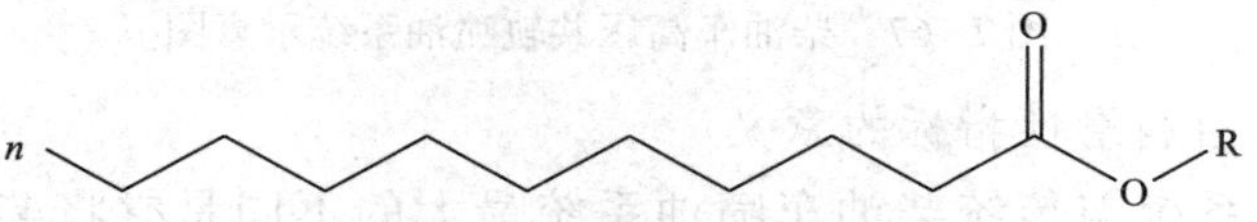

脂肪酸酯

图7-68　常见润滑改进剂分子结构示意

7.32.3　国内外对照

在 EN 590《车用柴油》标准中，欧Ⅳ及以下柴油产品标准中润滑性要求为磨斑直径不大于 460μm，要求与我国相同，而在欧Ⅴ标准中，对润滑性要求进一步提高，修订为磨斑直径不大于 400μm，比我国车用柴油标准Ⅴ中对润滑性要求略为严格。

在 ASTM 标准中，有两个方法对对柴油润滑性进行评价，为 ASTM D6078—2004（2010）和 ASTM D6079—2011。ASTM D6078—2004（2010）《通过磨损负载圆柱体式润滑性评定仪（SLBOCLE）评估柴油燃料润滑性的标准试验方法》采用的是钢球与环块进行摩擦的方式，在我国对应的标准主要运用于润滑油的摩擦性能评价。ASTM D6079—2011《用高频往复式试验台（HFRR）评定柴油润滑性的试验方法》与我国 SH/T 0765—2005《柴油润滑性评定法（高频往复试验机法）》主要内容与要求相近，区别在于以下四个方面：

（1）清洗溶剂。ASTM D6079—2011 标准中对钢球和钢片的第一步清洗采用正庚烷或 1∶1 异辛烷/异丙醇作为溶剂，我国标准采用的是甲苯。

（2）环境湿度要求。ASTM 6079—2011 中要求试验环境的相对湿度在 30%～85%之间，无温度对应关系；我国湿度要求为 25%～70%，与相应环境温度有对应关系，详见 SH/T 0765—2005《柴油润滑性评定法 高频往复试验机法》标准正文中的图 2。

（3）ASTM D6079—2011 中对磨斑直径的结果表示为：长轴方向与短轴方向的算术平均值，修约至 10μm；而我国标准中中则参照 ISO 12165—1997《第一部分　测试方法 MOD》使用 5 个公式对实测的两个方向磨斑直径进行校正，除上述两个直径外，还使用试验开始与结束时环境相对湿度、试验开始与结束时环境温度、适度校正系数（HCF）共 7 个参数，将结果校正到水蒸气绝对压力 1.4kPa 下的数值，以 WS1.4 表示，详细公式见 SH/T 0765—2005《柴油润滑性评定法（高频往复试验机法）》中 10.1～10.5 章节。

（4）SH/T 0765—2005 标准中精密度要求与 ISO 12165—1997 相同，为重复性不大于 63μm，再现性为不大于 102μm；ASTM D6079—2011 中要求重复性不大于 50μm，再现性不大于 80μm，ASTM 标准略为严苛。

7.32.4　主要试验步骤

（1）将试验片、试验球用甲苯浸泡至少 12h 以除去氧化膜，之后连同广口瓶一同放入超声波清洗槽内清洗 10min。夹具、螺钉、油盒一同放入盛有甲苯的干净烧杯中，同样方法用超声波清洗 10min，再放入盛有丙酮的烧杯中，用超声波清洗 2min。

（2）将清洗后的钢球、钢片和金属零件用空气吹干，钢片光面朝上，用螺丝固定于油盒中，钢球固定在夹具上，再将夹具、油盒分别固定在试验机上相应部位。

（3）插入热电偶，如图 7-67 所示。测量温度、湿度是否在规定范围，如超出规定温度或该温度下规定湿度范围，则需要采取措施调节至温、湿度均达到要求，并进行记录。

（4）用移液管将 2mL 试样移入油盒中。将 200g 砝码挂在振动臂上，放下振动臂，使砝码自由下垂。不要先加载砝码，后加注试油。

（5）试验运行 75min，实验结束时，记录温度、湿度值，取下热电偶、砝码、夹具、油盒和金属螺丝。

（6）将试验后油品倒掉，连同油盒、夹具、金属零件一同放入盛有甲苯的烧杯中，用超声波清洗 30s，再转入盛有丙酮的烧杯中，再用超声波清洗 30s。

（7）用空气吹干带钢球夹具，并放入读数显微镜下测量 x 和 y 方向上的最大磨斑直径。

（8）根据试验开始时的温度、湿度和试验结束时的温度、湿度校正所测得的两个方向上的磨斑直径，再校正到水蒸气压在 1.4kPa 条件下磨斑直径的数值，所得结果即为校正磨斑直径 WS1.4，以 μm 表示。表 7-29 为试验条件。

表 7-29　润滑性主要试验条件

实验参数	指　标
频率/Hz	50 ±1
冲程/μm	1000 ±20
油样体积/mL	2.0 ±0.2
油样温度/℃	60 ±2
载荷/g	200 ±1
试验时间/min	75 ±0.1
油槽表面积/mm^2	600 ±100
环境湿度/%	25 ~70（与环境温度相对应）

7.32.5　注意事项

（1）需要严格控制试验的环境温度和湿度。在试验过程中无法调节环境湿度，所以在做准备工作时，需根据试验的环境温度提前加入干燥剂。

（2）试验片、试验球放到器具里，需要用螺丝固定卡紧，以免由于未卡紧而使钢球运动，使结果产生偏差。

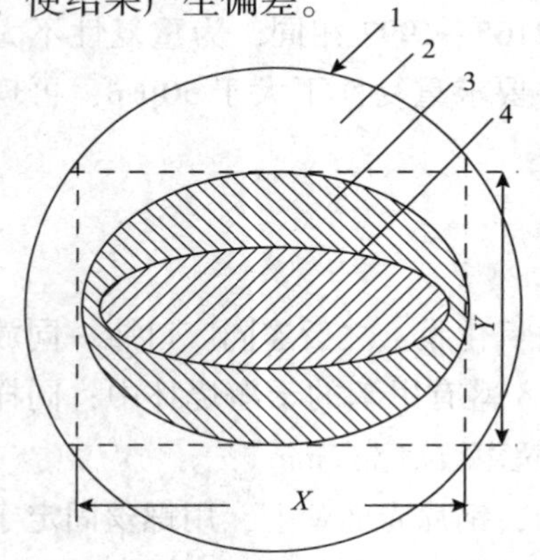

图 7-69　SH/T 0765《柴油润滑性评定法高频往复试验机法》中对于磨斑的测量

1—试验球（相对于磨斑缩小了直径）；2—未磨损区域；3—不够清晰的磨损区域；4—磨损区域

（3）固定试件夹具时，务必确保夹具水平，以保证钢球做往复运动时能平衡受力，保证结果准确性。

（4）在试验过程中，务必防止台面震动，以免对仪器产生影响。

（5）试验前将试验片、试验球浸泡在甲苯中至少 12h 以上，以洗掉试验片、试验球上的抗氧膜和其他杂质。

（6）在试验过程中，应始终保持试验片的抛光面朝上，以免产生划痕，影响试验结果的准确性。

（7）试验结束后，应将砝码放在在干燥、干净的环境中，以免砝码遭到污染，影响准确性。

（8）该试验影响因素较多，其中对磨斑直径的测定人为误差较大。图 7-69 为 SH/T 0765《柴油润

滑性评定法 高频往复试验机法》中对于不清晰磨斑的测量图示。图 7-70 列出了几种常见的磨斑形态。对于边界较为清晰的磨斑，则较易测量，但对于边界较为模糊的磨斑，测量时容易造成较大偏差。根据标准要求，不够清晰的边界也应在测量范围之内。对于难以判定的情形，建议多做几次并反复测量，找到相对更准确的磨斑区域。

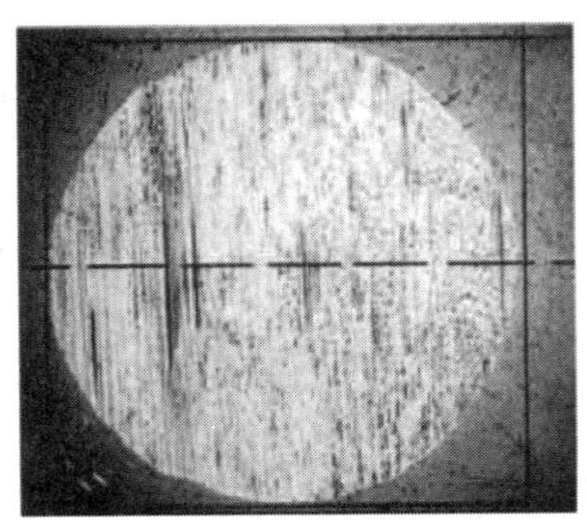
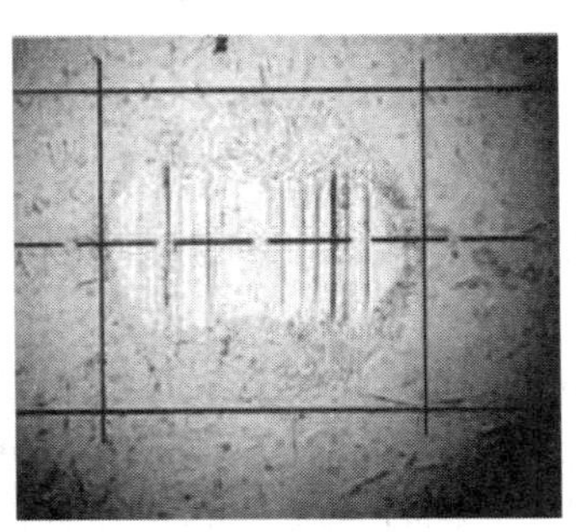
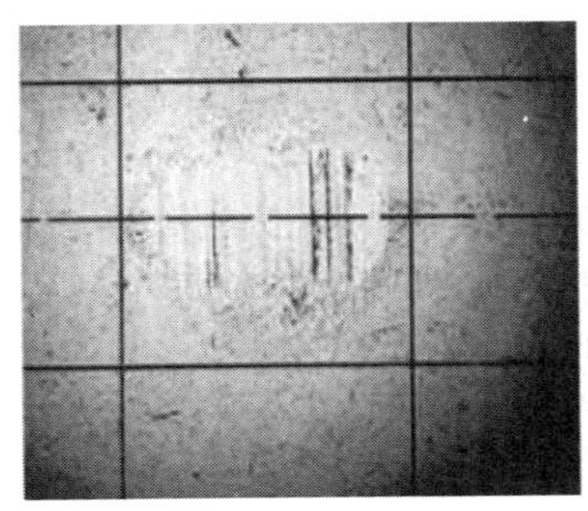
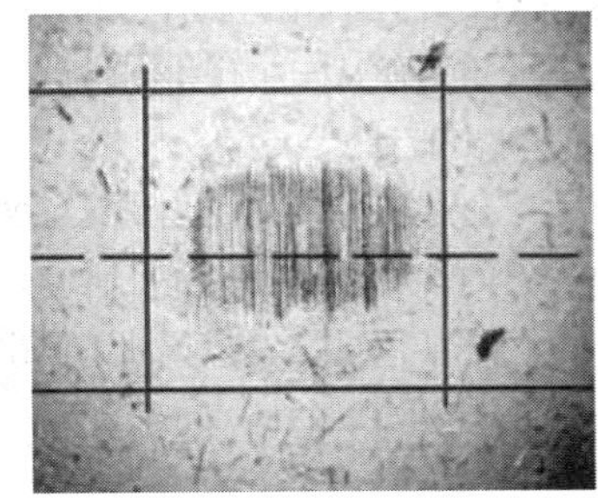
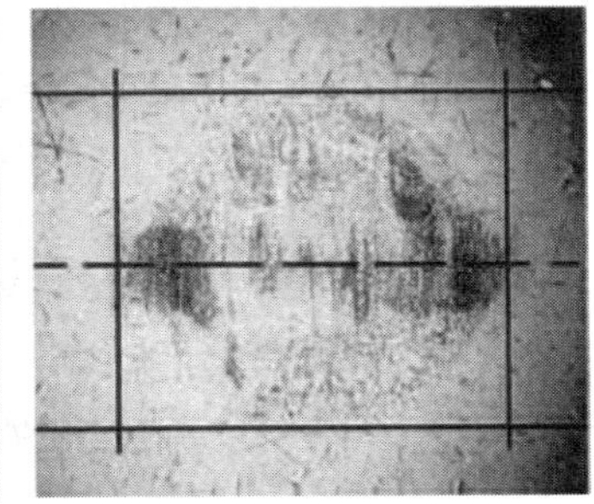

图 7-70　几种常见的磨斑形态

7.32.6　仪器管理

（1）需检定计量器具。0.5mL 或 1mL 刻度吸量管、量筒（至少 2 只），检定时间为 3 年，秒表、温度传感器、测量显微镜检定时间为 1 年。

（2）期间核查仪器，进行计算机病毒查杀和系统维护。仪器核查通过标准油试验完成，定期用高润滑性和低润滑性标油对仪器进行校对，两者均在允许范围内，方可进行柴油润滑性测定。如果任意一个标准油校对结果超差，则不能进行油样的测量。需要对仪器进行校准，校准方式包括但不限于：利用塞尺进行冲程校准，利用光栅进行冲程校准，通过软件调节摩擦参数，如 B 值、K 值等进行冲程校准，进行温度传感器校准，进行油膜厚度校准，进行摩擦系数校准等，直至高、低标准油试验均通过为止。

参考文献

[1] 武汉大学，吉林大学等校编，曹锡章，宋天佑，王杏乔修订．无机化学 [M]．北京：高等教育出版社，1994.
[2] 赵惠菊．油品分析技术基础 [M]．北京：中国石化出版社，2010.
[3] 曾鸽鸣，李庆宏．化验员必备知识与技能 [M]．北京：化学工业出版社，2011.
[4] 刘珍．化验员读本 [M]．4 版．北京：化学工业出版社，2003.
[5] 庞荔元．油品分析员读本 [M]．北京：中国石化出版社，2014.
[6] 国家认证认可监督管理委员会．实验室资质认定工作指南 [M]．北京：中国计量出版社，2007.
[7] 郑亦敏．油品化验 [M]．上海：学林出版社，2001.
[8] 樊宝德，朱焕勤．油库化验工 [M]．北京：中国石化出版社，2006.
[9] 刘治中，许世海，姚如杰．液体燃料的性质及应用 [M]．北京：中国石化出版社，2000.
[10] 徐春明，杨朝合．石油炼制工程 [M]．4 版．北京：石油工业出版社，2009.
[11] 孙凤霞．仪器分析 [M]．北京：化学工业出版社，2004.

参考规范与标准

［1］ABSA《美国生物安全协会相关设计要求》

［2］ACGIH《美国政府工业卫生协会相关设计要求》

［3］AIA《美国建筑师协会相关设计要求》

［4］ANSI《美国标准协会相关设计要求》

［5］ASHRAE《美国采暖，制冷与空调工程师学会相关设计要求》

［6］ASTM《美国材料试验协会相关设计要求》

［7］NFPA《美国防火协会相关设计要求》

［8］《世界卫生组织（WTO）实验室生物安全手册》

［9］《美国建筑师协会生物医学研究实验室规划设计手册》

［10］JGJ 91—1993《科学实验室建筑设计规范》

［11］GB 50189—2015《公共建筑节能标准》

［12］GB J16—2014《建筑设计防火规范》

［13］DB 50057—2010《建筑防雷设计规范》

［14］GB 50346—2011《生物安全实验室建筑技术规范》

［15］GB 50019—2015《工业建筑供暖通风与空气调节设计》

［16］GB 19489—2008《实验室生物安全通用要求》

［17］GB IT 14925—1994《实验室防护基本标准》

［18］GB 8978—1996《污水综合排放标准》

［19］GB 16297—2012《大气污染物综合排放标准》

［20］GB/T 32146. 1—2015《检验检测实验室实验室设计与建设技术要求》

［21］QSH 0700—2008《事故淋浴器及洗眼器通用设计规定》

［22］SH/T 3027—2003《石油化工企业照度设计标准》

［23］GB 5749—2006《生活饮用水卫生标准》

［24］GB 50074—2014《石油库设计规范》

［25］CNAS—GL28:2010《石油石化领域理化检测测量不确定度评估指南及实例》